高等学校信息技术
人才能力培养系列教材

微课版

计算思维与智能计算基础

杨丽凤 ◉ 主编　王爱莲 王颖 雷红 ◉ 副主编

人民邮电出版社
北京

图书在版编目（CIP）数据

计算思维与智能计算基础 : 微课版 / 杨丽凤主编
. -- 北京 : 人民邮电出版社, 2021.9（2024.6重印）
高等学校信息技术人才能力培养系列教材
ISBN 978-7-115-56984-4

Ⅰ. ①计… Ⅱ. ①杨… Ⅲ. ①计算方法－思维方法－
高等学校－教材 Ⅳ. ①O241

中国版本图书馆CIP数据核字(2021)第144800号

内 容 提 要

本书是由长期从事计算机基础教学和科研并具有丰富教学实践经验的一线教师编写的。全书以计算思维为导向，凝练了计算机科学与技术中相关的基本理论、基本方法和新一代智能计算技术的基本概念及应用。全书内容分为10章，介绍了计算、计算机与计算思维的基础知识，计算机的计算基础，计算机系统，计算机网络与信息安全，算法设计基础，Python语言程序设计，以及数据库与大数据、云计算、人工智能和物联网等智能计算技术。

本书可作为各高等院校非计算机专业计算机基础课程的教材，也可以作为初学者学习计算机基础知识的参考书。对于计算机教育工作者和计算机从业人员，本书也有较高的参考价值。

◆ 主　　编　杨丽凤
副 主 编　王爱莲　王　颖　雷　红
责任编辑　邹文波
责任印制　王　郁　马振武
◆ 人民邮电出版社出版发行　　北京市丰台区成寿寺路11号
邮编　100164　　电子邮件　315@ptpress.com.cn
网址　https://www.ptpress.com.cn
山东百润本色印刷有限公司印刷
◆ 开本：787×1092　1/16
印张：14.75　　2021年9月第1版
字数：377千字　　2024年6月山东第6次印刷

定价：59.80元

读者服务热线：(010)81055256　印装质量热线：(010)81055316
反盗版热线：(010)81055315
广告经营许可证：京东市监广登字20170147号

前言 FOREWORD

在人类社会迈入信息化时代的今天，计算机、物联网、大数据、云计算、人工智能等技术已经渗透到了人们学习、工作和生活的方方面面。计算机已经深刻地改变了人们的生活方式以及人类社会的运行模式。每个公民应该具备理解与运用计算和计算思维的基本能力。新一代智能计算技术不仅带动了各行各业的产业转型和结构升级，而且已经成为促进社会、经济和生产力发展的重要因素。在此背景下，融合计算思维和智能计算的课程将成为大学计算机基础教学的首选课程。

本书以计算思维为导向，系统阐述计算机的基本理论，介绍计算机求解问题的基本思想和方法，概述新一代智能技术，培养大学生计算思维能力，提升大学生智能计算素养，使学生能够更好地将计算机技术应用于各学科的科学研究和问题求解中。

本书具有以下特点。

（1）在内容的选择上，本书既综合了计算基础知识、计算机系统、网络与信息安全、计算机算法、Python 语言程序设计等基本理论和方法，又突出了在此基础之上的数据库与大数据、云计算、人工智能、物联网等新一代智能计算技术；既考虑到知识面的宽度，又照顾到知识点的深度，以点带面，培养学生基本的计算思维能力。

（2）在内容的组织上，以计算思维的主要方法为主线，分为三个层次：搭建计算系统、进行问题求解和探索计算机智能计算的新模式，为学生建立计算思维的基本框架。

（3）在内容的表达上，做到深入浅出，首先结合实际提出问题，然后导出相关知识和概念，再辅以适当案例进行讲解，激发学生进行探究式学习。

（4）本书配有微课，便于读者学习与理解相关知识。

本书建议教学学时为 32～48 学时。在具体组织教学时，可以根据专业类别、学生的知识积累程度和学时的不同，选学其中的部分或全部内容。本书配套教材《计算思维与智能计算基础实验指导及习题》针对不同层次的要求设计了丰富的实践案例，并辅以大量的习题，可作为实践环节及课后辅导的教程。

本书由杨丽凤任主编，负责全书的总体策划、统稿、定稿工作，王爱莲、王颖和雷红任副主编，协助主编完成统稿、定稿工作。具体写作分工如下：第 1 章由杨丽凤编写，第 2 章由王娜编写，第 3 章由王爱莲编写，第 4 章由王颖编写，第 5 章由刘永红编写，第 6 章由雷红编写，第 7 章由贾晓华编写，第 8 章由王园宇编写，第 9 章由李月华编写，第 10 章由王彬编写。

由于编者水平有限，书中难免存在不足之处，恳请广大读者批评指正。编者联系邮箱为：yanglifeng@tyut.edu.cn。

编　者

2021 年 6 月

目录 CONTENTS

01

第1章　计算、计算机与计算思维

计算机是20世纪人类最伟大的发明之一，它的出现和发展极大地推动了人类科学技术的进步。半个多世纪以来，计算机已经渗透到社会生活的各个方面，它还与计算技术相互促进，推动了计算思维的研究和应用。计算机是现代人类活动中不可缺少的工具，掌握计算机的基本使用方法是一个现代高素质人才必须具备的基本信息素养。同时，计算思维将像计算机一样，会逐步渗入每个人的生活之中，更是每个人应该具有的基本思维方式。

1.1　计算

人类早在旧石器时代就已经有了计算的记录，现在每个人都具有计算的能力，人人都离不开计算，然而人的计算速度又是极低的。我国南北朝时期的数学家祖冲之用了15年借助于算筹将圆周率（π）推算至小数点后7位。15世纪初阿拉伯数学家卡西求得了π的17位精确小数值，打破了祖冲之保持近千年的纪录。德国数学家鲁道夫·范·科伊伦投入毕生精力，于1610年将π计算到小数点后35位。1948年，英国的弗格森和美国的伦奇共同将π计算至小数点后808位，这创造了人工计算圆周率的最高纪录。

电子计算机的出现使圆周率的计算有了突飞猛进的发展。1950年，世界上公认的第一台电子数字积分式计算机（Electronic Numerical Integrator and Calculator，ENIAC）只用了70小时就计算出了π的2037个小数位。5年后，IBM NORC（海军兵器研究计算机）只用了13分钟，就算出了π的3089个小数位。之后借助于计算机，π的值也越来越精确，到1989年，已经能够计算出π的4.8亿个小数位。2011年，日本的近藤茂花费约一年时间，利用自己组装的计算机将π计算到小数点后10万亿位，创造了吉尼斯世界纪录。

在漫长的文明进化中，需要用计算来解决的问题越来越多，计算工具的发明和改进极大地提高了人类的计算能力，发明制造能够代替人进行自动计算的机器一直都是人类的追求和梦想。那么什么是计算，计算就是我们所熟知的“1+2=3”“3×4=12”吗？

1.1.1 计算的基本概念

计算理论认为计算是依据一定的法则对有关符号串进行变换的过程，即计算是从已知的符号开始，按照规则一步一步地改变符号串，经过有限的步骤，最终得到一个满足预定条件的符号串的过程。“1+2=3”“3×4=12”就是数据符号在运算符号的操作下，按运算规则进行求解，进而得到正确结果的计算过程。我们学习使用各种函数及其计算规则来求解各种问题，这就是计算。

另外，1985 年图灵奖的获得者 Richard M. Karp 认为：很多自然的、人工的和社会的系统中的过程自然而然是计算的，计算就是执行信息变换。这是广义的计算，即对信息进行加工和处理。从这个角度讲，使用计算机浏览网页、写文章和打游戏，或者用计算机管理企业、设计制造产品及从事电子商务，这些也都是计算。

计算通过符号和规则完成，人们一直在研究复杂计算的简化规则，但有时候即便我们知道了计算规则，却因为超出了人的计算能力却没有办法获得计算的结果，这该怎么办呢？我们的另一种办法就是设计一些简单的规则，让机器通过重复执行来完成计算，也就是使用机器来代替人进行自动计算，进而达到解决复杂问题的目的。

为了能够利用机器进行自动计算，人们面临着以下一些问题需要思考和研究。

1. 是不是所有的问题都可以通过自动计算来解决？

可计算性理论通过建立计算的数学模型，研究哪些是可计算的，哪些是不可计算的。简单地说，对于给定的一个输入，如果计算机器能在有限的步骤内给出答案，这个问题就是可计算的。数值计算、能够转化为数值计算的非数值问题（如语音、图形、图像等）都是可计算的。但并不是所有的问题都可以计算，事实上不可计算的问题要比可计算的问题多得多，如哥德巴赫猜想、理发师悖论、“为我做一碗汤”等都是不可计算的。

理发师悖论是 1901 年罗素（B. Russell）在集合论概括原则的基础上提出的，其大意是：一个理发师宣称“我给且只给城里那些不自己刮胡子的人刮胡子”，那么理发师给不给自己刮胡子呢？如果理发师给自己刮胡子，他就属于“自己刮胡子的人”，按规定他就不能给自己刮胡子；如果理发师不给自己刮胡子，他就属于“不自己刮胡子的人”，按规定他就应该给自己刮胡子。这样便由一个规则推出了两个相悖的命题。由此可知，并不是所有的问题都可以计算，人们应该把精力集中在研究具有可计算性的问题上。

2. 可计算问题的计算代价有多大？

计算复杂性理论使用数学方法研究各类可计算问题的计算复杂性。计算复杂性从数学上提出计算问题难度大小的模型，判断哪些问题的计算是简单的，哪些是困难的，研究计算过程中时间和空间等资源的耗费情况，从而寻求更为优越的求解复杂问题的有效规则，这就是算法及算法设计。

例如，著名的汉诺塔问题描述了在大梵天创造世界的时候做了三根金刚石柱子，在一根柱子上从下往上按照大小顺序摞着 64 片黄金圆盘。大梵天命令婆罗门把圆盘从下面开始按大小顺序重新摆放在另一根柱子上。并且规定，在小圆盘上不能放大圆盘，在三根柱子之间一次只能移动一个圆盘。一共需要移动多少次呢?假设黄金圆盘一共有 n 片，需要移动的次数是 $f(n)$。显然 $f(1)=1$，$f(2)=3$，$f(3)=7$，且 $f(k+1)=2f(k)+1$。那么移动 n 片圆盘需要的次数为 $f(n)=2^n-1$。该问题的时间复杂度可记为 $O(2^n)$。当 $n=64$ 时，$f(64)=18446744073709551615$。假如移动一次圆盘需要 1 秒，一个平年 365 天有 31536000 秒，一个闰年 366 天有 31622400 秒，平均每年 31556952 秒，移完这些金片需要 5845.54 亿年，而地球的寿命才 45 亿年。即便使用计算机进行每秒 1 亿次的移动，也需要大约 5845 年。由此可知，对于时间复杂度为 $O(2^n)$的问题，当 n 值稍大时解就很难计算了，但是它仍然属于可计算问题的范畴。

3. 如何实现自动计算？

构建一个低成本、高效率的通用计算系统。解决平台硬件系统和软件系统的构建及协调工作问题。

4. 如何方便有效地利用计算系统进行计算？

将可计算性问题的求解算法用程序表示，利用已有的计算系统，对各行各业的计算问题进行求解。对于具有大规模数据的复杂问题，通过数据库对数据进行有效管理，通过大数据分析技术实现知识发现，最终解决问题。

5. 如何使计算“无处不在”“无所不能”？

在计算机及网络技术的支持下，人们可快速构建并行计算、分布式计算环境，并且进一步构建云计算环境，完成复杂的、大规模、低成本、服务化的计算需求。物联网技术使得“物物相连”成为可能，而人工智能技术最终会使“万物智能”成为可能。

对这些问题的研究不但促进了计算机的诞生和发展，也促进了计算科学和计算机科学的发展，并且在这些问题的讨论和解决过程中，提炼出了一种新的思维方式——计算思维。

1.1.2　计算工具的探索

计算和计算工具息息相关，并且两者相互促进。计算工具最早可以追溯到人类祖先使用的手指、石头或绳结等。在人类漫长的历史长河中，人们发明和改进了许许多多的计算工具，从手动式计算工具（算筹、算盘等），到机械式计算工具（计算尺、加法器、差分机和分析机等），再到现代的机电式计算机，人类不断地追求着“超算”的能力。直到世界公认的第一台电子计算机 ENIAC 诞生，才开辟了人类使用电子计算工具执行自动计算的新纪元。

1. 手动式计算工具

早在公元前 5 世纪，中国人就已经开始用算筹作为计算工具了，这是最早的人造计算工具，如图 1.1 所示。后来，人们在算筹的基础上发明了算盘，如图 1.2 所示。除此之外，其他中古国家也发明了各式各样的计算工具，如古希腊人的“算板”，印度人的“沙盘”，英国人的“刻齿本片”等。

数字	1	2	3	4	5	6	7	8	9
纵式	𝍠	𝍡	𝍢	𝍣	𝍤	𝍥	𝍦	𝍧	𝍨
横式	𝍩	𝍪	𝍫	𝍬	𝍭	𝍮	𝍯	𝍰	𝍱

图 1.1　算筹及其计数法

1621 年，英国数学家威廉 • 奥特雷德（William Oughtred）根据对数原理发明了对数计算尺。它不仅能进行加、减、乘、除、乘方、开方运算，甚至可以计算三角函数、指数函数和对数函数。

历经几百年的改进，对数计算尺一直沿用到 20 世纪 70 年代才被计算器取代。现代对数计算尺如图 1.3 所示。

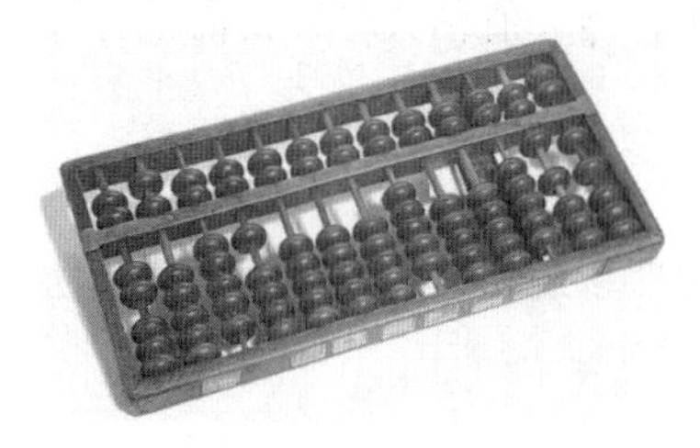

图 1.2　算盘

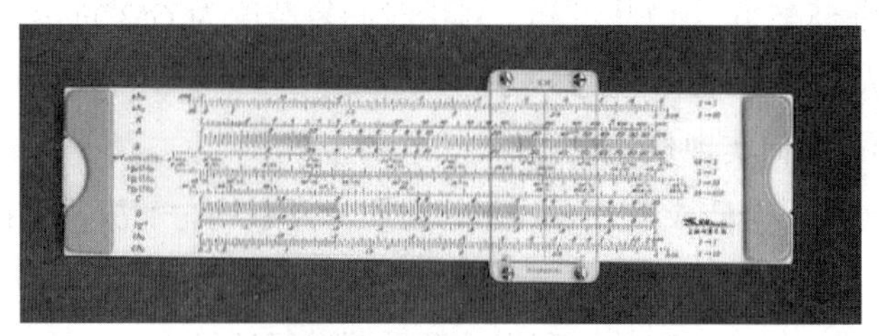

图 1.3　现代对数计算尺

这些手动式计算工具都是通过某种物体代表数值，并且利用物件的机械操作来进行计算的。

2. 机械式计算工具

工业革命开始后，为了很好地设计和制造各种机械设备，人们需要解决的计算问题越来越多、越来越复杂，这推动了当时的科学家们对于计算工具的研究，并取得了丰硕的成果。

1642 年，法国数学家、物理学家帕斯卡（Blaise Pascal）发明了帕斯卡加法器，如图 1.4 所示。这是人类历史上第一台机械式计算工具，它通过齿轮旋转解决了自动进位的问题，其原理对后来的计算工具产生了持久的影响。帕斯卡从加法器的成功中得出结论：人的某些思维过程与机械过程没有差别，因此可以设法用机械来模拟人的思维活动。

1673 年，德国数学家莱布尼茨（Gottfried Wihelm Leibniz）发明了乘除法器，进而促成可以进行四则运算的机械式计算器的诞生。这台机器在进行乘法运算时采用进位-加（shift-add）的方法，后来演化为二进制，被现代计算机所采用。莱布尼茨还提出了“可以用机械代替人进行烦琐重复的计算工作”的重要思想。

随着大工业的发展，许多自动化机械设备被发明出来，如提花织机等，随之也引出了计算过程的自动化问题。1822 年，英国数学家查尔斯 • 巴贝奇（Charles Babbage）设计了一台差分机，并在 10 年后将其变成现实，如图 1.5 所示，它可以代替人来编制数表。差分机第一次体现了程序设计的思想，为现代计算机的发展开辟了道路。1834 年他又设计了分析机，其不仅可以执行数字运算，还可以执行逻辑运算。分析机已经具备了今天数字计算机的基本框架，包括运算单元、存储单元、输入和输出单元等，巴贝奇甚至还提出了自动制定指令序列的概念。分析机因当时的技术限制而没有实现，但是巴贝奇的工作已经可以看作采用机械方式实现自动计算过程的一种最积极的探索。

图 1.4　帕斯卡加法器

图 1.5　差分机

3. 机电式计算机

19 世纪到 20 世纪电学和电子学的发展，进一步为巴贝奇实现梦想提供了物质和技术基础。人们把电器元件应用到了计算工具上，这就开辟了除机械式计算机之外的另一条实现自动计算过程的道路。

1938 年，德国科学家朱斯（Konrad Zuse）成功制造了世界上第一台二进制计算机 Z-1，如图 1.6 所示。在其此后研制的 Z 系列计算机中，Z-3 型计算机是世界上第一台以通用程序控制的机电式计算机。它全部采用继电器，第一次实现了浮点计数法、二进制运算、带存储地址的指令等设计思想。

1944 年，美国科学家艾肯（Howard Aiken）成功研制了一台机电式计算机，命名为自动顺序控制计算机 MARK-Ⅰ，如图 1.7 所示。它使用了 3000 多个继电器，各种导线总长超过 800km。1947 年艾肯又研制出速度更快的机电式计算机 MARK-Ⅱ。

图 1.6　Z-1 计算机

图 1.7　自动顺序控制计算机 MARK-Ⅰ

机电式计算机的典型部件是普通的继电器，其开关速度大约是 0.01 秒，这极大地限制了机电式计算机的运算速度。20 世纪以来电子技术飞速发展，利用电子技术提高计算机的运算速度是可行的，这为电子计算机提供了物质基础。另外，数学的充分发展也为设计和研制新型计算机提供了理论依据，尤其是英国数学家图灵在 1936 年提出的“理想计算机”理论为电子计算机奠定了理论基础。

4. 第一台电子计算机的诞生

1946 年 2 月 15 日， ENIAC 在美国宾夕法尼亚大学研制成功，如图 1.8 所示。ENIAC 共使用了 18800 个电子真空管、1500 个继电器及其他电子元器件，总重量近 30t，占地约 170m^2，耗电为 150kW，运算速度可达每秒 5000 次加法运算或 400 次乘法运算，相当于手工计算的 20 万倍或者继电器计算机的 1000 倍。高速是 ENIAC 最突出的优点。另外，ENIAC 最大的特点是采用电子器件代替了机械齿轮或电动机械来执行算术运算、逻辑运算和存储信息。但是因为 ENIAC 不能存储程序，需要用连线的方法来编辑程序，计算速度的优势被过长的准备时间抵消了。尽管如此，ENIAC 仍然是世界上第一台能真正运转的大型电子计算机，它的问世表明了电子计算机时代的到来，具有划时代的意义。

图 1.8　ENIAC

1.1.3 计算模型

计算模型通常是用来刻画计算这一概念的一种抽象的形式系统或数学系统。在计算机诞生之前，可计算性理论和计算模型的研究为计算机的产生建立了非常重要的理论环境，尤其是图灵机模型对现代计算机科学仍然具有深刻的影响。而冯·诺依曼计算机模型明确地给出了计算机系统的结构和实现方法，实现了图灵机模型。

1. 图灵机模型

如何设计一台通用的计算机器，并让它完成自动计算呢？1936 年，阿兰·图灵（Alan Turing，1912—1954）在一篇题为《论可计算的数及其对判定问题的应用》的开创性论文中通过建立指令、程序以及通用机器执行程序的理论模型，证明了可以制造一种通用的机器计算所有能想象到的可计算函数。这种理论上的计算机后来被命名为“图灵机”（Turing Machine）。

“图灵机”不是具体的机器，而是一种理论模型。它由三部分组成：一条纸带、一个读写头和一个控制装置，如图 1.9 所示。纸带可视为无限长，纸带上划分许多格子，如果在格子里画线，就代表 1；空白的格子，则代表 0。读写头可以在纸带上左右移动，既可以从纸带上读信息，也可以往纸带上写信息。控制装置可以保存图灵机当前所处的状态，并且根据当前机器所处的状态、当前读写头所指格子上的符号以及运算规则来确定读写头下一步的动作，令机器进入一个新的状态。例如，每当把纸带向前移动一格，就把 1 变成 0，或者把 0 变成 1。0 和 1 代表着解决某个特定数学问题的运算步骤。这样“图灵机”就能够识别运算过程中的每一步，并且能够按部就班地执行一系列的运算，直到获得最终的答案。

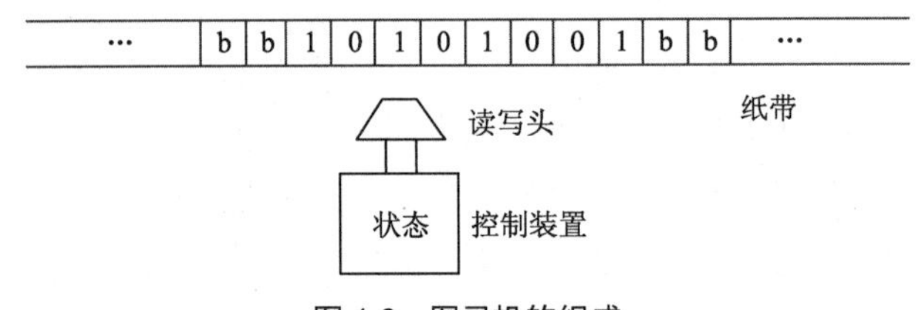

图 1.9 图灵机的组成

图灵机的工作原理如图 1.10 所示。图灵机中读入一系列的 0 和 1，就实现了某一基本动作；将多个最简单的图灵机进行组合，就可以实现复杂的动作。在这个过程中，对基本动作的控制构成指令，而指令的有序组合构成了程序。数据、指令和程序都用 0 和 1 表示。图灵把程序看作将输入数据转换为输出数据的一种变换函数，变换函数一步一步地实现，进而复杂系统也就实现了。按照“程序”控制“基本动作”的思维，就可以模拟其他任何解决特定问题的图灵机，这就是“通用图灵机”，也就是“通用计算机”的模型。

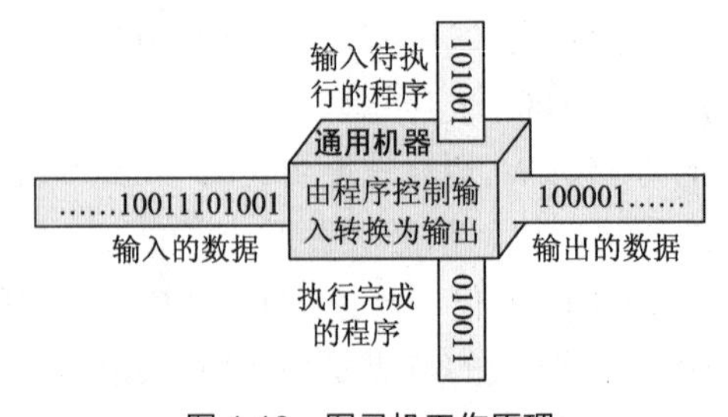

图 1.10 图灵机工作原理

图灵机第一次把计算和自动机联系起来，不仅为现代计算机的设计指明了方向，还成为算法分析和程序语言设计的基础理论，是计算学科最核心的理论之一。图灵机启示了我们如何构造并实现一个复杂的系统。一个复杂的系统可由若干复杂的动作构成，而这些动作又可以分解为容易实现的基本动作，因而构造一个系统仅需要构造这些基本动作以及控制基本动作组合与执行顺序的机构即可。

美国的阿坦纳索夫在1939年研究制造了一台电子计算机ABC，这成为“图灵机”的第一个硬件实现。该计算机采用二进位制，电路的开与合分别代表数字0与1，运用电子管和电路执行逻辑运算等。而冯·诺依曼不仅在20世纪40年代研制成功了功能更好、用途更为广泛的电子计算机，并且为计算机设计了编码程序，还实现了运用纸带进行存储与输入的思想。

2. 冯·诺依曼计算机模型

图灵机奠定了现代电子计算机的理论基础，而美籍匈牙利科学家冯·诺依曼等人根据图灵的设想于1946年发表了题为《电子计算装置逻辑结构设计》的报告，提出了数字计算机使用二进制及存储程序的原理，并明确地给出了计算机系统的结构和实现方法。这是现代电子计算机发展的一个重要里程碑，人们把具有这种结构的计算机统称为冯·诺依曼计算机。70多年来，虽然计算机的制造技术已经发生了巨大的变化，但冯·诺依曼体系结构仍然沿用至今，其设计思想对现代计算机的发展产生了重要的影响，因而冯·诺依曼也被人们称为“现代计算机之父”。

冯·诺依曼提出的计算机设计思想概括起来有下面3个要点。

（1）采用二进制形式表示数据和指令。数据和指令在外观形式上并没有区别，只是各自代表的含义不同。

（2）采用程序存储方式。存储程序和程序控制是冯·诺依曼计算机的主要思想。存储程序是指人们必须事先把计算机的执行步骤序列（即程序）及运行中所需的数据，通过一定方式输入并存储在计算机的存储器中。程序控制是指计算机运行时能自动地逐一取出程序中的一条条指令，加以分析并执行规定的操作。

（3）计算机由运算器、控制器、存储器、输入设备和输出设备5大部件组成，并且确定了这5个部件的基本功能。

- 运算器：用来执行算术运算和逻辑运算，并可以暂时存放运算的中间结果。
- 控制器：统一指挥和有效控制计算机各部件协调工作，包括数据和程序的输入、存储、运行及输出等。
- 存储器：用来存放当前运行所需要的程序和数据。
- 输入设备：输入程序和数据并把它转化为计算机能够识别的信息。
- 输出设备：将计算机的处理结果以能为人们接受的或能为其他机器接受的形式输出出来。

传统的冯·诺依曼计算机是以运算器为中心的，现代的计算机已经转化为以存储器为中心，其结构如图1.11所示。图中粗线代表数据流，指计算机运行时的原始数据、中间结果、结果数据及程序等；它们在程序运行前已经预先送至存储器中，而且都是以二进制形式编码的，在程序运行时数据被送往运算器，程序指令被送往控制器。细线代表控制流，是由控制器根据指令的内容发出的控制命令，用来指挥计算机各部件协调统一地执行指令规定的各种操作或运算，并对执行流程进行控制。计算机各部件之间的联系就是通过这两股信息流动实现的，具体的实现过程如下。

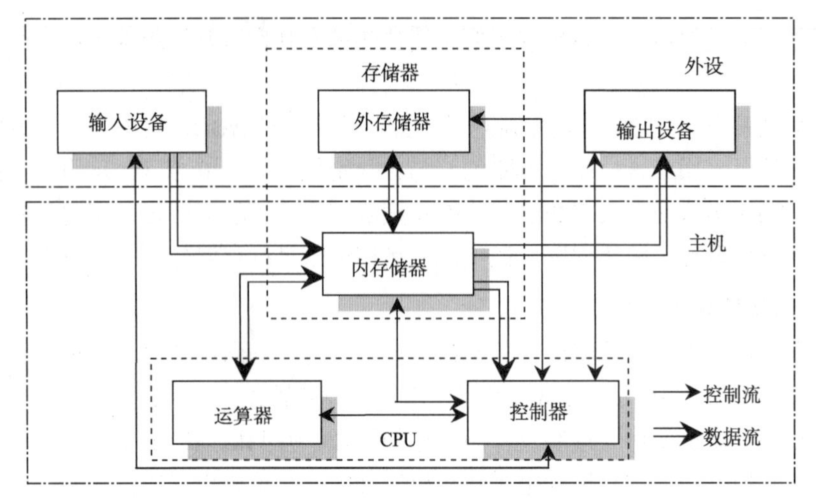

图 1.11　冯·诺依曼计算机的结构

（1）代表计算步骤的程序和计算中需要的原始数据，在控制命令的作用下通过输入设备送入存储器。

（2）计算机在不需干预的情况下，把程序指令逐条送入控制器，控制器根据指令内容向存储器和运算器发出取数命令和运算命令，运算器进行计算。

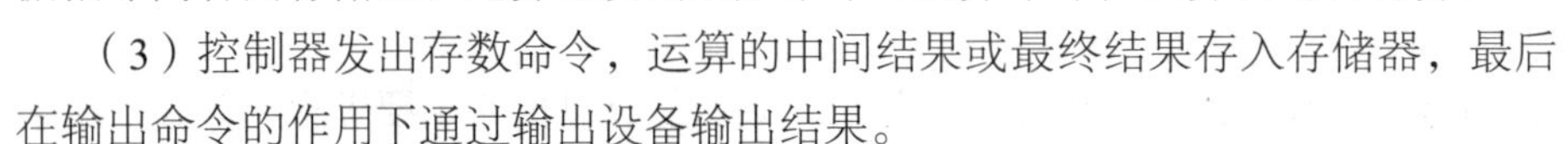

（3）控制器发出存数命令，运算的中间结果或最终结果存入存储器，最后在输出命令的作用下通过输出设备输出结果。

1.2　计算机

自 ENIAC 诞生以来，电子计算机技术获得了突飞猛进的发展。现在，计算机已经不仅仅是一个“计算”工具，它更是一个能够对各种信息进行获取、表示、存储、传输、处理、控制的信息处理机。它已经渗入了人类社会生活的各个领域，完全改变了人类生存的方式，给整个社会带来了翻天覆地的变化。

1.2.1　计算机的发展

根据计算机采用的主要电子器件，通常将电子计算机的发展划分为电子管计算机、晶体管计算机、集成电路计算机、大规模和超大规模集成电路计算机 4 个时代。

1. 第一代——电子管计算机（1946—1954 年）

这个时期的计算机主要采用电子管作为运算和逻辑元件。主存储器采用汞延迟线、磁鼓、磁芯，外存储器采用磁带。在软件方面，用机器语言和汇编语言编写程序。计算机主要用于科学和工程计算。

2. 第二代——晶体管计算机（1954—1964 年）

这个时期的计算机逻辑元件改为晶体管。主存储器采用铁淦氧磁芯器，外存储器采用先进的磁盘。软件方面，出现了各种各样的高级语言及编译程序语言，开始使用“操作系统”。除了进行科学计算之外，这时的计算机还应用于工业控制、工程设计及数据处理等领域。

3. 第三代——集成电路计算机（1964—1970 年）

这个时期的计算机逻辑元件使用集成电路，使用半导体存储器代替了磁芯存储器。在软件方面，出现了分时操作系统及交互式高级语言，实现了多道程序的运行，如当其中一个程序等待输入/输出时，另一个程序可以进行计算，这大大提高了计算机的运行速度。

4. 第四代——大规模和超大规模集成电路计算机（1970 年至今）

这个时期的计算机逻辑元件和主存储器都采用了大规模集成电路（Large Scale Integration of Circuits，LSI），集成度比中小规模集成电路提高了 1～2 个数量级。1971 年年末，诞生了世界上第一台微处理器和微型计算机，到了 20 世纪 80 年代初期，计算机的价格已经降到普通个人能够承受的范围，计算机进入了个人计算机（Personal Computer，PC）时代。

我国 1953 年成立了第一个电子计算机科研小组，1958 年研制成功第一台电子管计算机，到今天计算机的发展经历了仿制、跟踪发展及自主研制几个过程。目前我国在高性能计算机和微型计算机方面都取得了重大的成就。我国电子计算机的发展历程如表 1.1 所示。

表 1.1　　我国电子计算机的发展历程

<table>
<tr><th>类型</th><th colspan="2">时间</th><th>代表机型</th><th>重要意义</th></tr>
<tr><td>电子管计算机</td><td colspan="2">1958—1964 年</td><td>小型电子管通用计算机 103 机</td><td>我国第一台电子计算机</td></tr>
<tr><td>晶体管计算机</td><td colspan="2">1965—1972 年</td><td>大型晶体管计算机 109 乙、109 丙</td><td>主要用于两弹试验</td></tr>
<tr><td rowspan="3">集成电路计算机</td><td rowspan="3">1973 年—20 世纪 80 年代初</td><td>1974 年</td><td>集成电路小型计算机 DJS-130</td><td>掌握集成电路小型机技术</td></tr>
<tr><td>1977 年</td><td>微型计算机 DJS-050</td><td>我国第一台微型计算机</td></tr>
<tr><td>1983 年</td><td>银河-I 巨型机</td><td>我国能够独立设计和制造巨型机的标志</td></tr>
<tr><td rowspan="7">大规模和超大规模集成电路计算机</td><td rowspan="6">20 世纪 80 年代中期至今</td><td>1985 年</td><td>长城 0520CH 微机</td><td>系列微机产业化的里程碑</td></tr>
<tr><td>1992 年</td><td>银河系列巨型计算机</td><td rowspan="5">我国超级计算机技术已经处于世界领先地位</td></tr>
<tr><td>1993 年</td><td>曙光系列超级计算机</td></tr>
<tr><td>1999 年</td><td>神威 I 超级计算机</td></tr>
<tr><td>2009 年</td><td>天河系列超级计算机</td></tr>
<tr><td>2010 年</td><td>星云超级计算机</td></tr>
<tr><td colspan="2">2001 年</td><td>“龙芯”微处理器芯片及其系列</td><td>我国第一款通用 CPU 芯片</td></tr>
</table>

超级计算机主要用于需要大量运算的工作，比如天气预报、地震预测、天体物理、分子模型、仿真分析等。在 2010 年 11 月的全球超级计算机 TOP500 排行榜中，我国首台千万亿次超级计算机“天河一号”排名第一，第一台实测性能超千万亿次的超级计算机“星云”位居第三，这标志着中国拥有了历史上计算速度最快的工具，并且成为继美国之后世界上第二个能够研制千万亿次超级计算机的国家。

2013 年 6 月，中国国防科技大学研制的“天河二号”超级计算机以每秒 33.86 千万亿次的浮点运算速度，成为全球最快的超级计算机，之后它在 TOP500 榜单上连续六度称雄。到 2016 年 6 月，由中国国家并行计算机工程技术研究中心研制的“神威 • 太湖之光”超级计算机横空出世，如图 1.12 所示。它以每秒 9.3 亿亿次的浮点运算速度在 TOP500 榜单中夺冠，更重要的是“神威 • 太湖之光”实现了包括处理器在内的所有核心部件的全部国产化。至此，中国计算能力超过每秒千万亿次的上榜系统已从 2008 年 6 月的一台增至 2016 年的 117 台，与美国上榜数量持平。到 2017

年 11 月，“神威·太湖之光”第四次蝉联冠军。2020 年 6 月的 TOP500 榜单中，“神威·太湖之光”位列第四，“天河二号”位列第六。

在微处理器方面，2001 年中科院计算所研制成功我国第一款通用 CPU——“龙芯”（Longstanding）芯片。2002 年，曙光公司推出采用“龙芯-1”CPU 的拥有完全自主知识产权的“龙腾”服务器，该服务器在国防、安全等部门发挥了重大作用。目前龙芯产品包括龙芯 1 号、龙芯 2 号和龙芯 3 号 3 个系列，龙芯 3 号芯片如图 1.13 所示。“天河一号”中就使用了“龙芯”CPU，2015 年中国发射了首枚使用“龙芯”的北斗卫星。2019 年 12 月，龙芯 3A4000/3B4000 发布，实现了性能的成倍提升。2021 年 4 月龙芯自主指令系统架构的基础架构通过国内第三方知名知识产权评估机构的评估。

图 1.12　神威·太湖之光

图 1.13　“龙芯”3 号芯片

尽管我国在计算机的发展上已经取得了很高的成就，但是我国与发达国家仍然存在差距，主要表现在我国的原始创新少，研制成果的商品化、产业化落后于发达国家。

1.2.2　计算机基础知识

人们平时所说的计算机一般都是指通用计算机，即硬件固定不变、通过加载执行不同的程序，实现不同的功能、解决不同问题的计算机，如台式计算机、笔记本电脑、平板电脑等。除此之外，在工业控制和嵌入式设备等领域，存在大量专用计算机，它们只执行预定的程序，从而实现固定的功能。例如，现在的飞机、汽车、电视机、ATM 机、自动售票机、随身听、导航仪、全自动洗衣机等都内嵌了各种各样的专用计算机。

计算机具有运算速度快、计算精度高，有记忆能力、逻辑判断能力、自动执行能力等几个主要特点。另外，只要执行不同的程序，计算机就可以解决不同的问题，因而计算机具有很强的稳定性和通用性。随着微电子技术、通信技术和计算机技术的发展，现代计算机连续无故障运行时间可达到几十万小时，具有极高的可靠性，且实时通信能力及直观灵活的表现能力也都很强。

计算机的特点决定了它在人们的生活、学习和工作中有着极其广泛的应用前景。经过几十年的发展，从国防、科研、生产、农业、交通，到文教、卫生、商业、通信等几乎所有的领域都涉及计算机技术。计算机的应用可以归纳为科学计算、数据处理、过程控制、计算机辅助系统、人工智能、网络通信等主要方面。

1. 计算机的分类

计算机是一个庞大的家族，从不同的角度出发就有不同的分类方式。例如，根据用途和使用范围，计算机可以分为通用计算机和专用计算机；根据表示信息的方式，计算机可以分为数字计算机、模拟计算机和数模混合计算机；按照规模和处理能力，计算机可以分为巨型机、大型机、中型机、小型机和微型机。因此，根据计算机的综合性能指标，结合计算机应用领域的分布可将计算机分为高性能计算机、微型计算机、工作站、服务器和嵌入式计算机5大类。

（1）高性能计算机

高性能计算机也就是俗称的超级计算机，或者以前说的巨型机，是指目前速度最快、处理能力最强的计算机。高性能计算机数量不多，一般应用于军事战略防御系统、大型预警系统、航天测控系统，或者应用于大区域中长天气预报、大面积物探信息处理、大型科学计算和模拟系统等。目前国际上对高性能计算机最为权威的评测是世界计算机排名TOP500。中国、美国及日本在高性能计算机方面都走在世界的前列。

（2）微型计算机

微型计算机又称为个人计算机。微处理器是微型计算机的核心部件，目前主要有Intel公司的Core系列和AMD公司的各种系列等。微型计算机因其小巧、轻便、廉价等优点广泛应用于办公、学习、娱乐等社会生活的方方面面，是发展最快、应用最为普及的计算机。我们日常使用的台式计算机、笔记本电脑、平板电脑和种类众多的移动设备等都是微型计算机。

（3）工作站

工作站是一种高档的微型计算机，擅长处理某类特殊事务，通常配有高分辨率大屏幕显示器及容量很大的内存储器和外部存储器，具备强大的数据运算与图形、图像处理能力。工作站主要应用于工程设计、动画制作、科学研究、软件开发、金融管理、信息服务、模拟仿真等专业领域。

（4）服务器

服务器是在网络环境中为网上用户提供各种服务的一种计算机。服务器需要安装网络操作系统、网络协议和各种网络服务软件。服务器主要为网络用户提供文件、数据库、应用及通信方面的服务。与微型计算机相比，服务器在性能、可靠性、安全性等方面的要求更高，硬件系统的配置也更高。

（5）嵌入式计算机

嵌入式计算机是指嵌入到应用对象系统中，实现对象体系智能化控制的计算机系统。与通用计算机相比，嵌入式计算机系统是以应用为中心，将操作系统和功能软件集成于计算机硬件系统之中，对功能、可靠性、成本、体积、功耗有严格要求的专用计算机系统。嵌入式计算机广泛应用于工业领域和各种家用电器之中，如飞机、汽车、数字电视、电冰箱、数码相机、空调、电饭煲等。

2. 计算机的发展趋势

尽管当前计算机的性能已经有了很大提升，但是从采用的物理器件而言仍处于第四代的水平，巨型化、微型化、智能化和网络化是今后计算机进一步发展的趋势。

（1）巨型化并不是指计算机的体积巨大，而是指计算机具有高速度、大容量、功能强大的超级计算机系统，如在航天工程、气象预报、基因检测、石油勘探、武器开发、军事作战、机械仿真、密码破译等方面使用的高性能计算机。

（2）微型化是指随着大规模和超大规模集成电路技术的飞速发展，计算机的体积越来越小。微处理器的发展即是微型化的典型代表。微型计算机不仅携带方便，而且还被嵌入电视及各种仪表等小型设备中，使这些物体具备了一定的计算能力，进而具有一定的自动化和智能化能力。

（3）智能化是指研制能够把信息采集、存储、处理、通信和人工智能结合在一起的智能计算机系统，使得计算机能够像人一样具有思维、推理和判断能力。这是第五代计算机的研究目标，对社会和生活有着不可估量的影响。目前最有代表性的领域是专家系统和机器人。

（4）网络化是指计算机之间的互联互通、基于计算机互联互通的物体之间的互联互通、人与组织之间的互联互通、网络与网络之间的互联互通以及虚拟世界与物理世界的互联互通等。

3. 新型计算机

人类的追求是无止境的，集成电路芯片作为电子计算机的核心部件，其制造工艺的不断进步推动着计算机的快速发展。但是目前的芯片工艺主要采用光蚀刻技术，由于存在磁场效应和热效应并且在制作实现上具有很高的难度，当线宽低于 0.1μm 以后，集成电路芯片的制造工艺就很难再进一步获得提升。因此，人们正在积极地开拓其他的制造技术，如微电子技术、光学技术、电子仿生技术和超导技术等。从目前的研究情况来看，新型计算机最有可能会在量子技术、生物技术和光技术方面取得革命性的突破。可以预见，新型的计算机，如量子计算机、生物计算机、光子计算机、纳米计算机、超导计算机等，将会给人类的文明再次带来巨大的进步。

（1）量子计算机

量子计算机（Quantum Computer）是一种遵循量子力学规律进行高速数学和逻辑运算、存储及处理量子信息的物理装置。普通的电子计算机在基于二进制 0 和 1 的“比特（bit）”上运行。量子计算机在“量子比特（qubit）”上运行，可以计算 0 和 1 之间的数值，并且使用量子算法来进行数据操作。

由于量子的叠加效应，一个量子比特可以是 0 或 1，也可以既存储 0 又存储 1，因此一个量子比特可以存储两个数据。对于拥有同样数量存储位的计算机，量子计算机的存储量比电子计算机要大得多。量子比特序列不但可以处于各种正交态的叠加态上，而且还可以处于纠缠态上。这些特殊的量子态，不仅提供了量子并行计算的可能，而且还将带来许多奇妙的性质，其运算速度可能比目前的个人计算机芯片快十亿倍。

（2）生物计算机

生物计算机（Biological Computer）也称仿生计算机，主要原材料是生物工程技术产生的蛋白质分子，并以此作为生物芯片来替代半导体硅片，利用有机化合物存储数据，以波的形式传播信息。

因为蛋白质分子比硅晶片上的电子元件要小得多，彼此距离很近，所以生物计算机的体积会急剧减小。生物芯片本身具有天然独特的立体化结构，其密度要比平面型的硅集成电路高 5 个数量级，因而用生物芯片做成的生物存储器，其存储空间仅占普通计算机的百亿亿分之一。生物计算机具有高速信息处理能力，让几万亿个 DNA 分子在某种酶的作用下进行化学反应，就能使生物计算机同时运行几十亿次，加上生物计算机芯片本身还具有并行处理的功能，其运算速度要比当今最新一代的计算机快十万倍。另外，由于生物芯片内流动电子间碰撞的可能性极小，几乎不存在电阻，所以生物计算机的能耗极小，仅相当于普通计算机的十亿分之一。

由于蛋白质分子能够自我组合，再生新的微型电路，具有很强的“活性”，这使得生物计算机具有生物体的一些特点。当生物芯片出现故障时，它可以自我修复，所以生物计算机具有自愈能力。生物计算机具有生物活性，能够和人体的组织有机地结合起来，尤其是能够与人脑和神经系统相连。这样生物计算机就可以直接接受人脑的综合指挥，成为人脑的辅助装置或扩充部分，并能由人体细胞吸收营养补充能量，因而不需要外界能源。它将能植入人体内，成为帮助人类学习、思考、创造、发明的最理想的伙伴。科学家认为，生物计算机最有可能实现人类所寻求的“智能”解放。

（3）光子计算机

光子计算机（Photon Computer）是一种由光信号进行数字运算、逻辑操作、信息存储和处理的新型计算机。它由激光器、光学反射镜、透镜、滤波器等光学元件和设备构成，靠激光束进入反射镜和透镜组成的阵列进行信息处理，并以光子代替电子，以光运算代替电运算。光具有并行、高速的特点，天然地决定了光子计算机的并行处理能力很强，具有超高的运算速度。光器件允许通过的光频率高、范围大，即带宽非常大，传输和处理的信息量极大。有人计算过，对于每边长1.5cm 左右的三棱镜，其信息通过能力比全世界现有的全部电话电缆的通过能力加一起还要大好多倍。光子在光介质中传输所造成的信息畸变和失真极小，光传输、转换时能量消耗和散发的热量极低，对环境条件的要求比电子计算机低得多。光子计算机还具有与人脑相似的容错性，系统中某一元件损坏或出错时，并不影响最终的计算结果。

随着现代光学与计算机技术、微电子技术的结合，在不久的将来，特别是在一些特殊领域，比如电话传输、天气预测等，使用光波而不是电流来处理数据和信息，对于计算机的发展而言将是非常重要的一步。光子计算机将为我们带来更强劲的运算能力和处理速度，甚至会为将来和生物科学等学科的交叉融合打开一扇新的大门。

4. 计算机应用的新模式

在当今的新思想、新技术、新需求的驱动下，计算机的应用呈现出了各种各样的新模式，使得计算变得“无处不在”并且“无所不能”。云计算、大数据等各种新的计算模式从不同侧面反映了人们求解复杂问题的策略。高性能计算机、移动互联网等技术革命对计算技术的发展起到了巨大的推动作用。人工智能、物联网、智慧地球等体现了计算技术对社会的深刻影响。总之，不容置疑的是整个 IT 技术正在经历着一场深刻的变革。

（1）云计算

云计算（Cloud Computing）是目前信息技术的一个新热点，广为接受的是美国国家标准与技术研究院（NIST）的定义：云计算是一种按使用量付费的模式，这种模式提供可用的、便捷的、按需的网络访问，进入可配置的计算资源共享池（资源包括网络、服务器、存储、应用软件、服务等），这些资源能够被快速提供，只需投入很少的管理工作，或与服务供应商进行很少的交互。这就好比是计算已经从古老的单台发电机模式转向了电厂集中供电的模式。它意味着计算能力也可以作为一种商品进行流通，就像煤气、水、电一样，取用方便，费用低廉，而它们之间最大的不同在于云计算是通过互联网进行传输的。

云计算具有资源和服务透明、可靠性高、可伸缩性好等特征。云计算本质上可以看作一种共享服务，服务的内容可以是硬件、平台、软件，也可以是其他任意的服务。它将网络连接的海量信息资源进行整合，并且统一管理和调度这些计算资源，提供定制化的按需使用服务，并通过网络将这些资源分配给需要的用户，同时也可以对资源进行动态分配和灵活扩充。“云”中的资源在使用者看来是可以无限扩展的，并且是可以随时获取、按需使用、按使用付费的。

云计算预示着我们存储信息和运行应用程序的方式将发生重大的变化。数据和程序可以不再存放和运行于个人计算机上，相反一切都可以托管到“云”中。云计算提供了更可靠、更安全的数据存储中心，用户不用再担心数据丢失、病毒入侵等麻烦。人们可以在浏览器中直接编辑存储在“云”端的文档，可以随时与朋友分享信息；所有的电子设备只需要连接互联网，就可以同时访问和使用同一份数据；可以在任何地方用任何一台计算机找到某个朋友的电子邮件地址，可以在任何一部手机上直接拨通朋友的电话号码，等等。日常生活中，在线购物、使用基于浏览器的搜索引擎、网上银行转账等都是关于云计算的应用。云计算为我们使用网络提供了无限的可能，“云”让每个普通人以极低的成本接触到顶尖的 IT 技术，云计算必将在不远的将来展示出强大的生命力，并将从多个方面改变我们的工作和生活。

（2）大数据

大数据（Big Data）是近年来 IT 行业的热词，大数据在各个行业的应用变得越来越广泛。所谓大数据，指的是所涉及的数据资料量规模巨大到无法通过人脑甚至主流软件工具，在合理时间内达到撷取、管理、处理，并整理成为帮助企业经营决策的信息。很显然，数据量大、数据种类多、要求实时性强、数据所蕴藏的价值大是大数据的特点。

科学技术及互联网的发展，推动着大数据时代的来临，各行各业每天都在产生数量巨大的数据碎片，数据计量单位已从 Byte、KB、MB、GB、TB 发展到 PB、EB、ZB、YB，甚至 BB、NB、DB。大数据时代数据的采集也不再是技术问题，而是面对如此众多的数据，我们怎样才能找到其内在规律。

大数据的挖掘和处理必然无法用人脑来推算、估测，或者用单台的计算机进行处理，必须采用分布式计算架构，依托云计算的分布式处理、分布式数据库、云存储和虚拟化技术。因此，大数据的挖掘和处理必须用到云计算技术，云计算主要提供服务，而大数据主要完成数据的价值化，它们的关系就像一枚硬币的正反面一样密不可分。

大数据技术的战略意义不在于掌握庞大的数据信息，而在于对这些含有意义的数据进行专业化处理。换言之，如果把大数据比作一种产业，那么这种产业实现盈利的关键，在于提高对数据的“加工能力”，通过“加工”实现数据的“增值”。例如中国移动通过大数据分析，对企业运营的全业务进行针对性的监控、预警、跟踪。系统在第一时间自动捕捉市场变化，再以更快捷的方式推送给指定负责人，使他在更短时间内获知市场行情。

（3）人工智能

人工智能（Artificial Intelligence，AI）是指由人工制造出来的系统所表现出来的智能。人工智能在科幻小说中风靡了数十年之后，如今已然成为我们日常生活的一部分。突如其来的大量可用数据以及相应的计算机系统的开发和广泛使用，催生了人工智能的迅猛发展。人工智能会在我们输入单词时补全单词，在我们问路时提供行车路线，会用吸尘器清洁地板，也会推荐我们接下来该买什么或者该追哪一部电视剧。它推动着诸如医学影像分析之类的应用不断发展，帮助技能娴熟的专业人员更快地完成重要工作并取得更大的成功。

从实际应用层面来理解的话，人工智能是研究如何用计算机软件和硬件去实现主体的感知、决策与智能行为的一种技术。人工智能就其本质而言是对人的思维过程的模拟，其理论基础表现为搜索、推理、规划和学习，具体内容包括自然语言处理、知识表现、智能搜索、推理、规划、机器学习、知识获取、组合调度问题、感知问题、模式识别、逻辑程序设计、不精确和不确定的管理、人工生命、神经网络、复杂系统、遗传算法等。

人工智能的核心在于算法，它可以根据大量的历史数据和实时数据对未来进行预测。所以大量的数据对于人工智能的重要性不言而喻，人工智能可以处理和从中学习的数据越多，其预测的准确率就会越高。因此人工智能离不开大数据，同时也要依靠云计算平台来完成深度学习进化。

人工智能的应用领域包括机器视觉、指纹识别、人脸识别、视网膜识别、虹膜识别、掌纹识别、专家系统、自动规划、智能搜索、定理证明、博弈、自动程序设计、智能控制、机器人学、语言和图像理解、遗传编程等。

（4）物联网

物联网（Internet of Things）的概念来源于 1999 年美国麻省理工学院"自动识别中心（Auto-ID）"提出的"万物皆可通过网络互联"的思想。早期的物联网被看作人与物、物与物相联的一个巨大网络。它通过各种信息传感设备，包括二维码识别设备、射频识别（RFID）装置、红外线感应器、全球定位系统、激光扫描器、气体感应器等，实时采集任何需要监控、连接、互动的物体或过程的各种需要的信息，按约定的协议，利用局部网络或互联网等通信技术把传感器、控制器、机器、人员和物品等通过新的方式连接起来进行信息交换，以实现智能化识别、定位、跟踪、监控和管理等目的。

现在，物联网被重新定义为计算机、互联网技术与当下几乎所有其他技术的结合，实现物体与物体、环境以及状态信息之间的实时共享以及智能化的收集、传递、处理、执行。广义上说，当下涉及的信息技术的应用，都可以纳入物联网的范畴。

2009 年 IBM 首次提出"智慧地球"这一概念，即建设新一代的智慧型基础设施。今天，"智慧地球"战略被美国人认为与当年的"信息高速公路"有许多相似之处，同样被他们认为是振兴经济、确立竞争优势的关键战略。该战略能否掀起如当年互联网革命一样的科技和经济浪潮，不仅为美国所关注，更为世界所关注。在中国，物联网被正式列为国家五大新兴战略性产业之一，物联网领域的研究和应用受到了全社会极大的关注。

当今社会，物联网通过智能感知、识别技术与普适计算等通信感知技术，广泛应用于网络的融合之中。物联网应用已经涉及国民经济和社会生活的方方面面，遍及智能交通、环境监测、公共安全、政府工作、平安家居、定位导航、现代物流管理、食品安全控制、敌情侦查和情报搜集等多个领域，因而物联网被称为继计算机、互联网之后世界信息产业发展的第三次浪潮。

以目前计算机应用的新模式而言，物联网的一大特点在于海量的计算结点和终端，其在处理海量数据时对计算能力的要求是很高的，而云计算、大数据和人工智能刚好可以担负起这个重任。通过云计算将海量数据集中存储和处理，通过大数据技术对这些海量数据进行整理与汇总，而人工智能则在大数据的基础上进行更进一步的深入分析和挖掘，然后根据分析结果进行活动。对于物联网应用来说，人工智能的分析决策能够帮助企业提升营运业绩，发现新的业务场景。

1.2.3　计算机的基本工作原理

1. 指令、指令系统和程序

指令就是指挥计算机完成某个基本操作的命令，它由二进制数 0 和 1 编码构成，其操作由硬件电路来实现，格式如图 1.14 所示。

图 1.14　指令的基本格式

操作码（Operation Code，OP）指明计算机所要执行的指令的类型和功能。操作数（Operation Date，OD）指明指令执行操作过程中所需要的操作对象。在一条指令中，操作数可以有 0 个（即无操作数）、1 个或多个。

例如，1011000000000011 表示将 3 送往 CPU 中的累加器，前 8 位表示往累加器送数，后 8 位表示所送的是十进制数 3。

一台计算机上所有指令的集合构成了该计算机的指令系统。指令系统是一台计算机能够直接执行的全部基本操作。不同计算机的指令系统，其指令格式和数目也有所不同。指令系统越丰富完备，编制程序就越方便灵活。通常所说的系列微机即指基本指令系统相同、基本体系结构相同的一系列计算机。

为了实现特定的目标，将一系列的指令进行有序的组合就形成了程序。任何复杂的问题在计算机中都会被分解为一系列的指令，一个指令规定计算机执行一个基本操作，一个程序规定计算机完成一个完整的任务。

2. 计算机的工作原理

计算机的工作过程就是程序执行的过程。程序在运行前先由输入设备及操作系统调入内存储器中，当机器进入运行状态后，就从内存储器中取出第一条指令以实现其基本操作。一条指令执行完后，又自动地开始取下一条指令，重复进行，直至遇到结束指令为止。程序执行流程图如图 1.15 所示。

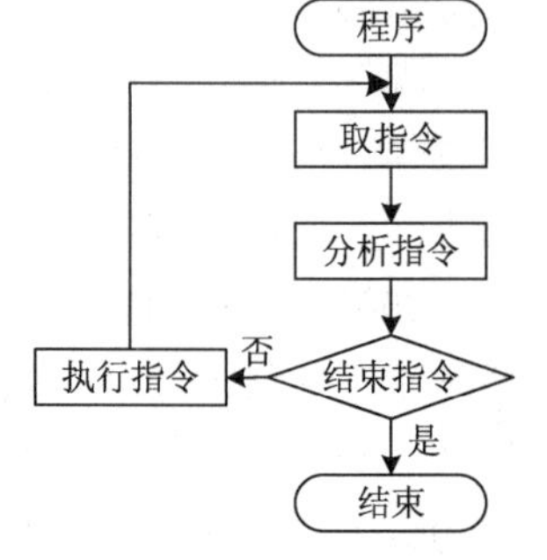

图 1.15　程序执行流程

在具体执行计算机指令时，包含几个基本的步骤：取指令、分析指令和执行指令。取指令就是把要执行的指令从内存储器中取出送入微处理器；分析指令就是分析所取出的指令所要完成的动作；执行指令就是根据控制器发出的控制信息，使运算器按照指令规定的操作去执行相应的动作。

图 1.16 所示为指令执行流程图，它展示了在一个简化的计算机模型中将存储器中的数据取出和累加器中的数据相加的过程。假定这台计算机存储一条指令需要一个存储单元，指令的操作码和操作数各是 4 位二进制数，为了解释方便，约定使用操作码 0001 表示将存储器中的数据与累加器中的数据相加。

图 1.16 中①表示取指令。程序计数器中存储着指令所在的地址 0011，从内存储器的这个地址处取出指令 00011010，并送往指令寄存器。

图 1.16 中②表示分析指令。对①送到指令寄存器中的指令进行分析。由译码器对操作码 0001 进行译码，将指令的操作码转换成相应的控制电位信号。由地址码 1010 确定存放操作数的内存单元的地址。

图 1.16 中③表示执行指令。由操作控制电路发出完成该操作所需要的一系列控制信息，将存储在内存单元 1010 中的数据 1100 取回，并和累加器中的数据进行相加，进而完成该指令所要求的操作。

一条指令执行完成后，程序计数器会自动加 1，指向下一条需要执行的指令所在的位置。

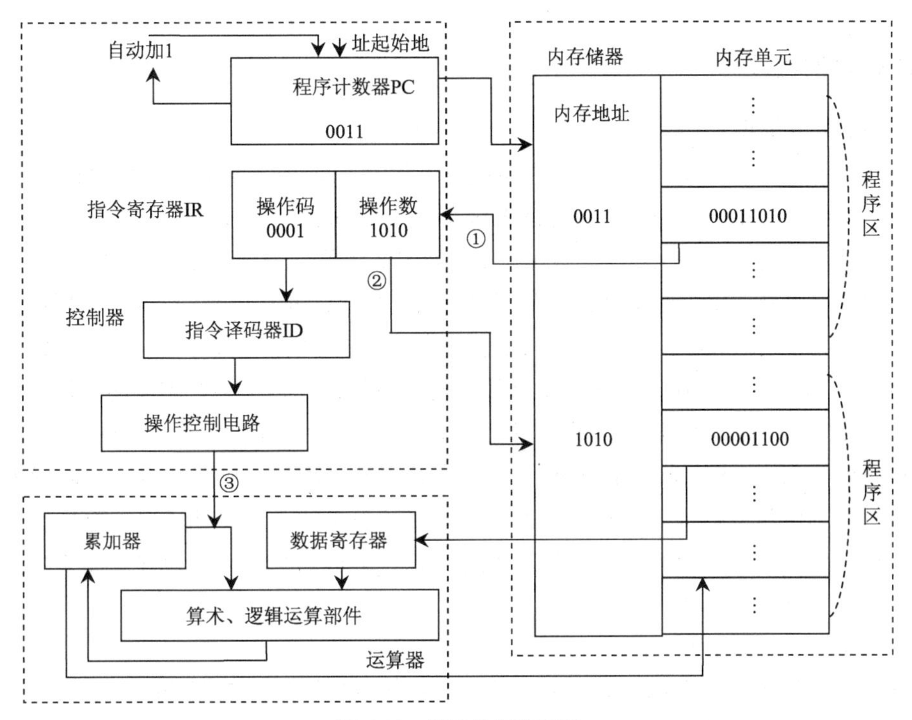

图 1.16　指令执行流程图

1.3　计算思维

在人类认识世界和改造世界的过程中，思维占有重要的位置。思维是人脑对客观事物的一种概括的、间接的反映，是人们运用存储在长时记忆中的知识经验，通过对外界输入的信息进行分析与综合、比较、抽象和概括等一系列复杂的操作实现的。

科学研究的三大方法分别是理论、实验和计算，其所对应的三大科学思维分别是逻辑思维、实证思维和计算思维。

（1）逻辑思维：又称理论思维，它以推理和演绎为特征，以数学学科为代表。

（2）实证思维：又称实验思维，它以观察和总结自然规律为特征，以物理学科为代表。

（3）计算思维：又称构造思维，它以设计和构造为特征，以计算机学科为代表。

图灵奖获得者 Edsger Dijkstra 曾说过："我们所使用的工具影响着我们的思维方式和思维习惯，从而也将深刻地影响着我们的思维能力。"电子计算机诞生后，还没有哪一项技术能像计算机技术一样如此迅猛地发展，并且同时影响和改变着人们的思维方式。不论是自然科学还是社会科学，其发展无不与计算机技术有关，如核爆炸、蛋白质生成、大型飞机和舰艇设计等自然科学中的计算机模拟、仿真和辅助设计；又如社会科学中的大数据采集、处理和分析，社会问题的风险评估、预测和控制，大量复杂问题的求解、宏大系统的建立、大型工程组织等。基于计算机科学与技术的计算思维必将像计算机一样，逐步渗入每一个人的生活之中。学习计算思维，就是学会像计算机科学家一样思考和解决问题，这将不仅仅是计算机专业人员，更是每一个人应该具有的普遍认识和应该掌握的基本技能。

1.3.1 计算思维概述

1. 什么是计算思维

一个简单的例子可以使我们体会计算思维的基本思想。求函数 $f(x)$在区间上的积分通常有两种方法：一种是牛顿—莱布尼茨公式，需要首先求出 $f(x)$的原函数 $F(x)$，然后再计算 $F(x)$在区间$[a,b]$上的值；另一种是黎曼积分，先对区间$[a,b]$进行 n 等分，然后计算各小矩形的面积之和。在高等数学中我们通常使用牛顿—莱布尼茨公式，因为黎曼积分的计算量太大了。而在计算机中我们通常使用黎曼积分，因为不同的 $f(x)$求原函数的方法是不同的，并且不是所有的 $f(x)$都能够找到原函数。

2006 年，美国卡内基梅隆大学的周以真教授对计算思维进行了系统的阐述，并将其提升到国家发展的战略地位。计算思维对科学发展举足轻重的作用至此才被人们所广泛关注。周以真教授认为，计算思维（Computational Thinking）是运用计算机科学的基础概念进行问题求解、系统设计以及人类行为理解等涵盖计算机科学各方面的一系列思维活动。也就是说计算思维使用的方法主要是计算机科学的方法，要完成的任务是求解问题、进行系统设计、理解人类的行为。具体可以从以下 3 个方面理解计算思维。

（1）问题求解中的计算思维

问题求解是科学研究的根本目的之一。利用计算机既可以求解数据处理、数值分析等问题，也可以求解物理、化学、经济学、社会学等学科中的问题。使用计算手段求解问题，首先要把实际的应用问题转换为数学问题，然后建立模型、评估模型是否可解，可解的话设计算法和程序，最后在实际的计算机中运行并求解。

（2）系统设计中的计算思维

1985 年图灵奖获得者 Richard M. Karp 认为，任何自然系统和社会系统都可视为一个动态演化系统，演化伴随着物质、能量和信息的交换，这种交换可以映射为符号变换，使之能用计算机进行离散的符号处理。当动态演化系统抽象为离散符号系统后，就可以采用形式化的规范描述，建立模型、设计算法和开发软件来揭示演化的规律，实时控制系统的演化并自动执行。

（3）人类行为理解中的计算思维

面对信息时代新的社会动力学和人类动力学，计算思维基于可计算的手段，以定量化的方式，通过各种信息技术，设计、实施和评估人与环境之间的交互。也就是说可以利用计算手段来研究人类的行为。

2. 计算思维的本质

抽象（Abstract）和自动化（Automation）是计算思维的本质。抽象可以使人们有选择地忽略某些细节，以控制系统的复杂性。计算思维中的抽象完全超越物理的时空观，并完全用符号来表示。自动化就是机械地一步一步地自动执行，也就是选择合适的计算机来解释执行问题的抽象。

将待解决的问题抽象成数学模型是计算思维中抽象的一个重要表现，也就是抛开事物的物理、化学、生物等特性，仅仅保留其量的关系和空间的形式，并且通过抽象关注问题的主要内容，忽略或减少过多的具体细节。此外，抽象还能帮助我们发现一些看似不同的问题的共同特性，从而建立相同的计算模型。

例如，七桥问题是 18 世纪著名的古典数学问题之一。在哥尼斯堡城的普莱格尔河上有 7 座桥，将河中的两个岛和河岸连接，如图 1.17（a）所示。问能否一次走遍 7 座桥，而每座桥只允许通过一次，最后仍然回到起始地点。这个问题看似不难，但人们却始终没有找到答案，最后数学家欧拉将问题抽象成图 1.17（b）所示的数学问题，证明了这样的走法不存在。

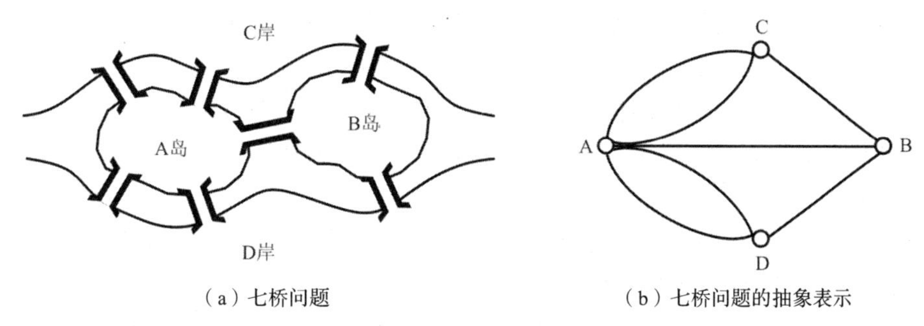

（a）七桥问题　　（b）七桥问题的抽象表示

图 1.17　七桥问题及其抽象表示

在计算思维中，抽象通常是在不同的层次上完成的，层次的划分和我们关注的问题密切相关，不同的抽象层次对应不同程度的问题。通常我们还会在较低的层次之上再建立一个较高的抽象层次，以便隐藏低级层次的复杂细节，提供更加简单的求解方法。比如将计算机系统划分为几个层次实现，在硬件系统之上配置操作系统，使得人们不需掌握太多硬件知识就可以操作计算机；在操作系统或其他软件系统之上搭建新的软件，可以隐藏系统的低层功能，便于关注、理解和使用新观点或新功能。又如，互联网是抽象成多层网络协议才得以实现的，但是发送电子邮件的人并不希望也不需要先掌握网络的低层知识。

计算思维中的抽象最终需要能够机械地一步一步地自动执行，因此在各种不同抽象层次之间的翻译工具十分重要，如编码器、程序设计语言、编译器等。还需要考虑抽象在现实世界中自动化实施的限制，也就是计算机的执行限制。例如，当有限的内存空间无法容纳复杂问题中的海量数据时，需要使用缓冲方法来分批处理数据；当程序运行时，还要能够处理类似磁盘满、服务没有响应等异常情况。

3. 计算思维的特征

（1）计算思维是人的思想和方法，是人类求解问题的一条途径。计算思维是指像计算机科学家而不是计算机那样去思维。计算机刻板而机械，但拥有强大的计算能力；而人类通过在抽象的多个层次上思维并且编程实现，将自己计算思维的思想赋予了计算机，解决各种需要大量计算的问题。作为解决问题的有效能力，计算思维只能通过学习和实践来培养，而且人人都应当掌握，处处都会被使用。

（2）计算思维建立在计算机的能力和限制之上，因而用计算机解决问题时既要充分考虑利用计算机的计算和存储能力，又不能超出计算机的能力范围，必须考虑机器的指令系统、资源约束和操作环境。例如，计算机能够高速执行大量的指令，但每条指令只限于一些简单的操作，因此我们无法让计算机执行不能化简为简单操作的复杂任务。又如，计算机能表示的整数是有限的，所以进行算法设计时如果超出整数的表示范围，就必须另想办法。

（3）计算思维融合了数学和工程等其他领域的思维方式。计算思维基于问题求解的一般数学思维，需要建立现实世界的抽象模型，采用构建在数学基础之上的形式化语言表达思想。计算思维又吸取了现实世界中复杂系统设计与评估的工程思维，计算机科学家们建造与现实世界互动的系统，不断寻求提高系统质量的方法，并且评估系统的代价与收益，权衡多种选择的利弊。

1.3.2 计算思维的方法与案例

1. 计算思维的方法

通常计算思维表现为人们在问题求解、系统设计及人类行为理解的过程中对抽象、算法、数据及其组织、程序、自动化等概念和方法进行潜意识的应用。计算思维建立在计算过程的能力和限制之上，可以由人也可以由机器执行。计算思维的方法涉及两个方面，一方面是源于数学和工程中系统设计与评估的方法，另一方面是计算机科学特有的方法。周以真教授具体地阐述了 7 大类计算思维的方法。

（1）计算思维是一种通过约简、嵌入、转化和仿真等方法，把一个看起来困难的问题重新阐释成一个人们知道怎样解决的问题的思维方法。

（2）计算思维是一种递归思维，是一种并行处理方法。它能把代码译成数据又能把数据译成代码，是一种多维分析推广的类型检查方法。

（3）计算思维是一种采用抽象和分解来控制庞杂的任务或进行巨大复杂系统设计的方法，是一种基于关注点分离的方法（SoC 方法）。

（4）计算思维是一种选择合适的方式去陈述一个问题（程序设计语言），或对一个问题的相关方面建模并使其易于处理的思维方法。

（5）计算思维是一种按照预防、保护及通过冗余、容错和纠错方式，从最坏情况进行系统恢复的思维方法。

（6）计算思维是一种利用启发式推理寻求解答，即在不确定情况下的规划、学习和调度的思维方法。

（7）计算思维是一种利用海量数据来加快计算，在时间和空间之间，在处理能力和存储容量之间进行折中的思维方法。

正是有了这些计算思维的方法和模型，使得我们敢于去处理那些原本无法由个人独立完成的问题求解和系统设计。

2. 计算思维的案例

在生活及计算机科学中，计算思维无处不在。下面是一些计算思维的案例。

（1）人们按照菜谱做菜，菜谱将菜的烹饪方法按步骤罗列，可以看作算法的典型代表。菜谱中“勾芡”这个步骤，可以看作模块化，它本身代表着“取淀粉，加水，搅拌，倒入菜中”这样一个操作序列。我们在等待一个菜煮好的时候，会将另一个菜洗净切好，这就是并发。

（2）人们根据书籍的目录快速找到所需要的章节，这正是计算机中广泛使用的索引技术。

（3）人们会沿原路边往回走边寻找丢失的东西，或者在岔路口沿着选择的一条路走下去时却发现此路不通，就会原路返回到岔路口去选择另一条路，这就是计算机中的回溯法，这对于系统地搜索问题空间非常重要。

（4）学生每天上学时只把当天使用的书本放入书包内，这就是计算机中的预置和缓存。

（5）在超市付账时人们选择去排哪个队，这就是多服务器系统的性能模型。

（6）停电时电话仍然可以用，这就是失败的无关性和设计的冗余性。

1.3.3 计算思维的实现

计算思维是可以实现的。计算机科学家们基于计算机的能力和限制，实现了周以真教授概括的计算思维方法，进而建立了一整套利用计算机解决问题的思维工具。下面是使用计算机实现常见的一些计算思维方法的过程。

1. 计算系统

现实世界的各种信息，包括数值、文字、多媒体（声音、图像、视频等）都可以转换成符号 0 和 1 来表示，信息符号化将现实世界抽象成为符号世界。0 和 1 作为二进制的两个数码可以进行算术运算和逻辑运算，符号计算化进一步将符号世界转化为计算世界。随着电子技术的发展，各种电子元器件从物理上实现了这些计算，并且通过进一步集成元器件构造复杂的电路，最终组成了计算机硬件系统，进而完成了计算自动化的过程，将计算世界引入了计算机世界。在硬件系统的基础上，人们通过构造程序控制计算机工作。硬件系统和软件系统共同组成一个完整的计算机系统，为人们求解现实世界中各种问题提供物质基础。计算思维在计算机系统中的实现过程如图 1.18 所示。

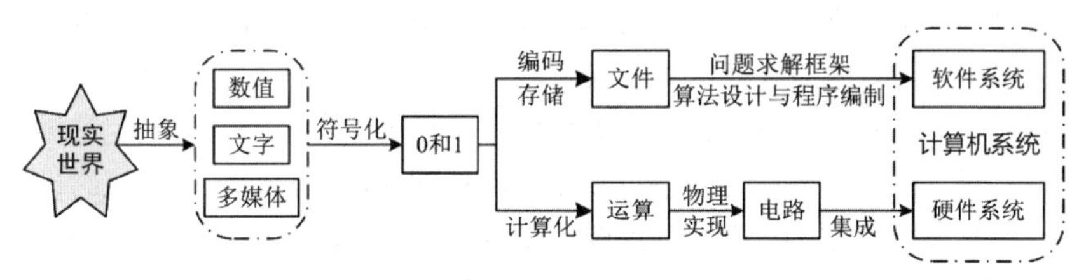

图 1.18　计算思维在计算机系统中的实现过程

简单的信息可以使用应用软件包处理，如使用各种数值分析软件（MATLAB、MATHEMATICA、MAPLE 等）进行数值信息的计算、分析、汇总和分类等；使用文字处理软件（Office 等）进行文字的编辑、展示和打印等；使用多媒体软件（Audition、Photoshop、Premiere 等）进行声音、图像及视频的编辑、处理和播放等。其他没有通用软件包可以解决的问题以及具有规模数据信息的复杂问题需要依靠程序设计及数据库技术等其他技术解决。

2. 问题求解

应用计算机进行问题求解，一般遵循问题分析、数学建模、算法设计、程序编制、调试运行等几个过程，并且这几个过程通常需要反复多次才能完成任务。使用计算机进行问题求解的计算思维实现过程如图 1.19 所示。

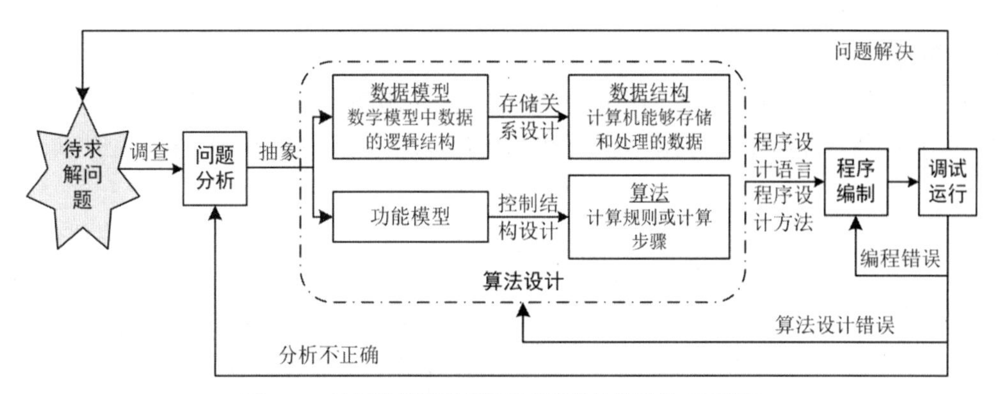

图 1.19　使用计算机进行问题求解的计算思维实现过程

首先对现实世界进行调查分析；将其抽象为数学模型，并且将数学模型中数据的逻辑结构转换为计算机能够存储和处理的数据结构；进一步进行算法设计，明确问题的计算规则或步骤；最后选择先进的程序设计方法，使用合适的程序设计语言将算法表述为程序，调试运行程序完成问题求解。这个过程不仅需要考虑问题求解的可能性，还需要在计算机软、硬件技术的能力与限制下考虑如何高效解决问题。

3. 具有规模数据的复杂问题求解

在人们的工作和生活中，对数据进行管理和利用十分重要。随着网络时代的来临，人类社会的数据规模和种类正以前所未有的速度增长，传统的问题求解方式无法实现对规模数据的有效管理和高效利用。数据库技术可以解决如何在大数据的规模效应下存储数据、管理数据、分析数据的问题以实现知识发现进而解决问题。

使用数据库技术进行问题求解，一般遵循需求分析、数据库设计（概念模型设计、逻辑模型设计、物理模型设计）、应用系统设计、系统实现、系统测试等几个过程。设计一个完善的数据库应用系统是不可能一蹴而就的，往往是上述几个阶段的不断重复。首先对现实世界中涉及规模数据管理和处理的复杂性问题进行调查分析，得到较为准确、细致的用户需求；然后将其抽象为信息世界的概念结构，并选用某种数据模型将概念模型转换为逻辑模型，再确定数据库的物理结构并实现该数据库；设计数据库的同时要进行数据功能处理的设计，即应用系统的设计；当数据库中的数据达到一定规模并且结构复杂时，需要使用专门的数据库管理系统（Database Management System，DBMS）软件对数据库进行科学的组织和管理，并且将数据库与应用系统关联起来形成完整的数据库应用系统；最后进行实施和测试。使用计算机对具有规模数据的复杂问题进行求解的计算思维实现过程如图 1.20 所示。

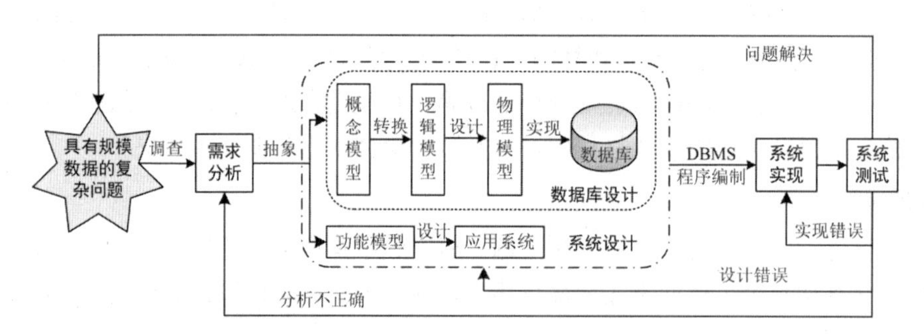

图 1.20　对具有规模数据的复杂问题进行求解的计算思维实现过程

4. 计算环境

单独一台计算机的计算能力是有限的，为了更好地利用和共享这些资源，人们将多台计算机组成了计算机网络。计算环境从单机进入了网络化时代，计算环境演化中计算思维的实现过程如图 1.21 所示。

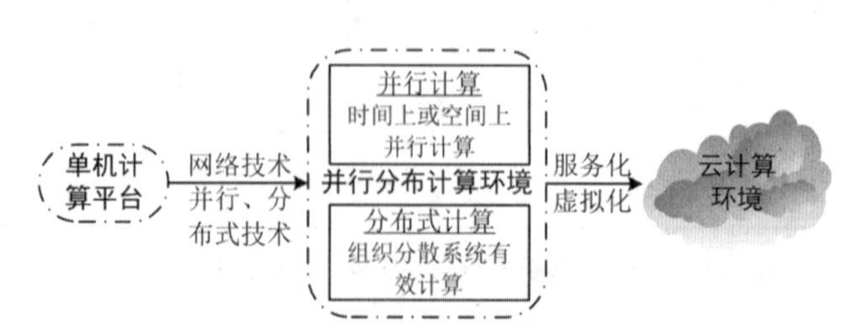

图 1.21　计算环境演化中计算思维的实现过程

为了满足日益增长的大规模科学和工程计算、事务处理和商业计算的需求，人们通过并行计算（Parallel Computing）技术，将被求解的问题分解成若干个部分，各部分均由一个独立的处理器来计算，多个处理器并行协同工作，同时使用多种计算资源解决问题。并行计算系统既可以是专门设计的、含有多个处理器的超级计算机，也可以是由以某种方式相互连接的若干台独立的计算机构成的集群。

另外，人们还把一个需要非常巨大的计算能力才能解决的问题分成许多小的部分，然后把这些部分分配给许多网络上的计算机进行处理，最后把这些计算结果综合起来得到最终的结果，这就是分布式计算（Distributed Computing）。并行、分布式计算环境极大地提高和扩展了计算机的计算能力，使得计算变得无所不能。

云计算在并行计算及分布式计算的基础上加入了服务化和虚拟化的概念，将计算任务分布在大量计算机构成的资源池上，使各种应用系统能够根据需要获得计算能力、存储空间和信息服务。云计算环境中数据安全可靠，对用户端的设备要求低，可以轻松实现不同设备间的数据与应用共享，并且为存储和管理数据提供了几乎无限多的空间，也为人们完成各类应用提供了几乎无限强大的计算能力。

1.3.4　计算思维的应用

随着计算机在各行各业中的广泛应用，计算思维的思想和方法对自然科学、工程技术和社会科学等许多学科和领域都产生了重要的影响。

1. 生物学

计算生物学的发展正在改变着生物学家的思维方式，他们除了在实验室研究生物学，还应用数据分析的方法进行数学建模，通过计算机仿真技术进行各项研究。

当前，生物学研究中的数据量和生物系统的复杂性不断增长，观察、实验以及一般的数据处理都难以应付。因此，必须依靠大规模计算技术，存储、检索、查询和处理这些海量数据，从中发现复杂的生物规律和机制，进而建立有效的计算模型，利用模型进行快速模拟和预测、指导生物学实验、辅助药物设计、改良物种造福人类等都是计算生物学中富有挑战的任务。计算机科学的许多领域，包括数据库、数据挖掘、人工智能、算法、图形学、软件工程、并行计算和网络技术等都被用于生物计算的研究。

计算思维与生物学的融合应用已有许多成功的例子。科学家们已经运用霰弹枪算法大大降低了人类基因组测序的成本，提高了测序的速度；利用绳结来模拟蛋白质结构，用计算过程来模拟蛋白质动力学，并且运用数据挖掘与聚类分析的方法进行蛋白质结构的预测；开发了生物数据处理分析方法和知识库，帮助人们从分子层次上认识生命的本质及其进化规律。DNA 计算机已经研制成功。在医学领域，机器人手术和借助于计算机的分析诊断及可视化系统在临床中已经广泛应用。

2. 化学

计算技术对化学的研究内容、研究方法甚至整个学科的结构和性质都产生了巨大的影响。计算化学以分子模拟为工具实现各种核心化学的计算问题，它使用化学、计算方法、统计学和程序设计等方法，进行化学与化工的理论计算、实验设计、数据与信息处理、分析与预测等。

计算化学的研究领域主要涉及数值计算、化学模拟、化学中的模式识别、化学数据库及检索等方面。例如，在量子化学和结构化学中进行演绎计算，在分析化学中进行条件预测，进行数值模拟、过程模拟和实验模拟，使用统计模式识别法根据二元化物的键参数对化合物进行分类、预报化合物的性质，在有机分析中根据图谱数据库进行图谱检索等。

科学家们已经利用原子计算去探索化学现象，用优化和搜索算法寻找优化化学反应条件和提高产量的物质；应用包括确定非平衡化学反应这样大量而准确的计算，在多台计算机组成的机群系统中，基于非结构网格和分区并行算法，为已有的预混可燃气体中高速飞行的弹丸的爆轰现象进行有效的数值模拟研究。

3. 数学

计算机对于数学家不仅仅是一个高速、高精度、自动化的数值计算工具，它已经成为研究数学的一种工具。比如，计算数学用计算机进行数值计算，计算代数用计算机进行代数演算，计算几何学用计算机研究几何问题等，这些大大扩展了数学家的计算能力。

现在数学家们利用计算机寻找传统数学难题的答案，如四色定理的证明，寻找最大的梅森素数、密码学研究等。世界上最复杂的数学结构之一——李群 E8（Lie group E8，248 维对称体，球、圆柱体和圆锥是 3 维对称物体）从 1887 年提出后困扰数学界长达 120 年。18 名世界顶级数学家历时 4 年零 77 个超级计算机机时，完成了它的计算过程。如果在纸上列出整个计算过程所产生的数据，其所需用纸面积可以覆盖整个曼哈顿。E8 的计算结果，也远远超过了人类基因组图谱的 1GB，包括所有的信息及表示，其总容量达到了60GB。这项重要的工作将会产生深远的影响，引发数学、物理学和其他领域的新发现。

为了给科学研究和工程设计以及其他一些必须进行有效数值计算的领域提供一种全面的计算解决方案，人们还开发了一系列的数学软件，如 MATLAB、MATHEMATICA、MAPLE 等。它们可以方便地进行数值计算与分析、系统建模与仿真、数字信号处理、数据可视化、财务与金融工程计算等。

4. 其他学科和领域

在工程技术领域，以及经济、社会、管理、法律、文学、艺术、体育等社会科学的各个领域，应用计算机技术，通过抽象建模，将研究从定性分析转化为定量研究，计算思维改变了各个学科领域的研究模式。

在机械、电子、土木及航空航天等工程领域，计算机可以提高设计精度，进而降低重量，减少浪费并节省制造成本。在这些领域，计算机模拟、仿真和预测更是表现出了不可替代的强大作用，如核试验模拟、飓风模拟、地震等自然灾害的预测等。波音 777 飞机甚至是完全采用计算机模拟测试而没有经过风洞测试的。

计算机博弈论正在改变着经济学家的思考方式。计算经济学极大地影响了经济学的研究方法。为了在不确定的环境中使研究达到最优化，很多经济模型被定义为动态规划问题。在经济计量领域使用“用模拟求估计”的方法计算计量模型。经济增长模型的数理性研究被计算性所替代，并将计算复杂度用于经济分析中。

社交网络延伸和扩展了人类的交际社会，统计机器学习可用于网络中的推荐和声誉排名。法学研究者建立基于本体的法律及案例知识库和专家系统，运用人工智能、时序逻辑、Petri 网等技术进行研究。艺术家们正在尝试用计算机作为工具进行艺术创作，如使用计算机绘画、雕塑，进行影视动画制作、平面设计、广告创意、服装设计、室内设计、建筑设计等。卢卡斯电影公司用一个包含 200 个结点的数据中心制作电影《加勒比海盗》。威塔数字公司在制作《阿凡达》时投入了 4352 个服务器，每一台服务器有两个英特尔四核处理器和 24GB 的内存。阿姆斯特朗使用自行车车载计算机追踪人车统计数据，Synergy Sports 公司对 NBA 数据和视频进行分析，为球员、教练、记者及球迷们提供了无限的可能性分析。

计算和计算机促进了计算思维的传播。计算科学和各学科的融合，不仅改变了各学科领域的研究模式，其研究成果还不断地改变着人们的生活。计算思维作为一种普遍的认识和一类普适的技能，不仅计算机科学家应该掌握，每位受教育者也应该掌握。

本章小结

从广义上讲，对信息的加工和处理也可以看作计算。为了寻求能够进行自动计算的机器，人们对计算及计算工具进行了长期的、坚持不懈的探索。图灵机模型刻画了一个通用计算机的理论模型；冯·诺依曼通过存储程序和程序控制的设计思想实现了图灵机模型。电子计算机的诞生赋予了计算新的活力，人类的计算能力得到了前所未有的提升。目前，计算机已经应用到各个领域，新型计算机及其新的应用模式的发展将会再次给人类的文明带来巨大的进步。

计算思维是科学研究的三大思维之一，是运用计算机科学的基础概念进行问题求解、系统设计以及人类行为理解等涵盖计算机科学各领域的一系列思维活动。计算思维的本质是抽象和自动化。计算思维的方法有两大类：一类是源于数学和工程中系统设计与评估的方法，还有一类是计算机科学特有的方法。计算思维是可以实现的，它建立在计算机的限制和能力之上。计算思维的思想和方法对自然科学、工程技术和社会科学等许多学科和领域都产生了重要的影响。

习题 1

1.1　举例说明可计算性和计算复杂性的概念。

1.2　什么是图灵机？它对电子计算机的发明有何启示？

1.3　简述冯·诺依曼计算机的主要设计思想。

1.4　你了解的计算机新技术有哪些？

1.5　简要说明计算思维有哪些主要的方法。

02

第2章 计算基础

计算机在处理任何信息（包括数字、文本、图形、图像、声音、动画、视频等数据）前，必须把它们保存在存储器里。通过上一章的学习，知道了存储器中存储的是一系列的 0 和 1，这就意味着数据进入计算机都必须进行 0 和 1 的二进制编码转换，如何把各种类型的数据信息转换成 0 和 1 呢？本章将揭晓这个问题的答案。

2.1 0和1的思维

计算的本质是从一个符号串到另一个符号串的转换，运用计算机完成各种计算任务，首先要解决的问题是如何在计算机里表示各类要处理的数据，也就是信息。香农信息理论提出“一切信源发出的消息或者信号都可以用 0 和 1 的组合来描述”。而我国最古老的哲学思想《易经》认为“阴”“阳”就是构成宇宙万事万物最基本的元素，这些事情不过是“一而二，二而一”而已。如果利用数学思维方法来理解阴和阳，则可把阴、阳符号化为 0 和 1，利用 0 和 1 的不同组合可以描述世间万物。这与香农的信息理论不谋而合。

2.1.1 中国古代的 0 和 1 的思维

古人认为太极就是一个圈，意思是万物为一。而圈内分成阴阳两个部分，阴中有阳，阳中有阴，是为两仪，代表两种相生又相抗的属性，这就是太极。古人用两种符号，即断开的线条（－－）和联通的线条（—）分别表示阴和阳，称为阴爻和阳爻（爻音同“要”），这两种符号可以有 $2^2=4$ 种不同的组合为四象（少阴、太阴、少阳、太阳），即两仪生四象，代表两种属性的 4 种相对变化。八卦中每卦又有三爻，代表天、地、人三种才，则有 $2^3=8$ 种不同的组合，分别代表不同的事物，从而形成八卦系统，如图 2.1 所示。

图 2.1　八卦图

表 2.1　　八卦与二进制代码对应表

卦名	卦形	二进制代码
坤	☷	000
艮	☶	001
坎	☵	010
巽	☴	011
震	☳	100
离	☲	101
兑	☱	110
乾	☰	111

八卦系统通过阴爻和阳爻符号的位置和组合来描述自然界中的一切，将符号赋予不同的语义来解决不同的问题，这就是基于符号进行计算以解决现实世界中的问题的一种思维方式，也蕴涵着二进制及编码的重要思想。如果把阴爻用 0 代替，阳爻用 1 代替，就可以用二进制数 101 来表示八卦中的“离”卦，如表 2.1 所示。同样也可以用 0 和 1 的组合表示现实世界中的各种语义，这就是二元符号语言。

2.1.2　计算机中 0 和 1 的思维

莱布尼茨曾经预言，可以用二进制数来表示宇宙万物，而现在计算机就是用了二进制数来表示一切信息。现实世界的各种信息（数值数据和非数值数据）都要转换为二进制代码，才可以输入到计算机中进行存储和处理，计算机之所以能够区分不同的信息，是因为它们采用不同的编码规则。

二进制并不符合人们日常生活中的习惯，但是在计算机内部为什么要采用二进制数表示各种信息呢？

1. 在物理上实现容易

二进制数只有 0 和 1 两个数码，可以用来表示 0、1 两种状态的电子元件很多，并且很容易制造具有两个稳定状态的电子元件，这两个稳定状态在运算时也很容易被互相转换。如开关的接通和断开，晶体管的导通和截止、电容的充电和放电、电平的高和低等都可表示为 0、1 两个数码。因此使用二进制让电子元件具有实现的可行性。

2. 记忆和传输可靠

二进制中使用的 0 和 1，是用电子元件对立的两种稳定状态分别表示的。这两种对立状态识别起来比较容易，而且，具有两种稳定状态的电路在传输和处理数据信息时不易出错，抗干扰能力强，可以保障计算机具有很高的可靠性。

3. 运算简单

与十进制数相比，二进制数的运算规则少，运算简单。例如，二进制数乘法运算规则有 3 种：$0\times0=0$，$0\times1=1\times0=0$，$1\times1=1$。若用十进制的运算规则，则有 55 种。

这不仅可以使计算机的运算器硬件结构大大简化，容易实现，而且有利于提高运算速度。

4. 方便使用逻辑代数工具

逻辑代数又称为开关代数、布尔代数，它是计算机科学的数学基础。由于二进制数 0 和 1 正好和逻辑代数的假（false）和真（true）相对应，有逻辑代数的理论基础，便于表示和进行逻辑运算。

2.2 计算机中的数制与运算

人们习惯使用十进制数，而计算机内部使用的是二进制数，为了书写和表示方便，还引入了八进制数和十六进制数。接下来介绍它们之间是如何表示、转换及运算的。

2.2.1 数制与数制间的转换

1. 数制的概念

数制是指用一组固定的数字和一套统一的规则来表示数的方法。当在数值计算中用数码表示数的大小时，仅仅用一位数往往不够用，因而常常采用多位数。多位数码中每一位的构成和从低位向高位的进位规则称为进位计数制。进位计数制的两个基本要素是基数和位权。

基数是指该进制中允许使用的基本数码的个数。例如，十进制的基数为 10，数码为 0、1、2、…、9 十个数。二进制的基数为 2，数码为 0、1 两个数。

位权是指数制每一位所具有的值。例如，十进制数 678.34 按位权展开式为 $678.34=6\times10^2+7\times10^1+8\times10^0+3\times10^{-1}+4\times10^{-2}$，其中 6、7、8、3、4 是数码，10 是基数，10^2 是百位的位权，10^1 是十位的位权，10^0 是个位的位权，10^{-1} 是十分位的位权，10^{-2} 是百分位的位权。

2. 计算机技术中常见的数制

计算机中使用二进制数表示信息，但为了阅读和书写方便，在计算机技术中还常用八进制和十六进制数。可以通过给数值加下标或在数值的末尾加标志符号的方式来区分不同数制的数。

（1）二进制

二进制计数制中，数值用 0、1 表示，基数为 2，是逢二进一的计数制，各数位的位权是以 2 为底的幂。例如，二进制数 10.01 可表示为 $(10.01)_2$ 或 10.01B，按位权展开多项式为 $(10.01)_2=1\times2^1+0\times2^0+0\times2^{-1}+1\times2^{-2}$。

（2）八进制

八进制计数制中，数值用 0、1、2、…、7 表示，基数为 8，是逢八进一的计数制，各数位的位权是以 8 为底的幂。例如，八进制数 3765.02 可表示为 $(3765.02)_8$ 或 3765.02O 或 3765.02Q，按位权展开多项式为 $(3765.02)_8 = 3\times8^3+ 7\times8^2+ 6\times8^1+5\times8^0+ 0\times8^{-1}+2\times8^{-2}$。

（3）十六进制

十六进制计数制中，数值用 0、1、…、9、A、…、F 表示，基数为 16，是逢十六进一的计数制，各数位的位权是以 16 为底的幂。例如，十六进制数 6F 可表示为 $(6F)_{16}$ 或 6FH，按位权展开多项式为 $(6F)_{16}=6\times16^1+F\times16^0$。

3. 数制间的转换

由于计算机内部采用的是二进制数，而人们熟悉的是十进制数，所以在对数据进行输入/输出时常用十进制数，因此计算机内部就需要进行不同数制间的转换。

（1）十进制数转换为 R 进制数

① 十进制整数转换为 R 进制整数

方法：除 R 反序取余法。用十进制整数连续除以 R，得到商和余数，直到商为 0 为止。按照后得到的余数在高位，先得到的余数在低位的原则，依次排列余数，即得到 R 进制整数。

【例 2-1】 将十进制数 29 转换为二进制数。

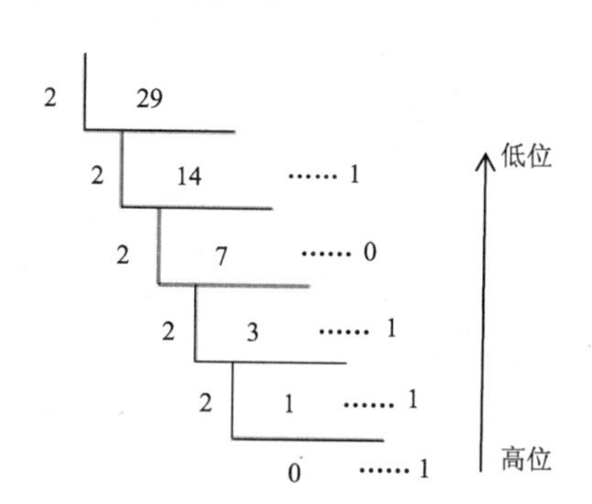

结果：$(29)_{10}=(11101)_2$

思考：十进制数 100 转换为八进制整数、十六进制整数分别是多少？

② 十进制纯小数转换成 R 进制纯小数

方法：乘 R 顺序取整法。用十进制数的小数部分连续乘以 R，每次取积的整数部分，直到小数部分为 0 为止。得到的整数部分按先后次序由高位到低位顺序排列，即得到 R 进制小数部分。需要注意的是，并非所有的十进制小数都能用有限位的二进制小数来表示。例如，$(0.63)_{10}$ 就不能精确地转换为二进制数。因为小数部分乘以 2 会无限循环下去，故只能取近似值。

【例 2-2】 将十进制数 0.375 转换为二进制数。

乘 2 过程	乘积的小数部分	整数部分	
$0.375\times2=0.75$	0.75	0	高位
$0.75\times2=1.5$	0.5	1	↓
$0.5\times2=1.0$	0.0	1	低位

结果：$(0.375)_{10}=(0.011)_2$

思考：十进制数 100.345 转换为二进制数是多少？

（2）R 进制数转换为十进制数

方法：用 R 的方次展开相加法，即位权法。

【例 2-3】 将二进制数 101.11101 转换为十进制数。

$$(101.11101)_2=1\times2^2+0\times2^1+1\times2^0+1\times2^{-1}+1\times2^{-2}+1\times2^{-3}+0\times2^{-4}+1\times2^{-5}$$
$$=2^2+2^0+2^{-1}+2^{-2}+2^{-3}+2^{-5}=(5.90625)_{10}$$

结果：$(101.11101)_2=(5.90625)_{10}$

思考：八进制数 101 转换为十进制数是多少？十六进制数 5EA.11 转换为十进制数又是多少？

（3）二进制数与八进制数之间的转换

① 二进制数转换成八进制数

整数部分从低位向高位方向每 3 位用一个等值的八进制数来替换，最后若不足 3 位的在高位处用 0 补够 3 位；小数部分从高位向低位每 3 位用一个等值的八进制数来替换，不足 3 位的在低位处用 0 补够 3 位。

【例 2-4】 $(011\quad 110\quad 111\,.\,100\quad 010\quad 101)_2 = (367.425)_8$

3　6　7　.　4　2　5

② 八进制数转换为二进制数

将每一个八进制数转换成等值的 3 位二进制数，且要保持高、低位次序不变。

【例 2-5】 $(16.327)_8 = (001\quad 110\quad .\quad 011\quad 010\quad 111)_2 = (1110.011010111)_2$

1　6　.　3　2　7

（4）二进制数与十六进制数之间的转换

① 二进制数转换为十六进制数

整数部分从低位向高位方向每 4 位用一个等值的十六进制数来替换，即 4 位并为 1 位，最后不足 4 位时在高位处补 0，补够 4 位；小数部分从高位向低位方向每 4 位用一个等值的十六进制数来替换，最后不足 4 位时在低位处补 0，补够 4 位。

【例 2-6】 $(1110\quad 0101\quad 1010\quad .\quad 1011\quad 1001)_2 = (E5A.B9)_{16}$

E　5　A　.　B　9

② 十六进制数转换成二进制数

把每一个十六进制数改写成等值的 4 位二进制数，即 1 位拆成 4 位，且要保持高、低位的次序不变。

【例 2-7】 $(4C.2E)_{16} = (0100\quad 1100\quad .\quad 0010\quad 1110)_2 = (1001100.0010111)_2$

4　C　.　2　E

由此可见各进制数之间的对应关系如表 2.2 所示。

表 2.2　常用进制数的表示及其对应关系

十进制数	二进制数	八进制数	十六进制数
0	0000	0	0
1	0001	1	1
2	0010	2	2
3	0011	3	3
4	0100	4	4
5	0101	5	5
6	0110	6	6
7	0111	7	7
8	1000	10	8
9	1001	11	9
10	1010	12	A
11	1011	13	B
12	1100	14	C
13	1101	15	D
14	1110	16	E
15	1111	17	F

2.2.2 二进制数的运算

计算机具有强大的运算能力，它可以进行算术运算和逻辑运算。

1. 算术运算

在计算机中之所以采用二进制数而不用十进制数的原因之一，就是因为二进制数的算术运算规则简单。其算术运算主要包括加、减、乘、除四则运算。

二进制数的运算规则：

加法：（逢二进一）	减法（借一有二）	乘法：
0+0=0	0-0=0	0×0=0
0+1=1	1-0=1	0×1=0
1+0=1	1-1=0	1×0=0
1+1=10	10-1=1	1×1=1

【例 2-8】 $X=(1110)_2+(1011)_2$，$Y=(1101)_2-(1011)_2$，求 X、Y 的值。

	1110	被加数
+	1011	加数
	11001	和

	1101	被减数
-	1011	减数
	0010	差

2. 逻辑运算

二进制数的 0 和 1 不仅可以表示数值的大小，也可以表示两种不同的逻辑状态。比如，可以用 0 和 1 分别表示开关的开和关两种状态，一件事情的真和假、好与坏等。这种只有两种对立逻辑状态的逻辑关系称为二值逻辑。逻辑运算的结果只能是“真”或“假”，一般用 1 表示“真”而用 0 表示“假”。

二进制数的基本逻辑运算有逻辑或运算、逻辑与运算和逻辑非运算。

（1）逻辑或运算

或运算可用符号“+”或“∨”来表示。其运算规则如下。

$$0\vee 0=0 \quad 0\vee 1=1 \quad 1\vee 0=1 \quad 1\vee 1=1$$

两个相或的逻辑位至少有一个是 1 时，或运算的结果就是 1；仅当两个逻辑位都是 0 时，或运算的结果才是 0。

【例 2-9】 A=1001111，B=1011101，求 A∨B。

	1001111
∨	1011101
	1011111

（2）逻辑与运算

与运算可用符号“×”“.”或“∧”表示。其运算规则如下。

$$0\wedge 0=0 \quad 0\wedge 1=0 \quad 1\wedge 0=0 \quad 1\wedge 1=1$$

两个相与的逻辑位只要有一个是 0 时，与运算的结果就是 0；仅当两个逻辑位都是 1 时，与运算的结果才是 1。

【例 2-10】 A=1001111，B=1011101，求 A∧B。

	1001111
∧	1011101
	1001101

（3）逻辑非运算

非运算是在逻辑量的上方加一横线表示，将原来逻辑量的状态求反。其运算规则如下。

$$\overline{0}=1 \quad \overline{1}=0$$

【例 2-11】 A=1001111，求 $\overline{A}$。

$\overline{1001111}$=0110000

特别需要注意的是，所有的逻辑运算都是按位进行的，位与位之间是独立的，即不存在算术运算中的进位或借位关系。

计算机在存储、处理各种各样的信息前要先把信息数字化，即转换为二进制信息 0 和 1 的组合才能存储在计算机中并进行处理。而计算机是由电子元器件组成的，这些电子元器件是如何存储 0 和 1，并完成二进制的运算呢？

处理数字信号的电路叫数字电路，电子计算机就是建立在数字电路技术基础上的。在数字电路中，用高电平和低电平分别表示 1 和 0 两种状态。数字电路最基本的元器件是半导体二极管和三极管，它们一般都工作于导通和截止两个对立的状态，并用这两个状态来表示逻辑 1 和逻辑 0，处理具有开关特性的数字信号。

在数字电路中，输出与输入之间存在一定的逻辑关系。门电路是用来实现输入和输出之间逻辑关系的电子电路，是数字电路的基本单元。门电路就像一扇门，当具备开门条件时，门打开，输出端有一个信号（如高电平）输出；反之，不具备开门条件时，门关闭，输出端有另一个信号（如低电平）输出。在数字电路中，最基本的逻辑关系是与、或、非 3 种，因此，最基本的门电路是与门、或门、非门。这 3 种基本的门电路又可以组合成各种复杂的逻辑电路。再把这些电路封装起来，就成了人们所说的芯片。

2.3 信息编码

计算机存储、处理的信息可以分为数值数据信息和非数值数据信息。无论是数值数据信息还是非数值数据信息在计算机中都是以二进制数的形式表示和存储的，也就说，数值、文字、符号、图形、图像、音频、视频等信息，都是以 0 和 1 组成的二进制代码表示的。因为它们采用了不同的编码规则，所以计算机可以区分不同的信息。

2.3.1 数值信息的表示

1. 有符号二进制数的表示

十进制数有正负之分，那么二进制数也有正数和负数之分。带有正、负号的二进制数称为真值，例如+1010110、-0110101 就是真值。为了方便运算，在计算机中约定：在有符号数的前面增加 1 位符号位，用 0 表示正号，用 1 表示负号。这种在计算机中用 0 和 1 表示正负号的数称为机器数。目前常用的机器数编码方法有原码、反码和补码 3 种。

（1）原码

正数的符号位用 0 表示，负数的符号位用 1 表示，其余数位表示数值本身。

例如：X=+1010110　　$[X]_{原}$=01010110

　　　Y=-0110101　　$[Y]_{原}$=10110101

对于 0，可以认为它是+0，也可以认为是-0，因此 0 的原码表示并不唯一。

$[+0]_{原}$=00000000　　$[-0]_{原}$=10000000

原码的表示方法简单，但是用原码表示的数在计算机中进行加减运算很麻烦。比如遇到两个异号数相加或两个同号数相减时，就要做减法。为了简化运算器的复杂性，提高运算速度，需要把减法运算转变为加法运算，这样做的好处是在设计电子器件时，只需要设计加法器，不需要再单独设计减法器。因此人们引入了反码和补码。

（2）反码

正数的反码与其原码相同；负数的反码是在原码的基础上保持符号位不变，其余各位按位求反得到的。例如：

X=+1010110　　　$[X]_{反}=[X]_{原}=01010110$

Y=−0110101　　　$[Y]_{反}=11001010$　　　$[Y]_{原}=10110101$

同样 0 的反码表示也不唯一。

$[+0]_{反}=00000000$　　　$[-0]_{反}=11111111$

（3）补码

正数的补码与其原码相同；负数的补码是在原码的基础上保持符号位不变，其他的数位，凡是 1 就转换为 0，凡是 0 就转换为 1，最后再进行加 1 运算。也就是说，负数的补码是它的反码加 1。在计算机中有符号的整数常用补码形式存储。例如：

X =+1010110　　　$[X]_{补}=[X]_{原}=[X]_{反}=01010110$

Y =−0110101　　　$[Y]_{补}=11001011$

注意补码中的 0 无正负之分，即$[+0]_{补}=[-0]_{补}=00000000$。

补码具有一个特性，即一个数补码的补码是它的原码，即$[[X]_{补}]_{补}=[X]_{原}$。

【例 2-12】 用补码运算 5-3 的值。

5−3=5+(−3)

$[5]_{补}=0101$　　　$[-3]_{补}=1101$

```
      0101
  +   1101
-------------
    1 0010
    ↑_| 符号位的进位自动丢掉
```

所以$[5-3]_{补}=0010$，又因为正数的原码、反码和补码都相同，所以$[5-3]_{原}=(0010)_2=+2$

2. **数值信息小数点的表示**

在计算机中必须有一定的方法来表示和处理小数点。计算机只能识别 0 和 1 两种信息，如果用 0 或 1 来表示小数点，则势必和数字位相混淆。事实上，对小数点来说，重要的不是小数点本身，而是它的位置。

小数点在计算机中通常有两种表示方法，一种是约定所有数值数据的小数点隐含在某一个固定的位置上，称为定点表示法，简称定点数；另一种是小数点位置可以浮动，称为浮点表示法，简称浮点数。在计算机中存储整数一般采用定点数表示法；实数一般有定点数和浮点数两种表示方式。由于定点数表示的实数范围太窄，因此实数通常采用浮点数表示。

（1）定点数

① 定点整数

整数可以当作小数点位置固定的数字，小数点固定在最右边，即数的末尾。小数点是假设的，并不实际存储。例如，十进制整数+32767 的定点数表示如图 2.2 所示。

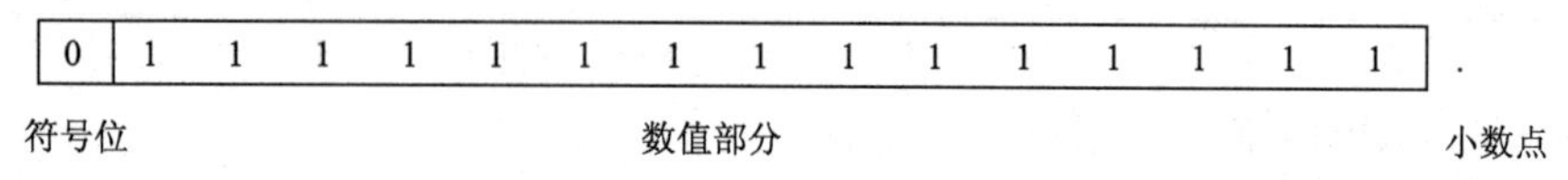

图 2.2　十进制整数+32767 的定点数表示

在计算机中，整数分为无符号整数和有符号整数，无符号整数表示很简单，直接采用其二进制形式表示即可，而对于有符号数常用其补码形式表示。

② 定点小数

实数存储与整数存储不同，实数的小数部分的存储不仅需要以二进制形式来表示，还要指明小数点的位置。定点小数是纯小数，约定的小数点位置在符号位之后，有效数值部分最高位之前，如图 2.3 所示。

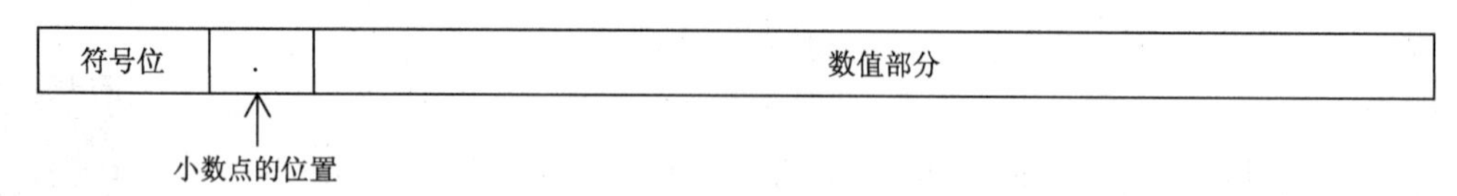

图 2.3　定点小数的表示

（2）浮点数

由于定点小数表示法有缺陷，能表示的实数范围太窄，于是为了解决这种问题，就用科学计数法的形式来表示，即用一个尾数（Mantissa）、一个基数（Base）、一个指数（Exponent）以及一个表示正负的符号来表示实数。比如 123.456 用十进制科学计数法可以表示为 1.23456×10^2，其中 1.23456 为尾数，10 为基数，2 为指数。浮点数利用指数达到了浮动小数点的效果，从而可以灵活地表达更大范围的实数。

目前，所有的计算机都能够支持这个后来被称为 IEEE 浮点（IEEE floating point）的标准，这大大改善了科学应用程序在不同机器上的可移植性。所谓 IEEE 就是美国电器和电子工程师协会。在 IEEE 标准中，浮点数是将特定长度的连续字节的所有二进制位分割为特定宽度的符号域、指数域和尾数域 3 个域，其中保存的值分别用于表示给定二进制浮点数中的符号、指数和尾数。这样，通过尾数和可以调节的指数（所以称为“浮点”）就可以表达给定的数值了。例如，一个浮点数 *n* 的 32 位单精度浮点格式如图 2.4 所示。

符号位	指数位	尾数位
1位	8位	23位
阶码		尾数

图 2.4　浮点数的表示

【例 2-13】 将浮点数 17.625 转换成计算机存储格式中的二进制数。

首先将 17.625 换算成二进制数：

$(17.625)_{10}=(10001.101)_2$

再将 10001.101 的小数点向左移，直到小数点前只剩一位，成为 1.0001101×2^4（因为左移了 4 位），而 $(4)_{10}=(100)_2$，所以 $10001.101=1.0001101\times2^4=1.0001101\times2^{100}$。

此时的尾数和指数就明确了。

由于规定尾数的整数部分恒为 1，只需要记录小数点之后的部分，所以此处尾数为 0001101，在其后面补 0 使其位数达到 23 位，则为 00011010000000000000000。

指数部分实际为 4，因为指数可正可负，8 位的指数位能表示的指数范围为-127～128，所以指数部分的存储采用移位存储，即存储的数据为“原数据+127”，因此 4+127=131，131 的二进制数为 10000011。由于尾数是正数，所以符号位为 0。

综上所述，浮点数 17.625 的存储格式如图 2.5 所示。

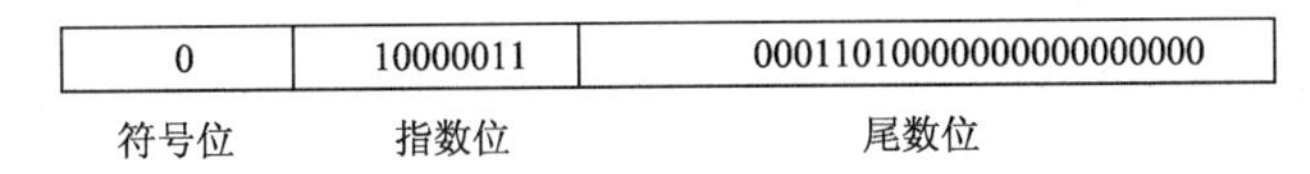

图 2.5　浮点数 17.625 的存储格式

2.3.2　字符信息的编码

计算机不仅可以处理数值信息，也可以处理非数值信息，其中字符是计算机中使用最多的信息之一。因为计算机只能识别二进制数，所以必须要将计算机存储与处理的字符信息数字化。用一串二进制数表示一个字符就是编码。输出时，再将字符编码转换成相应的图形符号。

美国信息互换标准代码（American Standard Code for Information Interchange，ASCII）是最常用的字符编码，用 7 位二进制数的组合来表示符号，数值范围用十进制数表示是 0～127。其中包含 10 个阿拉伯数字，52 个英文大小字母，33 个符号及 33 个控制字符。33 个控制字符里包括 32 个不可见的控制字符，ASCII 码数值为 0～31，还有一个 ASCII 码数值为 127 的删除控制字符。ASCII 码数值为 32～126 的都是可见字符，如空格、标点、拉丁字母和数字。表 2.3 所示为 ASCII 字符表（使用方法：一个字符的 ASCII 码的高 3 位是其所在的列，低 4 位是其所在的行）。

ASCII 码中的最高位原来是用作校验的奇偶位，如果不需要的话可以置为 0。这意味着，每一个 ASCII 字符都可以用一字节来表示。

表 2.3　ASCII 字符表

低四位＼高三位	000	001	010	011	100	101	110	111
0000	NUL	DLE	Space	0	@	P	`	p
0001	SOH	DC1	!	1	A	Q	a	q
0010	STX	DC2	"	2	B	R	b	r
0011	ETX	DC3	#	3	C	S	c	s
0100	EOT	DC4	$	4	D	T	d	t
0101	ENQ	NAK	%	5	E	U	e	u
0110	ACK	SYN	&	6	F	V	f	v
0111	BEL	ETB	'	7	G	W	g	w
1000	BS	CAN	(	8	H	X	h	x
1001	HT	EM	)	9	I	Y	i	y
1010	LF	SUB	*	:	J	Z	j	z
1011	VT	ESC	+	;	K	[	k	{
1100	FF	FS	,	<	L	\	l	|
1101	CR	GS	-	=	M	]	m	}
1110	SO	RS	.	>	N	^	n	～
1111	SI	US	/	?	O	_	o	DEL

例如，字母“A”的 ASCII 编码是“01000001”，对应的十六进制值是“41H”。

由于标准 ASCII 码字符集字符数目有限，在实际应用中往往无法满足要求，国际标准化组织又将 ASCII 码字符集扩充为 8 位代码。这样，ASCII 码的字符集在原来的 128 个基本字符集的基础上又可以扩充 128 个字符，也就是使用 8 位扩展 ASCII 码能为 256 个字符提供编码。这些扩充字符的编码均为高位为 1 的 8 位代码（即十进制数 128～255），称为扩展 ASCII 码。扩展 ASCII 码所增加的字符包括加框文字、圆圈和其他图形符号等。

尽管 ASCII 码是计算机世界的主要编码标准，但在许多 IBM 大型机系统上却没有采用。在 IBM System/360 计算机中，IBM 研制了自己的 8 位字符编码——EBCDIC 码（Extended Binary Coded Decimal Interchange Code，扩展的二—十进制交换码）。该编码中一个字符的 EBCDIC 码占用一字节，用 8 位二进制码表示信息，一共可以表示出 256 种字符。

为了能够用计算机处理中文，中国人发明了 GB（国家标准）系列编码。GB 系列编码定义了汉字和中文标点的编码。最早的 GB 编码是 GB 2312（《信息交换用汉字编码字符集 • 基本集》），后来有 GBK（汉字内码扩展规范），最新的是 GB 18030（GB18030—2005《信息技术中文编码字符集》），加入了一些国内少数民族的文字。而在我国的台湾地区，使用的是 Big5（大五码）汉字编码方案。

同样，日文、韩文等世界各国文字都有它们各自的编码（如果 ASCII 不能满足使用要求的话）。所有这些各国文字的编码，微软统称为 ANSI。但是即使知道是 ANSI，也不能解码，还需要知道这是哪国文字才能解码，因为这些编码都互相冲突。另外，也无法用一段 ANSI 编码表示既有汉字，又有韩文的文本。

为此在假定会有一个特定的字符编码系统能适用于世界上所有语言的前提下，1988 年几个主要的计算机公司开始一起研究一种能够替换 ASCII 的编码，称为 Unicode（Universal Multiple-Octet Coded Character Set）编码。鉴于 ASCII 是 7 位编码，Unicode 采用 16 位编码，每一个字符需要 2 字节。这意味着 Unicode 的字符编码范围为 0000H～FFFFH，可以表示 65 536 个不同的字符。

Unicode 编码不是从零开始构造的，开始的 128 个字符编码 0000H～007FH 与 ASCII 码字符一致，这样可以兼顾已存在的编码方案，并预留了足够的扩展空间。从原理上来说，Unicode 可以表示现在正在使用的、或者以前没有使用的任何语言中的字符。对于国际商业和通信来说，这种编码方式是非常有用的，因为在一个文件中可能需要包含汉语、英语和日语等不同的文字。并且，Unicode 还适合于软件的本地化，也就是针对特定的国家修改软件。使用 Unicode，软件开发人员可以修改屏幕的提示、菜单和错误信息来适应于不同的语言和地区。目前，Unicode 编码在 Internet 中有着较为广泛的使用，Microsoft 和 Apple 公司也已经在他们的操作系统中支持 Unicode 编码。

Unicode 虽是一种字符编码，但它只定义了每一个字符对应一个整数（目前包含了十万多个字符），没有定义这个整数如何变成字节。所以仅仅知道这段数据是 Unicode 编码，还是不知道该怎么解码——因为变成字节流的格式不止一种，它们都叫作“Unicode 转换格式”（Unicode Transformation Format，UTF），如 UTF-8、UTF-8 with BOM、UTF-8 without BOM、UTF-16、UTF-16LE、UTF-16BE 等。

最常见的是 UTF-8 编码。它将一个字符编为 1～4 字节，其中一个字节的字符和 ASCII 完全一致，所以它也向下兼容 ASCII。UTF-8 用第一个字节决定之后多少个字节是一组。多数汉字在 UTF-8 里为 3 字节，有一些生僻汉字会编到 4 字节。

不兼容 ASCII 的 UTF 编码是 UTF-16。UTF-16 以每 2 字节为一个单元，每个字符由 1～2 个单元组成，所以每个字符可能是 2 字节或者 4 字节，包括最常见的英文字母都会编成 2 字节。大部分汉字也是 2 字节，少部分生僻字为 4 字节。UTF-16 还规定一个单元中的 2 字节的顺序不是唯一的。计算机中表示一个整数有两种格式：低位在前高位在后，或者反过来。低位在前的 UTF-16 叫 UTF-16LE，高位在前的叫 UTF-16BE。目前绝大部分的计算机系统都使用低位在前的整数格式，所以如果没有声明，UTF-16 默认是 LE 格式。

早期 Unicode 收编的字符还不多时，2 字节足够表示所有的字符，所以有一种固定为 2 字节的 UTF，叫 UCS-2（Universal Character Set）。UTF-16 的两个字节部分和 UCS-2 完全一样，所以 UTF-16 向下兼容 UCS-2。UCS-2 同样分 LE 格式和 BE 格式。此外，UTF-32 和 UCS-4 固定为 4 字节一个字符，同样分 LE 格式和 BE 格式。

对于众多的字符编码，为了使软件打开时知道使用了哪个编码，于是有了 BOM（Byte Order Mark）。它在一个文本文件或者一段字符编码前加上几个固定的字节用于识别，这些字节保证不对应任何一个字符，所以软件通过读取它验明正身。

- EF BB BF 说明是 UTF-8。
- FF FE 说明是 UTF-16LE。
- FE FF 说明是 UTF-16BE。

由于 BOM 和很多协议、规范不兼容，于是就有了 UTF-8 with BOM、UTF-16 without BOM。Windows 里的软件一般都默认有 BOM，而其他系统都默认没有 BOM。

2.3.3 汉字信息的编码

计算机中汉字的表示也是用二进制编码，同样是人为编码。但是汉字的输入、存储、输出不能像西文字符一样只用一种编码即可。汉字进入计算机有许多困难，其原因主要有以下 3 点。

（1）数量庞大：一般认为汉字总数已超过 6 万个（包括简化字）。虽有研究者主张规定 3000 至 4000 字作为当代通用汉字，但仍比处理由二三十个字母组成的拼音文字要困难得多。

（2）字形复杂：从字体上讲，有古体、今体，繁体、简体，正体、异体等；字的笔画相差悬殊，少的只有 1 笔，多的达 36 笔，即便是简化汉字平均也有 9.8 笔。

（3）存在大量一音多字和一字多音的现象：汉语音节 416 个，分声调后为 1295 个（根据《现代汉语词典》统计，轻声 39 个未计）。以 1 万个汉字计算，每个不带声调的音节平均超过 24 个汉字，每个带声调的音节平均超过 7.7 个汉字。有的同音同调字多达 66 个，一字多音现象也很普遍。

因此根据应用目的的不同，汉字在不同的处理阶段会有不同的编码，如在输入时有输入码，进入计算机内表示处理时有国标码、机内码，输出时有字形码。

1. 输入码（外码）

输入码也叫外码，是用来将汉字输入到计算机中的一组键盘符号。常用的输入码有拼音码、五笔字型码、自然码、表形码、认知码、区位码和电报码等。一种好的编码应有编码规则简单、易学好记、操作方便、重码率低、输入速度快等优点，每个人可根据自己的需要进行选择。例如，“大”字的拼音输入码是“da”。

2. 国标码（交换码）

计算机内部处理的信息，都是用二进制代码表示的，汉字也不例外。西文字符信息处理用的标准编码是 ASCII 码，汉字信息的处理也要有一个统一的标准编码。中国标准总局 1981 年制定了中华人民共和国国家标准 GB2312—80《信息交换用汉字编码字符集 • 基本集》，即国标码，规定汉字用 2 字节表示，每个字节用 7 位二进制数编码（最高位为 0）。

区位码是国标码的另一种表现形式。国标码是 4 位的十六进制数，区位码是 4 位的十进制数，每个国标码或区位码都对应着一个唯一的汉字或符号。把国标 GB2312—80 中的汉字、图形符号组成一个 94×94 的方阵，分为 94 个“区”，每区包含 94 个“位”，其中“区”的序号从 01 至 94，“位”的序号也是从 01 至 94。94 个区中位置总数为 94×94=8836 个，其中 7445 个汉字和图形字符中的每一个占一个位置后，还剩下 1391 个空位，这 1391 个位置空下来作为备用。将区的序号和位的序号组合，区码在前位码在后，组成区位码，区位码通常用十进制数表示。

国标码和区位码之间有“区位码的十六进制表示+2020H=国标码”的关系，可以方便地将区位码转换为国标码。例如，“大”字的区码为 20，位码为 83，区位码为 2083。将区码和位码分别转换为十六进制数，得到“大”字区位码的十六进制表示为 1453H，通过转换关系可以进一步得到“大”字的国标码是 3473H。

3. 机内码

根据国标码的规定，每一个汉字都有一个确定的二进制代码，但是国标码在计算机内部是不能被直接采用的。这是因为国标码两个字节的最高位均为 0，很容易与 ASCII 码发生冲突。比如“保”的国标码是 3123H，西文字符“1”和“#”的 ASCII 码分别是 31H 和 23H，那么计算机中存储的是一个汉字“保”还是两个西文字符“1”和“#”？为了加以区分，人们将国标码的两个字节的最高位分别置为 1，其余位不变，得到了机内码。因此有“国标码 + 8080H = 机内码”的关系。在计算机中用机内码存储、处理和传输汉字。例如，由“大”字的国标码 3473H，可得“大”字的机内码为 B4F3H。将其转换为二进制数据，那么在计算机中用于表示处理“大”字的编码就是机内码“1011010011110011”。

4. 字库

为了输出汉字，每个汉字的字形必须事先存放在计算机中。一套汉字所有字符形状的数字描述信息组合在一起称为字形信息库，简称字库。不同的字体对应不同的字库，如宋体、黑体等。

5. 汉字的字形码

经过计算机处理后的汉字，如果需要在屏幕上输出或打印出来就要用到字形码。字形码是汉字的输出码。汉字的字形码有两种表示方法：点阵表示法和矢量表示法。

用点阵表示法输出汉字时，无论汉字的笔画是多少，每个汉字都可以写在同样大小的一个方块中，如图 2.6 所示。

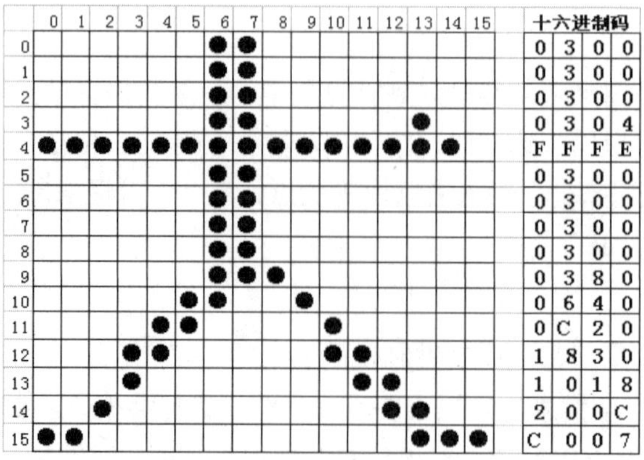

	0	1	2	3	4	5	6	7	8	9	10	11	12	13	14	15	十六进制码			
0							●	●									0	3	0	0
1							●	●									0	3	0	0
2							●	●									0	3	0	0
3							●	●						●			0	3	0	4
4	●	●	●	●	●	●	●	●	●	●	●	●	●	●	●		F	F	F	E
5							●	●									0	3	0	0
6							●	●									0	3	0	0
7							●	●									0	3	0	0
8							●	●									0	3	0	0
9							●	●	●								0	3	8	0
10						●	●			●							0	6	4	0
11					●	●					●						0	C	2	0
12				●	●						●	●					1	8	3	0
13				●								●	●				1	0	1	8
14			●										●	●			2	0	0	C
15	●	●												●	●	●	C	0	0	7

图 2.6　点阵图

矢量表示法存储的是对汉字轮廓特征的描述。输出汉字时，通过计算机计算，由汉字字形描述生成所需大小和形状的汉字。矢量表示法与显示文字的大小、分辨率无关，因此输出的汉字精度高、美观、清晰。Windows 环境中的 TrueType 字体采用的就是矢量表示法。

汉字在计算机中的处理过程如图 2.7 所示，在不同的环节使用不同的编码，并需要进行编码的转换。

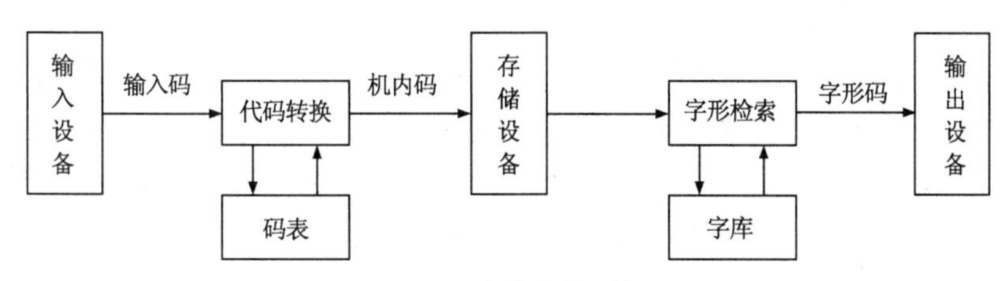

图 2.7　汉字信息处理过程

2.3.4　多媒体信息的编码

计算机所能存储、处理的信息除了数值信息、字符文字信息外，还有图形、图像、声音和视频等多媒体信息。然而要使计算机能够存储、处理多媒体信息，就必须先将这些信息转换为二进制信息。

1. 声音信息的表达

声音是人们用来传递信息、交流感情最方便、最熟悉的方式之一。自然界中声音是具有一定振幅和频率并随时间变化的模拟信号。电子计算机是不能直接存储、处理模拟信号的，必须先对其进行数字化。模拟信号转换为数字信号是通过采样、量化、编码这 3 个过程来实现的，如图 2.8 所示。

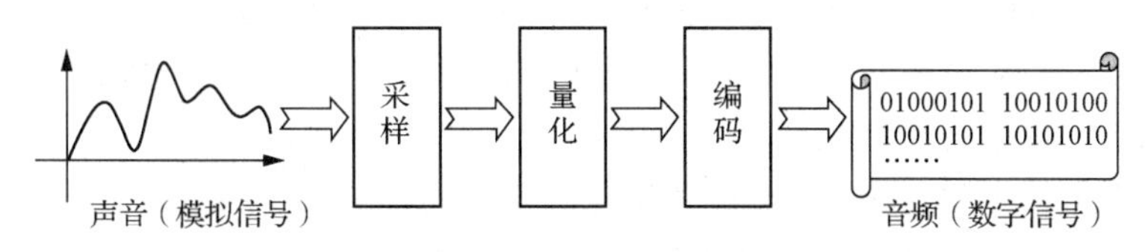

图 2.8　声音的数字化过程

采样是指按一定的频率，每隔一小段时间测出模拟信号的模拟量值。采样得到的数据只是一些离散值，这些离散值可用计算机中的若干二进制数来表示。这一过程称为量化，如图 2.9 所示。

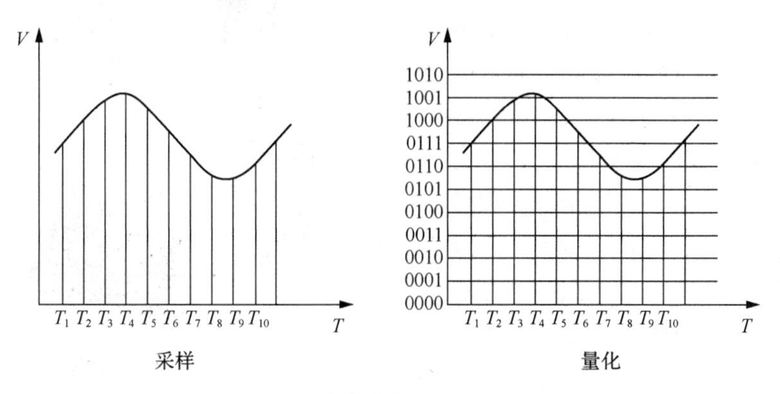

图 2.9　声音数字化过程示意图

采样包括两个重要的参数，即采样频率和采样精度。采样频率即对信号每秒采样的次数。例如，人耳听觉上限在 20kHz 左右，目前常用的采样频率为 11kHz、22kHz 和 44kHz 几种。采样频率越高音质越好，存储数据量越大。量化级（Quantitative Level）简单地说，就是描述声音波形的数据是多少位的二进制数据。离散化的数据经过量化转变成二进制的代码来表示，一般要损失一些精度，这主要是因为计算机只能表示有限的数值。例如，用 8 位（1 字节）二进制代码表示十进制整数，只能表示出-128～127 的整数值，也就是 256 个量化级。如果用 16 位二进制数，则具有 64K（65536）个量化级。量化级的大小决定了声音的动态范围，16 位的量化级表示人耳刚刚听得见极细微的声音到难以忍受的巨大噪声这样一个声音范围。量化级对应的二进制位数称为采样精度。不同的采样精度决定了不同的音质，采样精度越高，存储数据量越大，音质也越好。CD 唱片采用了双声道 16 位采样，采样频率为 44.1kHz，因而达到了专业级水平。

2. 图形与图像

“图”在计算机中有两种表示方法，一种称为“矢量图”，即图形；另一种称为“点阵图”，即图像。

（1）图形

矢量图使用直线和曲线来描述图形。这些图形的元素是一些点、线、矩形、多边形、圆和弧线等，它们都是通过数学公式计算获得的。例如，一幅画的矢量图形实际上是由线段形成外框轮廓，由外框的颜色以及外框所封闭的颜色决定画显示出的颜色。矢量图形经常用于线段绘图，标识语句作图和任何需要平滑过渡、边缘清晰的图像。矢量图形的一个优点就是它们能够被任意放大、缩小而不损失细节和清晰度，也不会扭曲。最大的缺点是难以表现色彩层次丰富的逼真图像效果。在 CAD 软件中绘制的图形就是矢量图，使用计算机进行 3D 造型等也都是矢量图。

（2）图像

要在计算机中处理图像，必须先把真实的图像（照片、画报、图书、图纸等）通过数字化转变成计算机能够接受的显示格式和存储格式，然后再用计算机进行分析处理。图像的数字化过程主要分为采样、量化与编码 3 个步骤。

计算机通过指定每个独立的点（或像素）在屏幕上的位置来存储图像，最简单的图像是单色图像。单色图像包含的颜色只有黑色和白色两种。为了理解计算机怎样对单色图像进行编码，可以考虑把一个网格叠放到图像上。网格把图像分成许多单元，每个单元相当于计算机屏幕上的一个像素。对于单色图，每个单元（或像素）都标记为黑色或白色。如果图像单元对应的颜色为黑色，则在计算机中用 0 来表示；如果图像单元对应的颜色为白色，则在计算机中用 1 来表示。网格的每一行用一串 0 和 1 来表示，如图 2.10 所示。

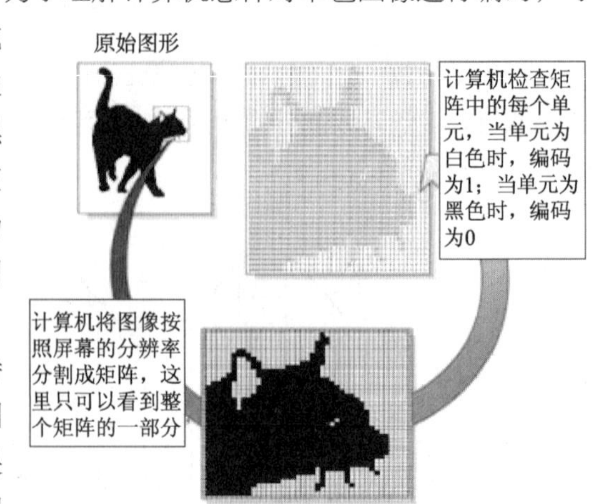

图 2.10　图像数字化示意图

对于单色图像来说，用来表示满屏图像的比特数和屏幕中的像素数正好相等。所以，用来存储图像的字节数等于比特数除以 8；若是彩色图像，如果图像是 16 色的，每个网格用 4 位二进制数表示，因为 $2^4=16$，即 4 位二进制数有 16 种组合，每种组合可以表示一种颜色。真彩色位图的每个网格都是由不同等级的红（R）绿（G）蓝（B）3 种色彩组合而成的，每种颜色有 2^8 个等级，所以共有 2^{24} 种颜色，因此每个网格需要 24 位二进制数来表示。

可见，图像越艳丽，则需要记录的二进制数就越多。除此之外，打的格子越密，则一幅图的总数据量就越大。例如，把图 2.11 所示的鸭子图片分成 11×14=154（块），按真彩色位图来计算，则总数据量为 154×24=3696（bit）。这些小格子显然是太大了，不能表现图片的细节，实际中的格子要密得多，如 1024 像素×768 像素，这是大家都熟悉的显示分辨率。

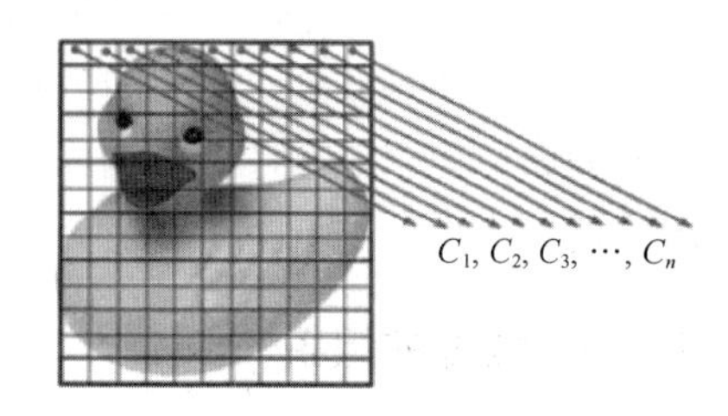

图 2.11 图像的数据量

一幅图像的数据量按下面的公式进行计算（以字节为单位）：

图像数据量=图像宽度×图像高度×图像深度/8

公式中的图像深度指所有分量的位数之和。例如，由 R、G、B 3 个位平面组成的彩色图像，若 3 个位平面中像素的位数分别为 4、4、2，此时该图像的深度为 10，因而像素的最大颜色数目为 $2^{4+4+2}=2^{10}=1024$。

【例 2-14】 一幅分辨率为 1280 像素×1024 像素的 24 位真彩色图像，计算其数据量。

解：在不压缩的情况下，该图像数据量为

1280×1024×24÷8≈4（MB）

表 2.4 所示为几种常见的图像的数据指标。

表 2.4 几种常见的图像的数据指标

图像大小	8 位（256 色）	16 位（65536 色）	24 位（真彩色）
512 像素×512 像素	256KB	512KB	768KB
640 像素×480 像素	300KB	600KB	900KB
1024 像素×768 像素	768KB	1.5MB	2.25MB
1024 像素×1024 像素	1MB	2MB	3MB
1280 像素×1024 像素	1.25MB	2.5MB	3.75MB

从例 2-14 及表 2.4 中可以看出即使是静止的数字图像，其数据量也很大，而高质量的图像数据量更大，这会消耗大量的存储空间和传输时间。在多媒体应用中，要考虑好图像质量与图像存储容量的关系。在不影响图像质量或可接受质量降低的前提下，人们希望用更少的存储空间来存储图像，所以，数据压缩是图像处理的重要内容之一。

3. 视频

视频是图像的动态形式，动态的图像由一系列的静态画面按一定的顺序排列组成。每一幅画面称为一帧，“帧”是构成视频信息的最小单位。这些帧以一定的速度连续地投射到屏幕上，由于视觉的暂留现象产生动态效果。

与声音信息的数字化相似，也要把模拟的视频信息转换为数字信息，把每一帧的视频信息进行采样、量化、编码，最终把模拟的视频信息转换为数字信息。通常数字化后的视频信息的数据量非常大，所以还要进行数据压缩处理。

2.4 数据的组织与压缩

在计算机中处理的各种数据信息都是以二进制数的形式存在的，计算机系统以层次结构来组织、管理各种数据，相应的数据的组织方式从位（bit）、字节（Byte）、字（Word）开始，进而成为域、记录、文件和数据库等。随着数据量的增大，数据的压缩存储可以极大地减轻存储器的负担。

2.4.1 数据的组织

在计算机中表示信息的单位有位、字节、字等，它们是表示信息量大小的基本概念。

1. 位

位（bit，b）是计算机构成信息的最小单位。二进制数 0 或 1 就是 1 个比特（bit），称为位，一般用小写字母“b”表示。

2. 字节

字节（Byte，B）是计算机中的基本信息单位，由 8 位二进制数组成，可以表示一个数字、一个字母或一个符号等西文字符。通常情况下一个 ACSII 码就用一字节的空间来存放。需要注意的是“位”才是计算机中最小的单位。人们之所以把字节称为计算机中表示信息含义的最小单位，是因为一位并不能表示现实生活中的一个相对完整的信息。一字节被称为存储器的一个存储单元，存储器中所包含存储单元的数量称为存储容量，其计量基本单位就是字节。

存储器的存储容量是以字节来度量的，存储单位一般用 Byte、KB、MB、GB、TB、PB、EB、ZB、YB、BB 来表示，它们之间的关系如下。

1KB（KiloByte 千字节）=2^{10}Byte=1024Byte；

1MB（MegaByte 兆字节）=2^{10}KB=1024KB=2^{20}Byte；

1GB（GigaByte 吉字节）=2^{10}MB=1024MB=2^{30} Byte；

1TB（TrillionByte 太字节）=2^{10}GB=1024GB=2^{40}Byte；

1PB（PetaByte 拍字节）=2^{10}TB=1024TB=2^{50}Byte；

1EB（ExaByte 艾字节）=2^{10}PB=1024PB=2^{60}Byte；

1ZB（ZettaByte 泽字节）=2^{10}EB=1024EB=2^{70}Byte；

1YB（YottaByte 尧字节）=2^{10}ZB=1024ZB=2^{80}Byte；

1BB（BrontoByte）=2^{10}YB=1024 YB=2^{90}Byte；

1NB（NonaByte）=2^{10}BB=1024BB=2^{100}Byte；

1DB（DoggaByte）=2^{10}NB=1024NB=2^{110}Byte。

“位”到底有什么用呢？一般来说，讲到存储设备时，都是按照字节进行换算，如 1GB=1024MB=1024×1024KB。但是在网络传输之中，数据传输则是按照“位”进行的。这就可以解释为什么家里的宽带 ADSL 是 1Mbit/s 带宽，但是下载数据却只能在 100KB/s 左右徘徊。因为 1MB=1024KB，由于字节与位之间的关系是 8 倍，因此将 1024KB 除以 8 就得到 128KB。由此可见，网络传输带宽中的 1Mbit/s 只等于计算机中的 128KB。这样加上信号的衰减，一般只能保持在 100KB/s 左右。

3. 字

计算机进行数据处理时，一次存取、加工和传送的数据长度称为字（Word）。一个字通常由一个或多个（一般是字节的整数位）字节构成。例如，32 位机的字由 4 字节组成，它的字长为 32 位；64 位机的字由 8 字节组成，它的字长为 64 位。

计算机的字长决定了其 CPU 能够一次操作处理二进制数的实际位数。因此，理论上讲计算机的字长越大，其性能越优越。

2.4.2　数据的压缩

当你有一天走在路上，碰见熟人对你说："吃了？"你一定知道他是在打招呼，既不是要请客也不是让你"没吃赶紧回家吃去"。这一句简单的"吃了"是礼貌和问好的体现，也是一种信息的压缩。笼统地说，把一系列已有的信息通过一定的方法处理，使其长度缩短，并且信息含量基本或者完全不变，就称为压缩。

1. 数据压缩的必要性和可行性

计算机采用的是二进制数码，其需要存储的数据量非常庞大。目前，西文字符的国际标准是 ASCII 码，用一个字节即 8 位数的二进制码来表示各种字符和字母。打个比方，如果有一串 20 个字母的数据：AABAABBCBABBBCBBABDC，在计算机中就要用 20×8=160 位二进制数存储，假如用 0 表示 A、1 表示 B、10 表示 C、11 表示 D，这样再存储这 20 个字母就只需要用 24 位二进制数。又比如 000010001，可以表示为(4,1)，(3,1)即 1 前 4 个 0，1 前 3 个 0，这样表示就简单清楚多了。

以上这些仅仅是码字的冗余，而多媒体信息的数据量更是惊人。

人能听到的对于语音信号的频率为 20Hz～4kHz，依据采样定理，设量化精度为 8bit，则 1 秒钟的语音信号数据量为：4k×2×8bit=64kbit；对于 22k 的模拟双声道音频信号，设量化精度为 16bit，则 1 秒的音频信号数据量为：22k×2×16bit×2=1408kbit。

对于动态图像信息来说，1 秒原始电视数据量一般为 100Mbit，分辨率为 1280 像素×720 像素或 1920 像素×1080 像素的高清晰度电视（HDTV），其 1 秒数据量为 0.5～1.2Gbit，一张 CD-ROM 还存不下 6 秒的 HDTV 图像。

对于存储器存储容量来说，移动存储介质 CD-ROM 单片容量为 650MB～840MB，DVD-ROM 单片容量可达 4GB～16GB，但也都难以用非压缩格式容纳一部完整的商业影片。

对于通信线路的传输效率来说，一张容量为 650MB 左右的光盘只能存储不到 3min 的 CIF 格式（公用中间格式，其分辨率为 352 像素×288 像素，帧数每秒 30，1 秒的数据量为 270MB）的视频信号，而光盘的数据传输率单速约为 150kbit/s（最大读取速度是 56 倍速）。如果把这种格式的视频信号在带宽为 2Mbit/s 的网络上进行传输，1min 的数据量约需要传输 17min，根本无法保证实时传输和播放视频节目。

因此，信息经过数字化处理后会变成海量数据，如果不进行压缩处理，计算机是无法对大量的数字化信息进行表示、传输、存储和处理的。

事实上，各类信息中有许多的冗余数据，通过去除这些冗余信息可以使原始数据极大地减少，这使得数据压缩成为可能。例如，一幅图像中的静止建筑背景、蓝天和绿地，其中许多像素是相同的，如果逐点存储，就会浪费许多空间，这称为空间冗余。又如，在电视和动画的相邻序列中，只有运动物体有少许变化，仅存储差异部分即可，这称为时间冗余。此外还有结构冗余、视觉冗余等，这就为数据压缩提供了条件。

总之，压缩的理论基础是信息论。从信息的角度来看，数据压缩就是去除掉信息中的冗余，即去除掉确定的或可推知的信息，而保留不确定的信息，也就是用一种更接近信息本质的描述来代替原有的冗余的描述，这个本质的东西就是信息量。

2. 数据压缩的方法

数据压缩可分为两种类型，一种叫作无损压缩，另一种叫作有损压缩。

无损压缩是指对压缩后的数据进行重构（或者叫作还原、解压缩），重构后的数据与原来的数据完全相同。无损压缩用于要求重构的信号与原始信号完全一致的场合。一个很常见的例子是磁盘文件的压缩。无损压缩算法一般可以把普通文件的数据压缩到原来的1/2～1/4。常用的无损压缩算法有哈夫曼算法（Huffman Encoding）和LZW压缩算法（Lempel-Ziv-Welch Encoding）等。

有损压缩是指对压缩后的数据进行重构，重构后的数据与原来的数据有所不同，但不会使人对原始资料表达的信息造成误解。有损压缩适用于重构信号不一定非要和原始信号完全相同的场合。例如，图像和声音的压缩就可以采用有损压缩，因为图像和声音中包含的数据往往多于人的视觉系统和听觉系统所能接收的信息，丢掉一些数据不至于对声音或者图像所表达的意思产生误解，但可大大提高压缩比。PCM（脉冲编码调制）、预测编码、变换编码及混合编码等都是广泛采用的有损压缩方法。人们常听的音乐、欣赏的视频大部分都是有损压缩的，如mp3、divX、Xvid、jpeg、rm、rmvb、wma及wmv等都是有损压缩。

本章小结

对与错、阴与阳、是与非、开与关等都可以用0和1表示，在计算机中就是用0和1组成的序列串表示各种各样的信息的。计算机采用二进制数0和1存储、处理信息是因为电路实现简单，操作处理简单，记忆、传输容易。但是二进制数在与人们所熟悉的十进制数转换时比较麻烦，所以人们引入了八进制数和十六进制数来表示二进制数的大小。

经过编码的0和1可以表示不同类型的信息，如有符号数的原码、反码和补码，西文字符采用的ASCII码，我国汉字采用的输入码、国标码、机内码和字形码。对于多媒体信息，计算机采用了采样—量化—编码的方法来采集、存储、处理数据。

计算机中数据的组织方式从位（bit）、字节（Byte）、字（Word）开始，进而成为域、记录、文件和数据库等。为了节约存储空间，提高传输率，要对数据信息进行无损压缩或有损压缩。

习题 2

2.1 不同的进位计数制之间转换的方法分别是什么？

2.2 什么是原码、反码和补码？

2.3 计算机中为什么采用二进制存储处理数据？

2.4 计算机中的基本信息单位是什么？构成计算机信息的最小单位是什么？

2.5 数据压缩方法有哪些？为什么要进行数据压缩？

2.6 把模拟信号变成数字信号的方法是什么？

03

第3章 计算机系统

计算机是一个复杂的系统，由硬件系统和软件系统组成。硬件系统是指构成计算机的所有实体部件的集合，是看得见摸得着的物理设备。软件系统是硬件系统功能的扩充和完善，是看不见的，但却不可缺少。硬件和软件相辅相成，计算机的功能才能得到充分发挥。本章主要从“结构、层次、抽象”等计算思维概念，讨论计算机硬件结构和软件系统的内容。

3.1 计算机系统概述

通常人们所说的计算机其实是指既包含硬件系统又包含软件系统的计算机系统。硬件系统是软件系统的工作基础，离开硬件系统，软件就无法工作；软件系统又是硬件系统功能的扩充和完善，有了软件的支持，硬件系统的功能才能得到充分的发挥；两者相互依赖、相互渗透、相互促进。

3.1.1 计算机系统的组成

一个完整的计算机系统由硬件系统和软件系统两大部分构成，如图 3.1 所示。

硬件系统是整个计算机系统运行的物质基础，是计算机系统中所有实际物理装置的总称，分为主机和外部设备两部分。硬件可以是电子的、电磁的、机电的、光学的元件/装置或是它们的组合。主机通常安装在主机箱中，包括中央处理器、内存储器、总线和输入/输出接口，是整个系统的控制中心。外部设备由外存储器、输入设备、输出设备等组成，它们通过输入/输出接口及总线与主机相连。

软件系统是控制计算机工作流程及具体操作计算机工作的核心，分为系统软件、支撑软件和应用软件。只有通过软件才能实现人们的不同工作意图，它包括了计算机系统运行时所需要的各种程序、数据及相关的文档资料。

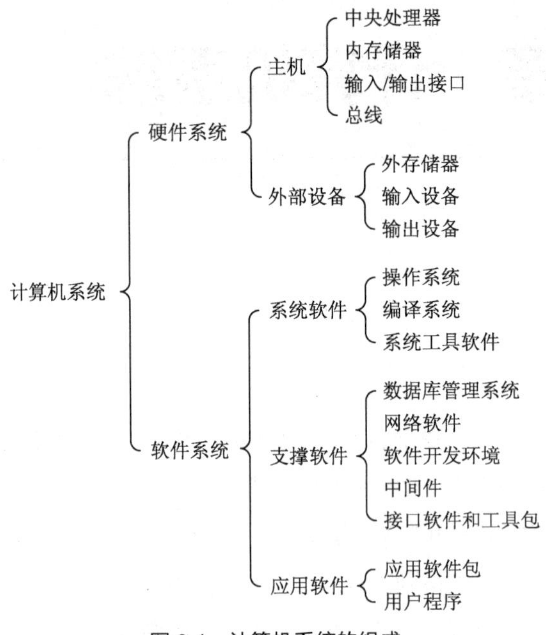

图 3.1 计算机系统的组成

1. 系统软件

系统软件是面向计算机管理和监控的软件，其主要特点是通用性强，能够充分利用计算机资源，最大限度地发挥计算机作用，而且用户使用和维护方便。它最靠近硬件系统，和具体的应用领域无关。系统软件包括操作系统、编译系统和系统工具软件等。

操作系统是系统软件中最重要的组成部分，它不但是计算机系统的资源管理者，还是计算机与用户沟通的桥梁。计算机的正常运行离不开操作系统的支持。常见的操作系统有 Windows、IOS、Linux、UNIX 等。

除了机器语言直接使用二进制代码外，汇编语言和高级语言都使用符号表示，其程序代码均不能被计算机直接识别和执行，因此需要如编译程序、链接程序、解释程序等翻译系统将其翻译成与之等价的、可执行的低级语言程序。

2. 支撑软件

支撑软件是支持各种软件开发、运行与维护的软件。随着计算机技术的发展，软件开发及维护的成本远远超过了硬件，因此支撑软件的研究具有重要的意义。数据库管理系统、网络软件等可以看作支撑软件。20 世纪 70 年代中后期发展起来的软件开发环境及之后开发的中间件可以看作现代支撑软件的代表。除此之外，各种接口软件，如 ODBC 接口、ADO 接口、网络接口，以及工具包，如图形软件开发包等也都属于支撑软件。

数据库管理系统可在非数值计算中处理数据的存储、查询、检索和分类等。常用的数据库管理系统有 SQL Server、Oracle、Sybase、DB2、Informix、FoxPro、Access 等。

程序设计语言是用户与计算机之间沟通的工具。常用的高级语言有 C、C++、C#、Java、Python、PHP、Perl、Objective-C 等。IBM 公司的 Web Sphere、微软公司的 Studio.NET 等都是有名的软件开发环境。

中间件是连接两个独立应用程序或独立系统的软件，可以使运行在一台或多台机器上的多个软件通过网络进行交互和共享资源。

3. 应用软件

应用软件是为了解决各种应用问题而编写的计算机软件。它具有很强的实用性，需要在支撑软件的支持下开发，在操作系统的支撑下运行。应用软件一般包括应用软件包和用户程序两大类。

应用软件包是为了实现某些特殊功能或计算的通用性软件，可供多种用户使用，如办公软件 WPS Office、Microsoft Office，图像处理软件 Photoshop、Dreamweaver，动画处理软件 Flash、3ds Max，科学计算软件 MATLAB、MATHEMATICA、MAPLE，辅助设计软件 CAD，媒体编辑播放软件，网络即时通信软件等。

用户程序是用户为了解决特定的问题在系统软件和应用软件包的支持下开发的软件，如各种人事管理软件、财务管理软件、进销管理软件、工业实时控制软件等。这些软件发展到一定水平后，将组合形成一个高效完整的信息管理系统（MIS）。随着各种计算技术和人工智能技术的发展，MIS 进一步形成为专家系统（ES）、决策支持系统（DSS）等。

3.1.2　计算机系统的层次结构

计算机系统中的硬件系统和各种软件系统是按照一定的层次结构组织起来的。系统中的每一层都具有特定的功能并提供相应的接口界面，接口屏蔽了层内的实现细节，并对层外提供了使用约定。计算机系统的层次结构如图 3.2 所示。

1. 硬件层

硬件系统位于整个层次结构的最底层，在机器语言的指挥和控制下进行各种具体的物理操作，是整个计算机系统运行的物理基础。硬件的指令系统组成了对外界面，系统软件通过执行机器指令来访问和控制各种计算机硬件资源。

2. 系统软件层

硬件系统之上是系统软件层。系统软件中的操作系统最靠近硬件，它对硬件系统进行了首次扩充和改造，帮助用户摆脱硬件的束缚，并为用户提供友好的人机界面。操作系统提供的扩展指令集组成了对外的界面，为上层的其他软件提供了有力的支持。

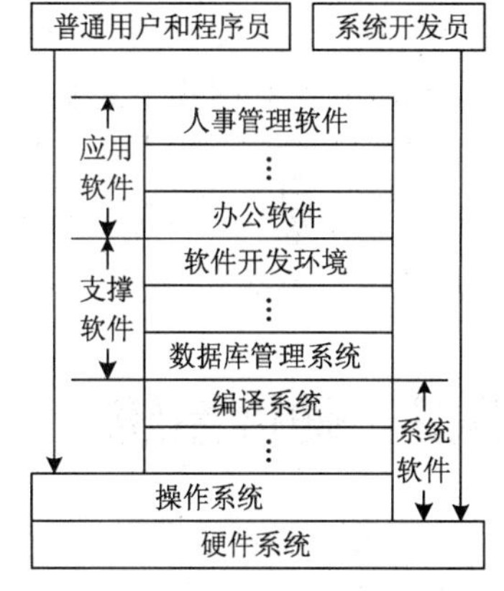

图 3.2　计算机系统的层次结构

3. 支撑软件层

支撑软件层位于系统软件层之上，利用操作系统提供的功能接口及系统调用来使用计算机系统的各类系统资源，而不必知道各种系统资源的细节和控制过程，较为容易地实现各种语言处理程序、数据库管理系统和其他系统程序，并为上层的应用软件提供更多的支持。

4. 应用软件层

应用软件是直接面对用户的程序，处于计算机软件层的外围。正是这些丰富多彩的应用软件将计算机的功能延伸至各个领域。

通常计算机系统的用户可以分为普通终端用户、程序开发人员和系统设计人员三类。除了操作系统设计者需要直接面对计算机硬件外，普通终端用户和程序员一般都工作在操作系统之上。

3.1.3 软件和硬件的关系

计算机系统由硬件系统和软件系统两大部分构成。硬件系统是整个计算机系统运行的物质基础，由电子、机械以及光电元件等物理装置组成，是计算机系统中各种设备的总称。计算机硬件需要符合可视化、可触摸、可感觉等要素，是使用者看得见、摸得着的实体。软件是保证计算机可以正常运行所需要的程序、文档和数据的集合，是对硬件和网络的支撑，是计算机的灵魂。

软件和硬件的关系如下。

（1）硬件是软件的载体，软件是硬件的灵魂，二者相互依存，缺一不可。计算机如果只有硬件而无软件，仅是一些电子元器件的组合，是无法使用的，我们通常称之为“裸机”。同样，如果没有硬件的支持，软件只能存在于设计者的头脑中和纸面上，软件的功能是得不到验证与实现的。

（2）软件和硬件无严格界限，有时候功能可以互相替换。科技的快速发展，使计算机的一些功能可以由硬件实现也可以由软件实现，二者功能等同或者近似，从一定程度上看，软件和硬件无严格界限。一般而言，实现相同功能时，软件效率不如硬件，其速度较慢、稳定性略差。但是软件使用灵活，更新、加载、移除、融合等特性强于硬件，同时价格低廉。因此我们可以根据需要选择使用软件还是硬件。

（3）软件和硬件协同发展。随着计算机硬件技术的快速发展，很多以前只能存在幻想中的设计得以实现，使人们可以想象和实现更多的软件功能，促进软件的发展。反之，软件的发展也对硬件提出了更高的要求，从而推动电子、微电子、光电等硬件领域发展，出现了更快的处理器、更大的存储器、更高清的显示方式等。

（4）软件和硬件在未来将得到高度统一。随着科技的迅猛发展，硬件将会朝着轻小、能耗低、高速度、大容量、智能化以及生物化等方面发展，而软件会成为硬件密不可分的一部分，植入硬件体内，朝着专一性和多元化两个方向发展。或许若干年后的计算机会比一张纸还要薄，人们可以按照设想随意将软件功能写在上面。

3.2 硬件系统

从第一台电子数字计算机发明到现在，虽然计算机的制造技术已经发生了日新月异的变化，但就其基本的结构原理来说，一直沿用着冯·诺依曼计算机体系结构。在计算机系统中，由电子、机械和光电元件等组成了各种计算机部件和计算机设备，这些部件和设备依据计算机系统结构的要求又构成一个有机的整体，称为计算机硬件系统。硬件系统是计算机系统快速、可靠、自动工作的基础。计算机硬件就其逻辑功能来说，主要完成信息变换、信息存储、信息传送和信息处理等功能，并为软件系统提供具体实现的基础。

3.2.1 计算机硬件组成

根据冯·诺依曼结构的传统框架，计算机硬件系统由运算器、存储器、控制器、输入和输出设备五大基本部件构成。这五大部件在物理上分为主机和外部设备，如 3.1 小节图 3.1 所示。一般主机主要包括中央处理器、内存储器、总线、输入/输出接口等，常见的外部设备包括各种外存储器和输入/输出设备，比如硬盘、光驱、显卡、声卡、显示器、键盘、鼠标、打印机、绘图仪、扫描仪等。

1. 主机结构

个人计算机是最典型的计算机系统，几乎所有的个人计算机都把主机部分、硬盘驱动器以及电源等部件封装在主机箱内。从外观上看，个人计算机有以下四种类型：台式机（Desktop）、一体机（Computer Integrated Machine）、笔记本电脑（Notebook 或 Laptop）、掌上电脑（PDA）和平板电脑，如图 3.3 所示。台式机也叫桌面机，体积较大，主机、显示器等设备一般都是相对独立的。一体机是将芯片、主板与显示器集成在一起的计算机，只要将键盘和鼠标连接到显示器上，机器就能使用。平板电脑是无须翻盖，没有键盘，大小不等，却功能完整的计算机，并且打破了笔记本电脑键盘与屏幕垂直的 J 型设计模式。

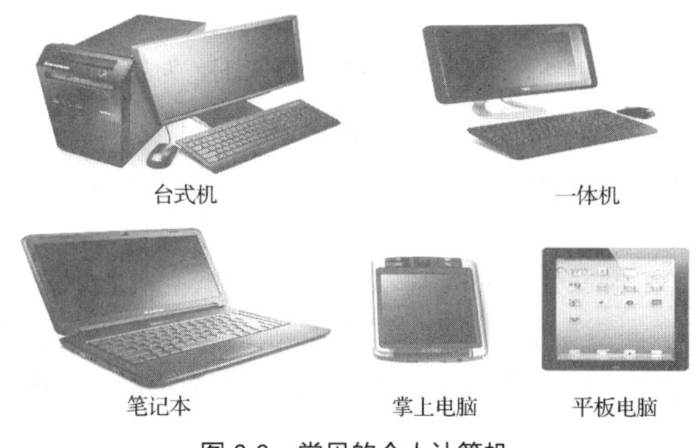

图 3.3　常见的个人计算机

2. 主板结构

主板，又叫主机板（Mainboard）或母板（Motherboard）。它安装在机箱内，是计算机最基本也是最重要的部件之一。主板是个人计算机中最大的一块集成电路板。大部分部件如 CPU、内存条、显卡等重要部件通过插槽安装在主板上，硬盘、光驱等外部设备也通过各种接口与主板连接。主板上有芯片组（固定在主板上的一组超大规模集成电路芯片的总称，包含南桥芯片和北桥芯片）、BIOS 芯片（控制上电自检、系统初始化、系统设置）、CMOS（存储系统配置信息）、总线扩展槽、串行芯片和并行接口等。有些主板上集成有声卡、网卡、显卡等部件，以降低整机的成本。图 3.4 为华硕 Maximus V Gene 主板示意图。

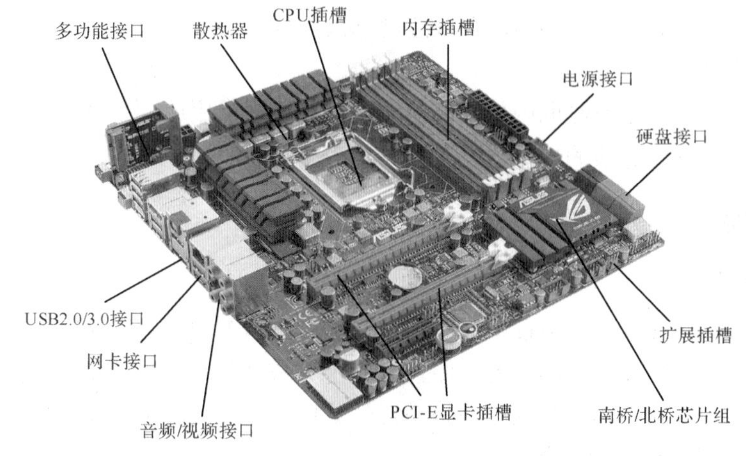

图 3.4　华硕 Maximus V Gene 主板示意图

主板上有南桥和北桥控制芯片组。在功能方面，北桥芯片主要负责高速设备，处理 CPU、内存、显卡三者间的“交通”；南桥芯片则负责中低速的外部设备，如硬盘等存储设备和 PCI 之间的数据流通以及高级能源管理等。芯片组在很大程度上决定了主板的功能和性能。随着计算机的发展，CPU 内集成了显卡和内存控制器，北桥芯片已没有多大实际意义，有的主板已经将南桥芯片和北桥芯片集成在一块了。

3. 计算机常用性能指标

计算机的性能指标是指能在一定程度上衡量计算机优劣的技术指标，计算机的优劣是由多项技术指标综合确定的。

（1）主频

CPU 的主频指计算机的时钟频率，一般以 MHz 或 GHz 为单位，指时钟脉冲发生器所产生的时钟信号频率，它在很大程度上决定了计算机的运算速度。主频越高，计算机的运算速度就越快，所以主频是计算机的一个重要性能指标。

（2）字长

字长是 CPU 进行运算和数据处理的最基本、最有效的信息位长度，即 CPU 一次可以处理的二进制位数。字长主要影响计算机的精度和速度。字长有 8 位、16 位、32 位和 64 位等。字长越长，表示一次读写和处理的数的范围越大，处理数据的速度越快，计算精度越高。

（3）运算速度

运算速度指计算机每秒执行的指令数，是衡量 CPU 工作快慢的指标，单位为每秒百万条指令（简称 MIPS）。由于执行不同的指令所需的时间不同，因此，运算速度有不同的计算方法。现在多用各种指令的平均执行时间及相应指令的运行比例来综合计算运算速度，即用加权平均法求出等效速度，作为衡量计算机运算速度的标准。

（4）内存容量

内存（主存）容量是指计算机系统配备的内存总字节数。内存容量反映的是内存储器存储数据的能力，容量越大，计算机所能运行的程序越大，能处理的数据越多，运算速度越快，处理能力越强。存储容量一般用字节（Byte）数来度量。

（5）存取周期

存取周期是指 CPU 从内存储器中连续进行两次独立的读（取）或写（存）操作之间所需的最短时间。这个时间越短，说明存储器的存取速度越快。

（6）总线的带宽

总线的带宽指总线在单位时间内可以传输的数据总量。常用单位是 MB/s，即兆字节/秒。总线带宽与总线存取时间、总线的数据线位数有关。

3.2.2 主机系统

1. 中央处理器

中央处理器（Central Processing Unit，CPU）是一块超大规模的集成电路（见图 3.5），是计算机完成指令读出、解释和执行的重要部件，CPU 能完成取指令、分析指令、执行指令，以及与外界存储器和逻辑部件交换信息等操作，是一台计算机的运算核心（Core）和控制核心（Control Unit），负责控制和协调整个计算机系统的工作。

目前主流CPU的生产厂家主要是Intel和AMD两家公司。Intel的CPU产品类型有：酷睿(Core)系列，主要用于桌面型计算机；至强（Xeon）系列，主要用于高性能服务器；嵌入式系列，如凌动(Atom)系列等。AMD 主要有 A10、A8、A6 和 A4 等系列。在同级别的情况下，AMD 的 CPU 浮点运算能力比 Intel 的稍弱，AMD 的强项在于集成的显卡。在相同价格等级下，AMD 的配置更高，核心数量更多。

国产 CPU(龙芯)：龙芯(Loongson，旧称为 Godson)是中科院计算所自主开发的通用 CPU。龙芯 1 号(Godson-1)于 2002 年研发完成，是 32 位的处理器，主频是 266MHz；龙芯 2 号于 2003 年发布，是 64 位处理器，主频为 300～500MHz，其实测性能已达到中等 Pentium4 水平；龙芯 3 号于 2009 年研发完成，它是第一个具有完全自主知识产权的四核 CPU，工作频率为 1GHz。

图 3.5　CPU 外观图

（1）CPU 的基本结构

从功能上看，一般 CPU 的内部结构可分为控制器、运算器(Arithmetic and Logic Unit，ALU)和存储器三大部分，如图 3.6 所示。

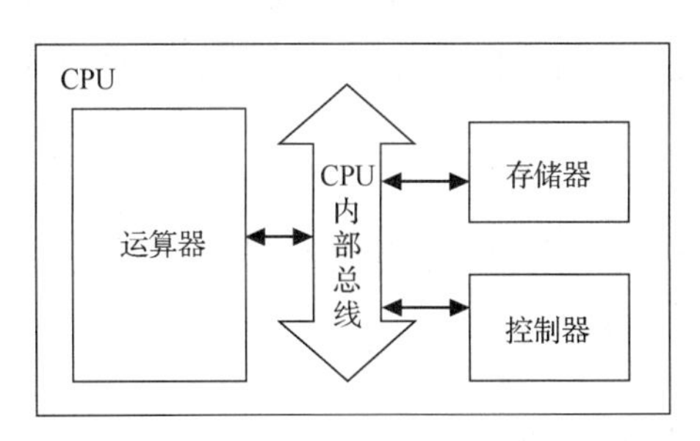

图 3.6　CPU 内部结构

运算器是对数据进行加工处理的部件，可以执行基本的算术运算操作、移位操作以及逻辑操作，也可执行地址的运算和转换。

控制器负责从存储器取出指令，确定指令类型并译码，按照时间先后顺序向其他部件发出控制信号，统一指挥和协调计算机各器件进行工作。

存储器包括通用寄存器、专用寄存器和控制寄存器。通用寄存器用来保存指令中的寄存器操作数和操作结果，是中央处理器的重要组成部分，大多数指令都要访问到通用寄存器；专用寄存器是为了执行一些特殊操作所使用的寄存器；控制寄存器通常用来指示机器执行的状态，或者保存某些指针，分为处理状态寄存器、处理异常事故寄存器以及检错寄存器等。有的时候，中央处理器中还有一些缓存，用来暂时存放一些数据指令，缓存越大，说明 CPU 的运算速度越快。

在 CPU 内部，信息交换是采用总线结构来实现的，总线单元就像一条高速公路，是用来快速完成各个单元间的数据交换，也是数据从内存流进和流出 CPU 的地方。这里的总线称为内部总线。

（2）CPU 主要性能指标

CPU 性能的高低直接决定了计算机系统的档次，主要由以下性能指标来衡量。

① 主频、外频和倍频

主频也叫时钟频率，单位是 MHz（或 GHz），用来表示 CPU 的运算、处理数据的速度。一个时钟周期完成的指令数是固定的，一般来说主频决定着 CPU 的运行速度，主频越高，CPU 的速度就越快。

外频即 CPU 的基准频率，是 CPU 和周边设备传输数据的频率，单位是 MHz。CPU 的外频决定着整块主板的运行速度。目前大部分计算机系统中的外频也是内存和主板之间同步运行的速度，在这种方式下，可以理解为 CPU 的外频直接与内存相通，以实现两者之间的同步运行。

倍频是指 CPU 主频与外频之间的相对比例关系。倍频可以从 1.5 一直到 10 以上，以 0.5 为一个间隔单位。外频和倍频相乘就是主频。比如 Intel 酷睿 i7980X 是 64 位字长的处理器，内部有六核心，其主频为 3.33GHz，是基于外频 133MHz 的情况下使用 25 的倍频系数所得到的。

② CPU 的字长和位数

在计算机中，CPU 在单位时间内（同一时间）能一次处理的二进制数的位数叫作字长。通常所说的 CPU 位数就是 CPU 的字长，也就是 CPU 中的通用寄存器的位数。8 位的 CPU 一次只能处理 1 个字节，字长为 64 位的 CPU 一次可以处理 8 个字节。

③ 高速缓冲存储器

高速缓冲存储器（Cache，简称高速缓存）的容量大小也是 CPU 的重要指标之一，而且缓存的结构和大小对 CPU 速度的影响非常大，它利用数据存储的局部性原理，极大地改善了 CPU 性能，目前 CPU 的高速缓存容量为 1～10MB，甚至更高，结构也从一级发展到三级（L1 Case～L3Case）。

④ 地址/数据总线宽度

地址总线宽度决定了 CPU 可以访问的物理地址空间，数据总线宽度决定了 CPU 与内存以及输入/输出设备之间一次传输数据的信息量。

⑤ 工作电压

工作电压是指 CPU 正常工作所需的电压。提高工作电压，可以加强 CPU 内部信号，增加 CPU 的稳定性能，但会导致 CPU 的发热问题，降低 CPU 的寿命。早期 CPU 工作电压为 5V，随着 CPU 的制造工艺提高，近年来各种 CPU 的工作电压有逐步下降的趋势。2012 年 6 月发布的第三代酷睿 i7 CPU 的工作电压只有 0.7V。

⑥ 制作工艺

制作工艺是指组成芯片的电子线路和元件的细密程度，其精度的单位是微米（μm）或纳米（nm）。制造工艺的趋势是向密集度更高的方向发展，意味着在同样大小面积的芯片中，可以拥有密度更高、功能更复杂的电路设计，从而提高集成度，降低功耗，提高器件性能。2012 年 6 月发布的第三代酷睿 i7 CPU 的制造工艺为 22nm。

（3）CPU 关键技术

① 超线程技术

超线程技术就是利用特殊的硬件指令，把两个逻辑内核模拟成两个物理芯片，让单个处理器都能使用线程级并行计算，进而兼容多线程操作系统和软件，减少 CPU 的闲置时间，提高 CPU

的运行效率。

② 多核处理器

多核处理器是指在一个处理器中集成多个完整的计算引擎（内核）。多核处理器具有更强大的运算能力，但是增加了处理器的发热功耗。目前处理器产品中，4～8 核 CPU 占据了市场主流地位。Intel 公司表示，理论上处理器可以扩展到 1000 核。多核处理器使计算机设计变得更加复杂，需要软件支持，只有基于线程化设计的程序，多核处理器才能发挥应有性能。在满足性能要求的基础上，多核处理器通过关闭（或降频）一些处理器等低功耗技术，可以有效地降低能耗。

③ SMP 技术

对称多处理（Symmetrical Multi-Processing，SMP）技术，是指在一台计算机上汇集了一组处理器（多 CPU），各 CPU 之间共享内存子系统以及总线结构。在这种架构中，一台计算机由多个处理器运行操作系统的单一复本，并共享内存和这台计算机的其他资源。系统将任务队列对称地分布于多个 CPU 之上，从而极大地提高了整个系统的数据处理能力。所有的处理器都可以平等地访问内存、I/O 和外部中断。在对称多处理系统中，系统资源被系统中所有 CPU 共享，工作负载能够均匀地分配到所有可用的处理器之上。

④ Turbo Boost 动态加速技术

Turbo Boost 动态加速技术又称为英特尔睿频加速技术，可以理解为自动超频。CPU 会确定其当前工作功率、电流和温度是否已达到极限，如仍有多余空间，CPU 会逐渐提高活动内核的频率，以进一步提高当前任务的处理速度，当程序只用到其中的某些核心时，CPU 会自动关闭其他未使用的核心，睿频加速技术无需用户干预，自动实现。

⑤ 整合 GPU 图形核心技术

图形处理器（Graphic Processing Unit，GPU）相当于 CPU 在计算机中的作用，GPU 是显卡的"心脏"，它决定了该显卡的档次和大部分性能，作用是处理三维图像和特效。如今，GPU 技术的发展已经引起业界不少的关注。为了提高计算速度，将 GPU 整合到服务器中，充当 CPU 的加速器，通过这种方式，将 CPU 与 GPU 整合或者融合在一起，更有利于二者协同发挥作用。在执行某些任务时，峰值性能可以达到只使用 CPU 的 100 倍。将来的计算架构会是 CPU 和 GPU 的结合。

2. 内存储器

内存储器又常称为主存储器（简称内存或主存），是 CPU 能够直接访问的存储器，所有的程序和数据只有调入内存才能被执行和处理。内存一般采用半导体器件，具有容量小、读取速度快和价格高等特点。

（1）内存的分类

按照存储器的存取方法不同，内存储器可以分为随机读写存储器（Random Access Memory，RAM）和只读存储器（Read Only Memory，ROM）。

① 随机读写存储器（RAM）

RAM 是构成内存的主要部分，其内容可以根据需要随时按地址读出或写入，以某种电触发器的状态存储，断电后信息无法保存，用于暂存数据，RAM 又可分为 DRAM（Dynamic RAM，动态随机存储器）和 SRAM（Static RAM，静态随机存储器）两种。

SRAM 基于双稳态触发器保存信息，只要不掉电，存储在 SRAM 中的数据就不会丢失。SRAM

的特点是工作速度快，但集成度较低，成本较高，功耗较大，一般用作高速缓冲存储器。

DRAM 基于场效应管的栅极对其衬底间的分布电容保存信息。由于电容器的自然放电特性，DRAM 中存储的信息会逐渐丢失。DRAM 的速度较慢，但集成度较大，成本也较低，通常用作主存。

程序和硬件的发展对内存性能提出了更高的要求。为了提高速度并扩大容量，内存必须以独立的封装形式出现，因而诞生了“内存条”的概念，它将 RAM 集成块集中在一小块电路板上，如图 3.7 所示。内存条插在计算机的内存插槽上，只需要增加内存条就可以扩充内存容量。最新的 Windows 10 操作系统对计算机的内存配置要求越来越大，一般都以 GB 为单位。

图 3.7　DDR4 内存条

一般评价内存条的性能指标包括存储容量和存取速度。存储容量即一根内存条可以容纳的二进制信息量，存取速度（存储周期）即两次独立的存取操作之间所需的最短时间，又称为存储周期，半导体存储器的存取周期一般为 60～100ns。内存的种类主要有 DDR、DDR2、DDR3、DDR4。

② 只读存储器（ROM）

ROM 是只读存储器，出厂时其内容由厂家用掩膜技术写好，只可读出，但无法改写。信息已固化在存储器中，一般用于存放系统程序 BIOS 和控制微程序。

ROM 根据采用的半导体技术可以分为 5 种。第一种是掩膜式只读存储器（Mask ROM，MROM），MROM 的数据是固定的，用户不可更改。第二种是可编程只读存储器（Programable ROM，PROM），PROM 只能进行一次写入操作，但可以使用特殊电子设备进行写入。第三种是可擦除可编程只读存储器（Erasable PROM，EPROM），EPROM 在写操作之前必须用紫外线照射来擦除所有信息，然后再用 EPROM 编程器写入。第四种是电可擦除可编程只读存储器（Electrically Erasable PROM，EEPROM），EEPROM 与 EPROM 类似，可以读出也可写入，而且在写操作之前，不需要把以前内容先擦去，能够直接对寻址的字节或块进行修改。第五种是闪速存储器（Flash Memory），这是近年出现的一种新型的存储单元结构，其特性介入 EPROM 与 EEPROM 之间，闪速存储器也可使用电信号进行快速删除操作，速度远快于 EEPROM，其集成度也高于 EEPROM，因而得到了飞速发展，并成为主要的大容量存储媒体。

（2）高速缓冲存储器

高速缓冲存储器（Cache）是 20 世纪 60 年代发展起来的一项提高主存访问速度的存储技术，它是介于 CPU 和主存之间的小容量存储器，其主要目的是解决 CPU 和主存速度不匹配的问题。很多大型、中型、小型以及微型计算机中都采用高速缓冲存储器。高性能处理机上通常有多级高速缓冲存储器，最接近 CPU 的一级 Cache 容量最小，速度最快。

高速缓冲存储器的工作原理：当 CPU 要读取一个数据时，首先从缓存中查找，找到就立即读取并送给 CPU 处理；如果没有找到，就从速率相对较慢的内存中读取并送给 CPU 处理，同时把这个数据所在的数据块调入高速缓冲存储器中，使得以后对整块数据的读取都从高速缓冲存储器中进行，不必再调用内存。正是这样的读取机制使CPU读取缓存的命中率非常高，也就是说CPU下一次要读取的数据90%都在CPU缓存中，只有大约10%需要从内存读取。这大大节省了CPU直接读取内存的时间，也使CPU读取数据时基本无须等待。

3. 总线

总线是计算机中各种部件之间共享的一组公共数据传输线路。

计算机系统中各个部件之间必须实现互联，才能保证数据在各个部件之间的传送。现代计算机系统中采用一组线路，并配以适当的接口电路与各部件和外部设备连接，建立用于传递数据的公共通道，在芯片内部、印刷电路板部件之间、机箱内各插件板之间、主机与外部设备之间或系统与系统之间的连接与通信都是通过总线来实现的。

根据传输信息的不同类型，总线可以分为地址总线（Address Bus，AB）、数据总线（Data Bus，DB）和控制总线（Control Bus，CB）3种类型。这3组总线从微处理器芯片所提供的引脚引出，是微处理器的引脚信号，它与外部的内存和输入/输出接口等部件进行连接，是微处理器同内存储器、输入/输出接口电路之间的连接纽带（见图3.8）。在图3.8所示的计算机结构图中，微处理器、内存储器和输入/输出接口电路采用总线结构来实现相互之间的信息传送。

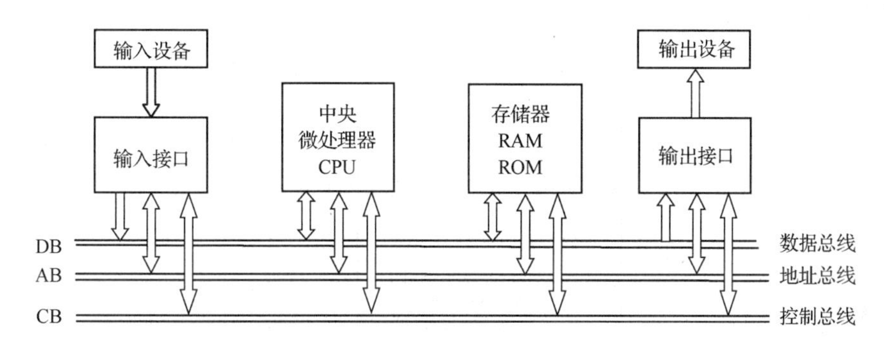

图3.8 计算机总线结构图

根据总线相对于CPU的位置，总线分成内部总线和外部总线。内部总线是指在CPU内部的各功能部件和寄存器之间传输数据所用的总线。外部总线是指CPU与内存和输入/输出设备接口之间进行通讯的总线，又称为系统总线。

根据总线的通信方式，总线可以分为串行总线和并行总线。并行总线利用多根数据线来实现一次进行多个二进制位的传送，传输速度快，信息率高，因此在传输距离较短（几米至几十米）和数据传输率较高的场合使用。而串行总线一个方向一次只能传送一个二进制位的数据，传送速度比较慢，但需要的线路少，故而适用于计算机与计算机、计算机与外部设备之间的远距离通信。

4. 输入/输出接口

（1）接口的作用

所谓接口，就是CPU和外部设备的连接电路，主板的常见接口如图3.9所示。

由于主机是由集成电路芯片连接而成的，而输入输出设备通常是机械和电子结合的装置，因此主机与外部设备之间存在着速度、时序、信息格式和信息类型等方面的不匹配。因此，主机与外部设备之间不能直接进行信息交换，在主机与外部设备间增加输入输出接口，各种外部设备通过接口电路连接到计算机系统，CPU通过控制接口电路间接实现对外部设备的控制，显卡和网卡都是接口电路。接口在 CPU 和外部设备之间的数据通信过程中起着“桥梁”的作用。

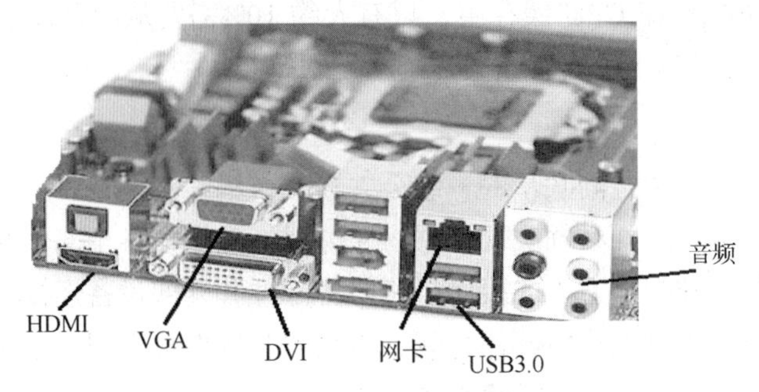

图 3.9　主板的常见接口

图 3.10 所示为接口工作原理图。外部设备接口是 CPU 和外部设备的信息中转站。外部设备接口电路中通常有多个寄存器供 CPU 进行读写操作，这些寄存器称为端口。按存放信息的类型，端口可分为数据端口、状态端口和控制端口，分别存放数据信息、状态信息和控制信息。CPU 通过状态信息了解外部设备的工作情况，通过控制端口向外部设备发送控制命令，通过数据端口实现和外部设备的信息交换。

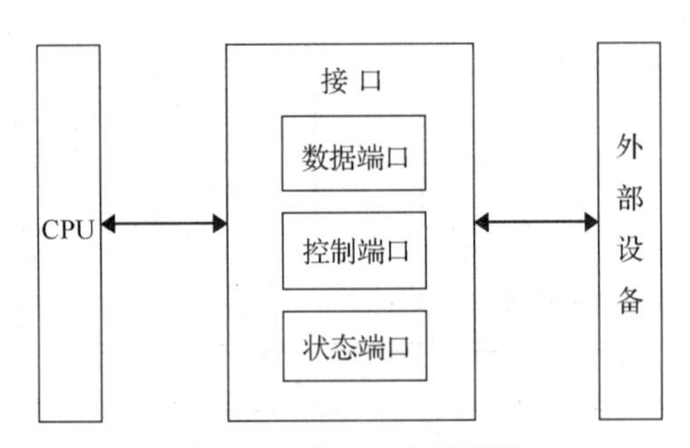

图 3.10　接口工作原理图

输入/输出接口位于主机和外部设备之间，对内连接到主机并与主机的数据传送方式匹配，与主机交换数据；对外连接到外部设备并提供数据传输通道，用以传送数据；同时提供接收外部设备工作状态的通道，使主机能够监测外部设备的工作状态，并通过命令通道对外部设备进行控制。输入/输出接口一方面解决了主机与外部设备的速度差异问题，同时还解决了数据传输的同步问题，为主机与外部设备的数据传输提供缓冲，解决了主机和外部设备之间在各方面的矛盾和差异。

（2）接口分类

计算机与外部设备连接的常见接口有串行接口、并行接口、USB 接口、VGA 接口、DVI 接口和 HDMI 接口等。

① 串行接口

串行接口，简称串口，也就是 COM 接口，是采用串行通信协议的扩展接口。串口的出现是在 1980 年前后，它的数据和控制信息是一位接一位在一根数据线上分时、串行地传送的。串行传输速度比较慢，但通讯距离远。数据传输率为 115kbit/s～230kbit/s，串口一般用来连接鼠标和外置 Modem 以及老式摄像头和写字板等设备，目前部分新主板已开始取消该接口。

② 并行接口

并行接口，简称并口，也就是 LPT 接口，是采用并行通信协议的扩展接口。所谓并行，是指

8 位数据同时通过 8 根并行数据线进行传送，数据传输速度大大提高，并口的数据传输率比串口快 8 倍，标准并口的数据传输率为 1Mbit/s，一般用来连接打印机、扫描仪等。并行接口适用于高速、短距离通信。

③ 硬盘接口

硬盘接口是计算机系统中硬盘与主板的连接部件，常见的硬盘接口有 IDE 接口、SATA 接口、SCSI 接口等，接口类型不同，数据传输率也不同。

IDE（Integrated Drive Electronics）接口，即电子集成驱动器，它代表着硬盘的一种类型，由于其价格低廉、兼容性强，在微型计算机中应用广泛。

SATA（Serial Advanced Technology Attachment）接口，即串行 ATA 接口，具有结构简单、可靠性高、支持热插拔的优点。现在的微机系统通常集成了多个 SATA 接口，每个接口可以连接一个 SATA 设备。

SCSI（Small Computer System Interface）接口，是小型计算机系统接口，在做图形处理和网络服务的计算机中被广泛应用。SCSI 接口数据传输率高、应用范围广、CPU 占用率低，但成本较高，因此 SCSI 接口主要用于中、高端服务器和高档工作站。

④ 网络接口

网络接口（Network Interface Card，NIC）也称为网络适配器，是计算机与网线之间的接口电路。网卡一般插在计算机主板扩展插槽中，另外有其他接口用于连接网线。网卡是用于计算机联网的设备，负责将用户要传递的数据转换为网络上其他设备能够识别的格式，通过网络介质传输。

网卡按照通信速率分为 10Mbit/s、100Mbit/s、10/100Mbit/s 自适应及千兆网卡。按照与网线的连接形式网卡分为软件 RJ-45 以太网卡、BNC 接头网卡、无线局域网卡等。

⑤ 显示器接口

显示接口卡，又称显示适配器或显卡，用于将显示器连入计算机系统中。显卡一般插在计算机主板扩展插槽或 AGP（Accelerated Graphics Port）插槽中，另外有 15 针 VGA（Video Graphics Array）插口用于连接显示器。显卡将计算机的数字信号转换成模拟信号让显示器显示出来，同时显卡还有图像处理能力，可协助 CPU 工作，提高整体的运行速度。DVI（Digital Visual Interface）接口也是计算机中最常用的接口，与 VGA 接口不同的是，DVI 接口可以传输数字信号，不用再经过数模转换，所以画面质量非常高。HDMI（High Definition Multimedia Interface）接口同 DVI 接口一样是传输全数字信号的。不同的是 HDMI 接口不仅能传输高清数字视频信号，还可以同时传输高质量的音频信号。

⑥ USB 接口

计算机中的 USB 接口通常以标准的 4 芯（电源、发送、接收、地线）连接头的形式出现，通常计算机主板上配有 2～4 个 USB 接口。USB 接口常用于连接 USB 外部设备，如 USB 键盘、USB 鼠标、U 盘、移动硬盘、打印机、扫描仪等。目前 USB 接口标准经历了 1.0 到 3.0。

3.2.3　外部设备

1. 外存储器

外存储器简称外存或辅存，是指计算机 CPU 高速缓存及内存以外的存储器，外存的特点是存储容量大，能长期保存信息，但是存取速度比内存慢。CPU 不能直接访问外存信息，外存信息必须经外存接口电路读入内存，才能被 CPU 访问。常见的外存有硬盘、软盘、光盘、U 盘等。

（1）硬盘

硬盘是计算机的主要存储设备。大多数计算机以及许多数字设备都配备有硬盘，原因在于硬盘存储容量很大、存取的速度快而且经济实惠。

硬盘是由一组涂有磁性材料的铝合金圆盘片、主轴、主轴电机、驱动臂、读写磁头和控制电路组成的。硬盘一般都封装在一个质地较硬的金属腔体里。硬盘一般采用温彻斯特（Winchester）技术制造，因此也被称为温盘，如图 3.11 所示。所有的盘片都固定在一个旋转轴上，这个轴称为主轴。而所有盘片之间是绝对平行的，在每个盘片的存储面上都有一个读写磁头，读写磁头与盘片之间的距离比头发丝的直径还小。所有的读写磁头连在一个磁头控制器上，由磁头控制器控制各个磁头的运动。硬盘工作时，主轴电机启动，主轴带动盘片高速旋转，磁头驱动定位系统控制驱动臂的伸缩，让读写磁头定位在要读写的数据存储位置，通过读写电路控制读写磁头的读写操作，从而完成硬盘的定位和读写。

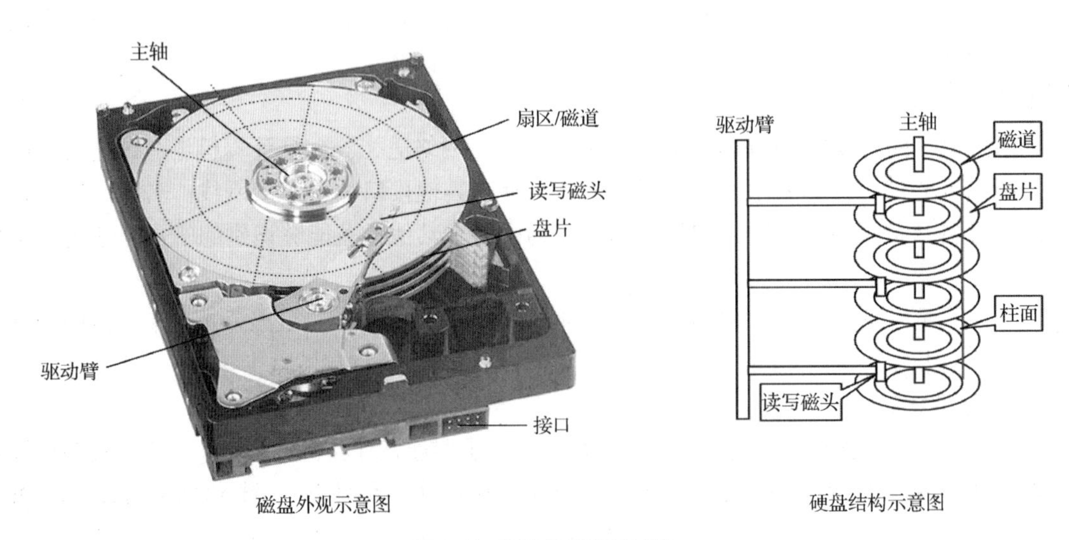

图 3.11　硬盘外观及其结构

由于硬盘是由轴心、大小相同的数个盘片叠加组成的，每个盘片的两面都可以进行读写，因此硬盘就有多个记录面；每个面上被逻辑地划分成若干个同心圆，每个同心圆称一个磁道，磁道从外向内编号，最外面的磁道为 0 磁道；盘片组中具有同一编号的磁道从上向下组成硬盘的柱面（Cylinder）；磁道又被等分成若干段，每一段称为一个扇区，一个扇区一般能存放 512Byte 的数据。

硬盘的主要性能指标有存储容量、转速以及数据传输率等。存储容量是硬盘最重要的指标，一般来说硬盘容量越大越好。但容量越大，价格就越贵，还需要主板和系统能够支持。目前市场上硬盘的存储容量可达到数百 GB 或数 TB。硬盘存储容量可以由下面的公式计算：

硬盘容量 = 磁面数（磁头数）×柱面数×扇区数×扇区字节数

硬盘根据盘片尺寸不同可分为 3.5 英寸、2.5 英寸、1.8 英寸等几种。3.5 英寸硬盘用于台式机，2.5 英寸硬盘用于笔记本电脑，一些超轻薄的笔记本电脑会使用 1.8 英寸的硬盘。现在还有一种尺寸在 1 英寸左右的硬盘，用在移动存储设备中。

（2）光盘

光盘驱动器（简称“光驱”）和光盘一起构成了光存储器。光盘用于记录数据，光驱用于读取数据。光盘的特点是记录数据密度高、存储容量大、数据保存时间长。

光盘的盘面（见图3.12）由三层组成：聚碳酸酯塑料底盘、记录信息的记录层（包含反射层和预留层）和保护层。反射层表面被烧蚀出许多微小的凹坑和凸起，利用激光照射在反射层表面的反射强度的不同来表示信息。

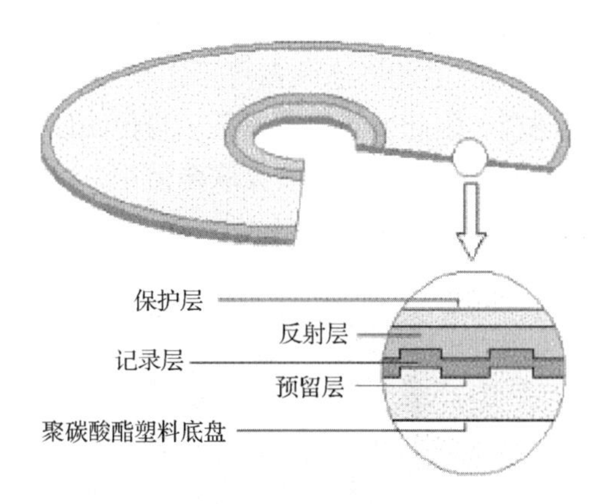

图3.12 光盘的盘面

按照存储的物理格式不同，光盘分为CD-ROM光盘和DVD光盘。CD-ROM光盘存储量可达650MB，主要用于保存可靠性要求较高的程序和数据，DVD容量可达数GB，主要用于存储音频、视频等数据量大但可靠性要求不高的信息。

按照读写限制，光盘可分为只读性光盘、写一次性光盘和可多次读写光盘。CD-ROM格式的这三种类型光盘分别称为CD-ROM、CD-R、CD-RW；DVD格式的这三种类型光盘分别称为DVD-ROM、DVD-R、DVD-RW。

（3）闪存（Flash Memory）

闪存具备DRAM快速存储的优点，也具备硬盘永久存储的特性。闪存利用现有半导体工艺生产，因此价格便宜。它的缺点是读写速度比DRAM慢，闪存中的数据写入以区块为单位，区块大小为8～128KB。由于闪存不能以字节为单位进行数据随机写入，因此闪存目前还不可能作为内存使用。

① U盘

U盘是采用闪存作为存储介质，USB作为接口的一种小型半导体移动固态盘。U盘容量一般为64GB～128GB，数据传输速度与硬盘基本相当，可达到30Mbit/s左右。U盘具有即插即用的特点，用户只需将它插入计算机的USB接口，计算机就可以自动检测到U盘设备。用U盘进行读写、复制及删除数据等操作非常方便，而且U盘具有外观小巧、携带方便、抗震、防潮、防磁、耐高/低温等优点。因此，U盘作为新一代存储设备，已经被广泛应用。

② 闪存卡

闪存卡（Flash Card）是在闪存芯片中加入专用接口电路的一种单片型移动固态盘。闪存卡一般应用在智能手机、数码相机等小型数码产品中作为存储介质。常见的闪存卡有SD（Secure Digital）卡、MMC（Multi-Media Card）、SM（Smart Media）卡、CF（Compact Flash）卡、XD

（XD-picture）卡、记忆棒（Memory Stick）等，这些闪存卡虽然外观和标准不同，但技术原理都相同。

③ 固态硬盘

固态硬盘（Solid State Drives）是由控制单元和存储单元（FLASH 芯片）组成的，简单地说就是用固态电子存储芯片阵列而制成的硬盘，固态硬盘的接口标准、功能及使用方法与普通硬盘完全相同，在产品外形和尺寸上也完全与普通硬盘一致，如图 3.13 所示。由于固态硬盘没有机械部件，因而抗震性能极佳，同时工作温度很宽，扩展温度的固态硬盘可工作在-45～+85℃。另外，固态硬盘没有高速运行的磁盘，因此发热量非常低。与传统硬盘相比，固态硬盘具有轻量、耐震、省电等特点。目前，固态硬盘一般和普通硬盘联合使用，操作系统一般安装于固态硬盘，而数据和程序一般保存于普通硬盘，以达到读取速度快的同时又具有良好经济性的目标。

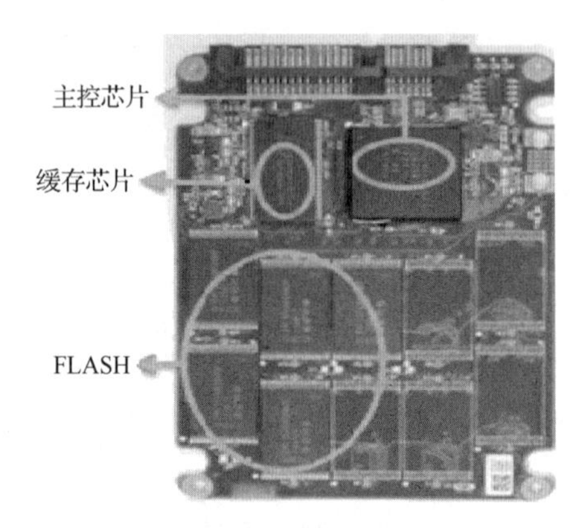

图 3.13　固态硬盘

（4）存储系统的层次结构

计算机技术的发展使存储器的地位不断得到提升，一个计算机系统中，理想的存储器应当具有充足的容量、与 CPU 相匹配的速度和相对低廉的价格，但是实际的存储器是速度快的容量小、价格高；容量大的价格低但速度过慢。容量、速度和价格这三个基本指标常常是矛盾的。依赖单一的存储部件或技术是难以解决现存问题的，这就对存储器技术提出了更高的要求，不仅要使每一类存储器能够具有更高的性能，而且希望通过软件、硬件或软硬件结合的方式将不同类型的存储器组合在一起，从而获得更高的性价比，于是存储系统应运而生。一般计算机的存储系统如图 3.14 所示。整个系统可以分为 5 层，最上一层是位于中央处理器内部的通用寄存器组，用于暂存中间运算结果及特征信息；第二层是高速缓冲存储器 Cache；第三层是主存储器，就是通常所说的内存；第四层和第五层分别是联机外存储器和脱机外存储器，它们是大容量存储器，属于外部设备范畴，与 CPU 的通信需要经过专门的接口。联机外存储器主要是指硬盘，脱机外存储器指软盘、光盘、磁带、移动硬盘和 U 盘等。

处于层次结构最上层的寄存器由于在 CPU 内部，其访问速度最快但容量最小，通常 CPU 只有几个到几十个寄存器。在编写软件时应该尽量利用寄存器，尽量把数据放在寄存器中，才能获得最高执行速度。

高速缓冲存储器位于 CPU 与内存之间，其访问速度是内存的 10 倍以上，容量可达数百千字节到几兆字节，存储的是内存中使用最频繁的程序和数据的副本，当 CPU 要访问内存数据时，先到高速缓存中找，找到就使用，找不到再从内存中读取。这个过程由硬件自动实现，对程序员透明。

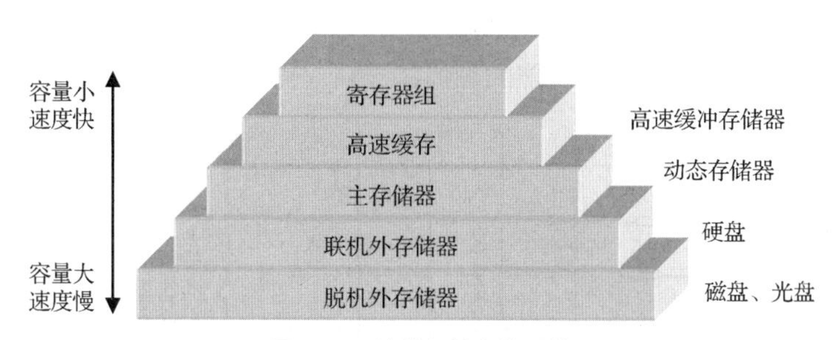

图 3.14 计算机的存储系统

内部存储器通常由动态存储器（DRAM）组成。目前的计算机都配置有几百兆字节到几吉字节的内存。内存与 CPU 通过系统总线相连，里面的程序和数据可以被 CPU 直接访问。由于 CPU 的速度比内存的速度快许多倍，而内存又是 CPU 的主要数据加工场，因此，如何提高内存的访问速度成为存储器设计的关键。通常的做法是在 CPU 和内存之间增加高速缓冲存储器，缓解 CPU 与内存速度不匹配的矛盾。

通常用硬盘作为计算机的外部存储器。硬盘容量很大且价格便宜，但存取速度较慢且无法直接读写里面的数据。硬盘通常用来存放计算机中的操作系统代码、各种应用程序及需要长期保存的数据。硬盘中的数据必须首先调入内存才能被 CPU 访问。

计算机在执行某项任务时，仅将与此有关的程序和原始数据从磁盘上调入容量较小的内存，通过 CPU 与内存进行高速的数据处理，然后将最终结果通过内存再写入硬盘。这样的配置价格适中，综合存取速度较快。

为了解决内存容量不够多的问题，使可运行的程序代码大小不再受限于计算机实际物理内存大小，现代计算机系统通过软、硬件相结合的方法，把内存和辅存相结合构成虚拟存储器，用户程序运行时不再需要全部装入内存，可以边运行边装入，该功能由操作系统自动实现。

存储系统的层次结构有如下特点。

① 存储体系中各层之间的信息流动由辅助硬件或操作系统自动完成。

② 层次存储结构可以提高计算机的性价比，在速度方面接近最高层存储器，在容量和价格方面接近最底层存储器。

③ 存储系统访问数据的顺序：CPU 先访问 Cache，若 Cache 未找到，则存储系统通过辅助硬件在内存中找，若还未找到，则存储系统通过辅助硬件和软件到辅助存储器中找。找到后再把数据逐级上调，没有空间时需进行页面调出以让出空间。

采用多级层次结构的存储系统可以有效地解决存储器速度、容量、价格之间的矛盾。

2. 输入设备

输入设备是用户和计算机系统之间进行信息交换的主要装置之一，如：键盘、鼠标、摄像头、扫描仪、传真机、光笔、手写输入板、麦克风、游戏杆和语音输入装置等。计算机能够通过不同类型的输入设备接收各种类型的数据。

（1）键盘

键盘是计算机系统中最常用的输入设备，我们所做的文字编辑、表格处理以及程序的编辑、调试等工作，绝大部分都是通过键盘完成的。当用户按下某个按键时，键盘内的控制电路根据该键的位置把该字符信号转换为二进制所表示的键码，再通过键盘接口送给主机。

键盘结构如图 3.15 所示，键盘主要由 8048 单片机、16 行 × 8 列的键开关阵列及编码器组成。键盘中的每个按键通过电路与计算机内部的扫描码一一对应，再由扫描码转换成 ASCII 码。

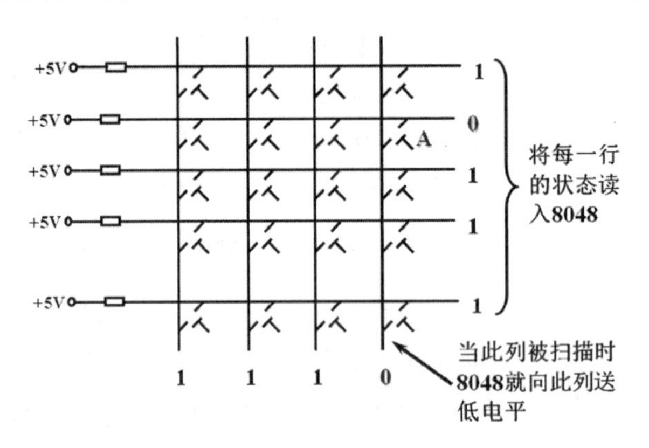

图 3.15　键盘结构

目前流行的无线键盘主要依靠蓝牙、红外线等方式与主机通信，蓝牙的有效距离为 10m，红外线的有效传输距离为 1～2m，一般来说，蓝牙方式在安全保密性方面要优于红外线方式。收看网络电视节目或利用电视屏幕浏览 Internet 时，利用无线键盘进行控制更为方便。

（2）鼠标

鼠标是一种用于图形用户界面使用环境的、带有按键的手持输入设备，它比键盘更灵活、更方便。当用户移动鼠标时，这种设备使得用户能够通过手的运动来操作屏幕上的对象，当用户移动鼠标时，鼠标会将其相对坐标发送给主机。

鼠标的分类可以依据外形分为两键鼠标、三键鼠标、滚轴鼠标和感应鼠标；也可以根据其工作原理分为机械式鼠标、光电式鼠标、无线鼠标和 3D 鼠标。

① 机械式鼠标的底部有一个滚球，滚球的位置边缘有互成 90° 的两个滚轴，分别用来感应水平和垂直两个方向上的移动。滚球一动，带动两个转轴（分别为 X 转轴、Y 转轴），便能输入鼠标水平和垂直两个方向上移动的距离。机械式鼠标是早期最常用的鼠标，其原理简单、操作方便，但是准确度、灵敏度不是很高，适用于一般的软件操作。

② 光电式鼠标，又称为光学鼠标，在其底部没有滚轮，也不需要借助反射板来实现定位，其核心部件是发光二极管、摄像头、光学引擎和控制芯片，如图 3.16 所示。鼠标工作时发光二极管发射光线照亮鼠标底部的表面，同时摄像头以一定的时间间隔不断进行图像拍摄。鼠标在移动过程中产生的不同图像传送给光学引擎进行数字化处理，最后再由光学引擎中的定位 DSP 芯片对所产生的图像数字矩阵进行分析。由于相邻的两幅图像总会存在相同的特征，通过对比这些特征点的位置变化信息，便可以判断出鼠标的移动方向与距离，这个分析结果最终被转换为坐标偏移量从而实现光标的定位。

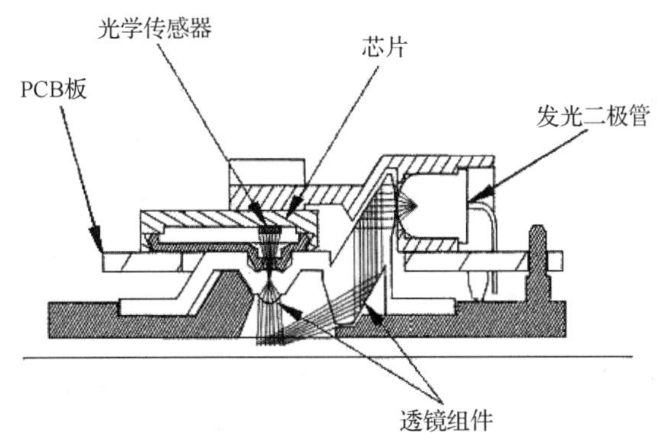

图 3.16　光电式鼠标

③ 无线鼠标是指无线缆直接连接到主机的鼠标。一般采用 27M、2.4G、蓝牙技术实现与主机的无线通信。无线鼠标采用无线技术与计算机通信，从而省却了电线的束缚。无线鼠标的缺点是在灵敏度上面可能不及有线鼠标，而且消耗电池。

（3）触摸屏

触摸屏是一种新型输入方式，已被广泛应用在各个应用领域的控制和查询等方面。触摸屏是透明的，可安装在任何一种显示器屏幕的外面（表面）。使用时，显示器屏幕上根据实际应用的需要显示出用户所需控制的项目或查询的内容（标题）供用户选择。用户只要用手指（或其他东西）点一下所选择的项目（或标题），即可由触摸屏将此信息送到计算机中，所以显示屏上显示的项目或标题相当于“伪按键”。

实际上触摸屏是一种定位设备，用户通过与触摸屏的直接接触，向计算机输入接触点的坐标位置，以后的工作就由程序去执行了。触摸屏系统一般包括两部分：触摸屏控制器（卡）和触摸检测装置。触摸屏控制卡上有微处理器和固化的监控程序，其主要作用是将触摸检测装置送来的触摸信息转换成触点坐标，再送给计算机；同时它能接收计算机送来的命令，并予以执行，触摸屏工作原理如图 3.17 所示。

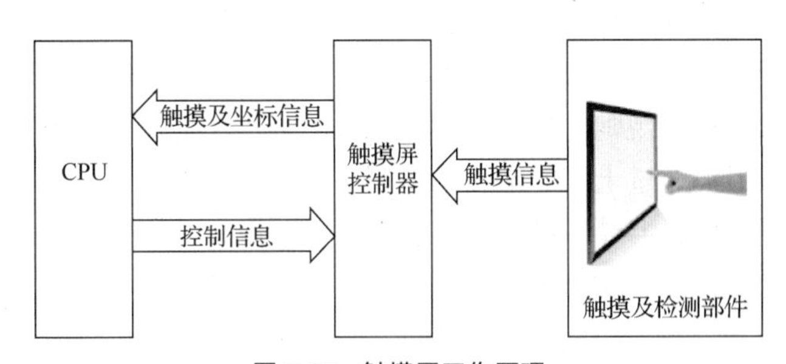

图 3.17　触摸屏工作原理

3. 输出设备

输出设备用来将保存在内存中的计算机处理结果以某种形式输出。输出可以是字母、数字、表格和图形等，目前常见的输出设备有打印机、显示器、绘图仪、投影仪、磁记录设备等。

（1）显示器

显示器是计算机的主要输出设备，其作用是将主机处理后的信息转换成光信号，最终将其以文字、数字、图形、图像等形式显示出来。目前常用的显示器包括液晶显示器（Liquid Crystal Display，LCD）、LED（Light Emitting Diode）显示器和等离子显示器（Plasma Display Panel，

PDP）等。

① CRT 显示器是早期应用最广泛的显示器，其优点是显示分辨率高、价格便宜、使用寿命较长，缺点是电源消耗大、体积大等。

② LCD 即液晶显示器，是一种采用液晶控制透光度技术来实现色彩的显示器，LCD 与 CRT 显示器相比，具有图像质量细腻稳定、低辐射、完全平面、对人身体健康影响较小等优点，但一般价格较贵。LCD 基本结构如图 3.18 所示。

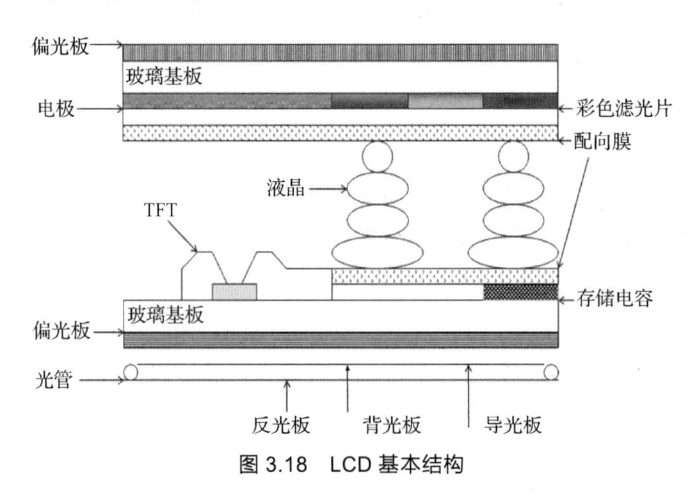

图 3.18　LCD 基本结构

从图 3.18 中可以看出，LCD 是由不同部分组合而成的。LCD 由两块玻璃板构成，厚约 1mm，由均匀的 5μm 液晶材料隔开。因为液晶材料本身并不发光，所以在显示屏两边设有作为光源的光管，而在 LCD 背面有一块背光板和一块反光板，背光板由荧光物质组成，可以发射光线，其作用主要是提供均匀的背景光源。背光板发出的光线穿过第一层偏振光之后进入包含成千上万水晶液滴的液晶层。液晶层中的水晶液滴都被包含在细小的单元格结构中，一个或多个单元格构成屏幕上的一个像素。在玻璃板与液晶材料之间是透明的电极，电极分为行和列，在行与列的交叉点上，通过改变电压而改变液晶的旋光状态，以达到控制透光强弱的目的。液晶材料周边是由晶体管薄膜组成的控制电路部分和驱动电路部分。当 LCD 中的电极产生电场时，液晶分子就会产生扭曲，从而将穿越其中的光线进行有规则的折射，通过光线的强弱决定每个着色点的亮度，从而决定每个像素点的颜色，光线最终通过上层的偏光板在屏幕上显示出来。

③ LED 显示器通过控制半导体发光二极管来显示图像，它集微电子技术、计算机技术、信息处理于一体，以其色彩鲜艳、动态范围广、亮度高、寿命长、工作稳定可靠等优点，成为极具优势的新一代显示器。

与 LCD 相比，LED 显示器在亮度、功耗、可视角度和刷新速率等方面都更具优势。目前，LED 显示器已广泛应用于大型广场、体育场馆、证券交易所等场合，可以满足不同环境的需要。

④ PDP 是采用了近几年来高速发展的等离子平面屏幕技术的新一代显示设备。PDP 具有亮度高、对比度高、纯平面图像无扭曲、超薄设计、超宽视角、环保无辐射、分辨率高、占用空间少等特点，代表了未来显示器的发展趋势。

显示器的主要技术指标有分辨率、颜色质量和点距等。

① 分辨率

分辨率是指显示器上像素的数目，数目越多，分辨率越高，图像越清晰。现在常用的分辨率是 640 像素×480 像素、800 像素×600 像素、1024 像素×768 像素、1280 像素×1024 像素、1600 像素×800 像素、1920 像素×1200 像素等。

② 颜色质量

颜色质量是指显示一个像素所占用的位数，单位是位（bit）。颜色位数越多，颜色数量就越多。例如将颜色质量设置为 24 位（真彩色），则颜色数量为 2^{24} 种。

③ 点距

点距是指屏幕上相邻的两个相同颜色的荧光点之间的最小距离，是不可调节的。点距越小，显示器的分辨率就越高，在有限的屏幕尺寸内，就可以容纳下更多的图像点，从而更精确地描述其细节，显示的图像质量也越高。点距的单位为 mm。目前，显示器的点距有 0.22mm、0.25mm、0.28mm、0.31mm。

显示器必须配置正确的适配器（俗称显卡，见图 3.19）才能构成完整的显示系统。显示器通常连接到显卡上，显卡接在计算机主板上。CPU 通过显卡控制显示器的显示模式和内容。

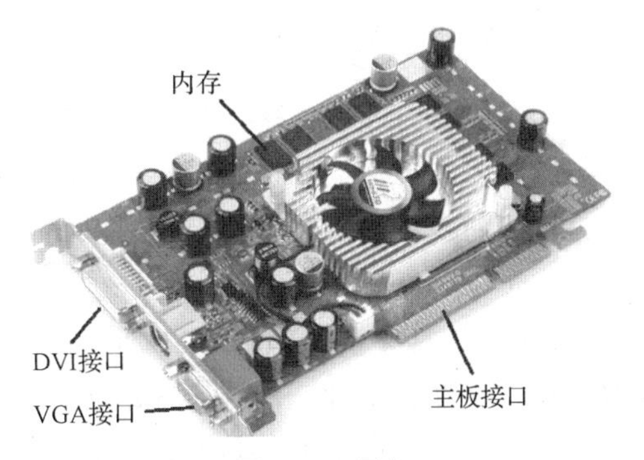

图 3.19 显卡

（2）打印机

打印机作为计算机重要的输出设备，其作用是打印输出计算机里的文件。打印机通常由一根打印电缆与计算机上的并行接口或 USB 接口相连。打印机种类很多，按照打印机工作原理，分为针式打印机、喷墨打印机、激光打印机和 3D 打印机 4 大类。

① 针式打印机（Dot-Matrix Printer），由走纸装置、打印头、控制和存储电路、插头、色带等组成。打印头由多支金属撞针组成，撞针排列成一直行。当指定的撞针到达某个位置时，便会弹射出来，在色带上打击一下，让色素印在纸上成为其中一个色点，配合多个撞针的排列样式，便能在纸上打印出文字或图形。针式打印机的优点是耗材便宜（包括打印色带和打印纸），缺点是打印速度慢、噪声大、打印分辨率低。此外，针式打印机可以打印多层纸，因此，在票据打印中经常选用它。

② 喷墨打印机（InkJet Printer），使用大量的喷嘴，将墨点喷射到纸张上。由于喷嘴的数量较多，且墨点细小，能够做出比针式打印机更细致色彩效果。喷墨打印机的优点是从低档到高档都有，其价格可以适合各种层次的需要；打印效果优于针式打印机，无噪声，并且能够打印彩色图像。其缺点是打印速度慢、墨盒消耗快，并且耗材贵，特别是彩色墨盒。

③ 激光打印机（Laser Printer）的核心部件由激光发生器和机芯组成。激光打印机的工作原理如图 3.20 所示，是利用激光打印机内的一个控制激光束的磁鼓，控制激光束的开启和关闭，当纸张在磁鼓间卷动时，上下起伏的激光束会在磁鼓上产生带电核的图像区，此时打印机内部的碳

粉会受到电荷的吸引而附着在纸上，形成文字或图形。由于碳粉属于固体，而激光束有不受环境影响的特性，所以激光打印机可以长年保持印刷效果清晰细致，打印在任何纸张上都可得到好的效果。激光打印机是各种打印机中打印效果最好的，其打印速度快、噪声低，缺点是耗材贵、价格高，而且一般以黑白打印居多。

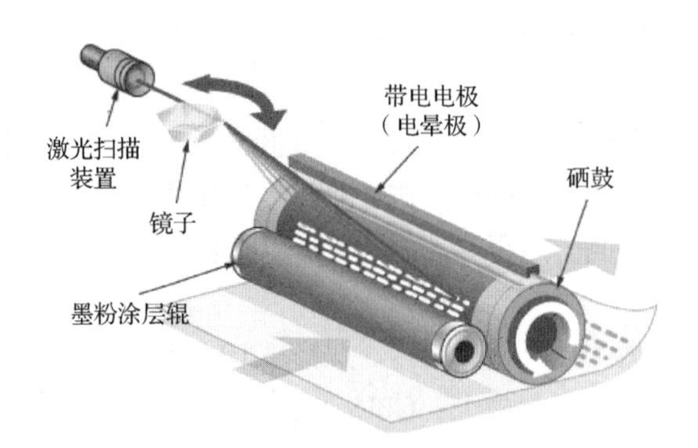

图 3.20　激光打印机工作原理

打印机的主要性能指标是打印速度和打印分辨率。打印速度是指每分钟可以打印的页数，单位为 ppm；打印分辨率是指每英寸打印的点数，单位是 dpi，打印分辨率越高，打印质量就越好。非击打式打印机的打印质量通常比击打式的高，例如激光打印机的打印分辨率通常是 300dpi 以上，而点阵打印机的打印分辨率不足 100dpi。

④ 3D 打印机。3D 打印机又称三维打印机，如图 3.21 所示，是一种使用累积制造技术，即快速成形技术的机器，它以数字模型文件为基础，使用特殊蜡材、粉末状金属或塑料等可粘合材料，通过打印一层层的粘合材料来制造三维的物体。3D 打印机常在模具制造、工业设计等领域被用于制造模型，后逐渐用于一些产品的直接制造。

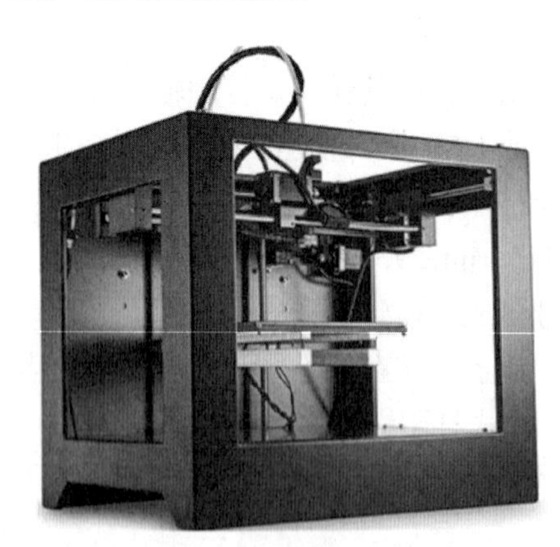

图 3.21　3D 打印机

（3）绘图仪

绘图仪是一种能按照人们的要求自动绘制图形的设备，它可将计算机的输出信息以图形的形式输出，如图 3.22 所示。绘图仪主要可绘制各种管理图表、统计图、大地测量图、建筑设计图、电路布线图、各种机械图与计算机辅助设计图等。最常用的是 X-Y 绘图仪。现代的绘图仪已具有智能化的功能，它自身带有中央处理器，可以使用绘图命令，具有直线和字符演算处理以及自检测等功能。

图 3.22　绘图仪

3.3　软件系统

计算机系统拥有丰富的硬件资源和软件资源。硬件是计算机的物质基础，软件是计算机的灵魂。软件系统是控制计算机工作流程及具体操作计算机工作的核心，分为系统软件、支撑软件和应用软件。系统软件是指控制计算机的运行，管理计算机的各种资源，并为应用软件提供支持和服务的一类软件。在系统软件的支持下，用户才能运行各种应用软件。系统软件通常包括操作系统、语言处理程序和各种实用程序等。

操作系统在计算机中占据了特别重要的地位，而其他诸如汇编程序、编译程序、数据库管理系统等系统软件，以及大量的应用软件，都依赖于操作系统的支持，取得它的服务。

3.3.1　操作系统

操作系统是位于计算机硬件之上的第一层软件，如果没有操作系统，让用户对硬件直接进行操作是极其困难，甚至是不可能的。如果没有操作系统，其他软件就无法使用，硬件系统也不能发挥其应有的作用，计算机系统的层次结构如图 3.23 所示。

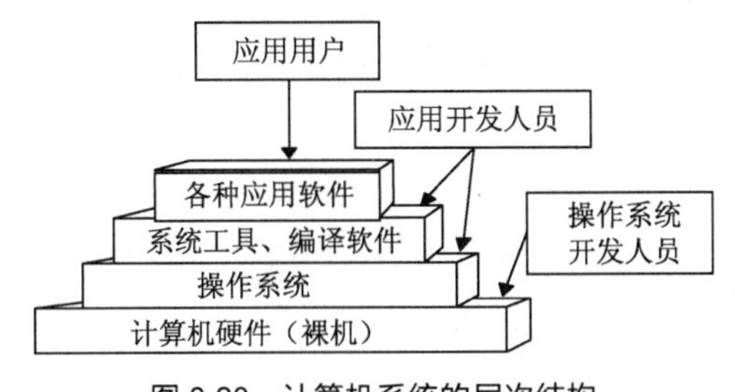

图 3.23　计算机系统的层次结构

操作系统控制 CPU 的工作，控制存储器的访问，进行设备驱动和设备中断处理。操作系统对硬件的功能做了首次扩充和改造，使得操作系统上层的其他软件可以获得比硬件所能提供的更多的功能上的支持。操作系统是其他系统软件和应用程序运行的基础，它为上层软件和用户提供运行环境，即提供方便、简单的用户接口。

1. 操作系统的定义和特征

操作系统（Operating System，OS）是管理和控制计算机硬件和软件资源，合理组织计算机工作流程并方便用户使用计算机的程序集合，是一种系统软件。操作系统的性能在很大程度上决定了整个计算机系统的性能。

当计算机启动后，我们首先看到的就是操作系统的操作界面，用户就是通过它来使用计算机资源的。例如，用户可以直观地向计算机发出“保存文件”的命令，而不必关心“磁头移动、查找空闲磁盘块、分配得到磁盘空间”等操作细节。这一切烦琐的操作细节全部由操作系统控制相应的物理部件来完成。

引入操作系统就是为了对计算机系统的资源进行高效的管理，并向用户提供一个方便、易用的计算机操作环境。

操作系统作为计算机系统资源的管理者，在管理大量资源时，面对各种数据、数据流、控制流时体现出了并发性、共享性、虚拟性及不确定性 4 个特征，这也是操作系统区别于其他软件的几个最基本的特征。

（1）并发性

并发是指两个或两个以上的事件在同一时间间隔内发生。对于程序而言，并发也就是多个程序在同一时间间隔内同时执行。对于单处理器系统而言，程序并发执行实际上是多个程序在一个很小的时间段内交替执行。从宏观上看，它们似乎是在同时进行，即并发执行的。

（2）共享性

共享性就是资源共享，即计算机系统中的软、硬件资源供所有授权程序或用户共同使用。实际上，由于系统中的资源有限，当多道程序并发执行时，必然要共享系统中的软、硬件资源。所以，程序并发执行必然依赖于资源共享机制的支持。

（3）虚拟性

虚拟是指将一个物理上的实体变为（映射为）一个或者多个逻辑上的对应物。前者是实际存在的，而后者是虚拟的，是一种感觉性的存在。例如，在多个程序系统中，虽然只有一个处理器，每次只能执行一个程序，但是采用分时技术后，在一段时间内，宏观上看就有多个程序在运行，似乎是多个处理器在运行各自的程序。这样，一个物理上的处理器虚拟为多个逻辑上的处理器，即虚拟处理机。这种虚拟性还可以在系统的其他地方出现，如虚拟存储器、虚拟设备等。另外，虚拟特征使物理特征不同的同类设备呈现给用户的是同样的操作界面和运行环境，从而方便了用户的使用。

（4）不确定性

在多个程序系统中由于程序的并发执行及资源共享，系统中的程序在何时执行，各自执行的顺序，运行所需的时间都是不确定的，也是不可预知的。

2. 操作系统的类型

根据应用环境和用户使用计算机的方式不同，操作系统分为批处理操作系统、分时操作系统、实时操作系统、个人操作系统、网络操作系统、分布式操作系统和嵌入式操作系统等。

（1）批处理操作系统

批处理操作系统的主要特点是：用户脱机使用计算机，操作方便，成批处理，提高了 CPU 利用率。它的缺点是无交互性，即用户一旦将程序交给系统后，就失去了对它的控制，使用起来不方便。在计算机应用的早期，一般计算中心（或数据中心）小型以上的计算机上所配置的操作系统通常属于批处理操作系统。例如，IBM-DOS（磁盘操作系统）就是一个典型的批处理系统，这种批处理操作系统目前已经淘汰。

（2）分时操作系统

在批处理系统中，用户无法干预自己程序的运行，缺乏参与感，于是分时系统应运而生。分时操作系统，通常是一台主机连接若干台终端的计算机系统，允许多个用户在各自的终端上共同使用一台计算机，用户可在各自的终端上通过输入命令来控制计算机任务的执行，也可以从终端上了解计算机任务的执行情况。分时操作系统工作方式如图 3.24 所示。

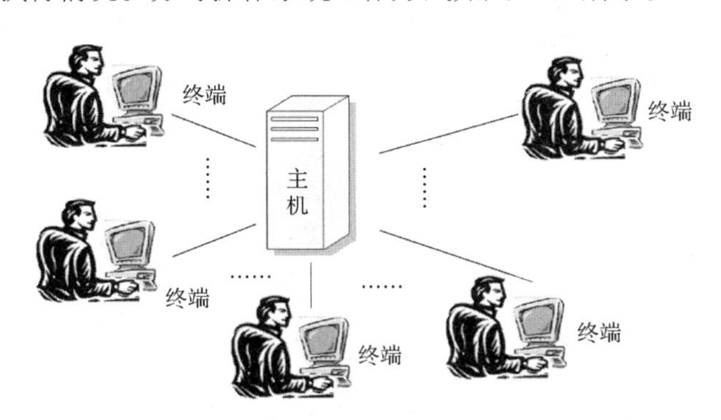

图 3.24　分时操作系统工作方式

分时操作系统以时间片为单位，把处理器轮流地分配给每个终端用户，每个用户在不同时刻轮流使用处理器，感觉上好像自己拥有一台独立的计算机。分时操作系统是通用大、中型计算机上配置的主流操作系统，UNIX 操作系统是世界上最著名的分时操作系统之一。

（3）实时操作系统

实时操作系统是一种能在限定时间内对输入（外部事件）做出响应并进行快速处理的计算机操作系统。根据对响应时间限定的严格程度，实时操作系统可以分为硬实时操作系统和软实时操作系统。

硬实时操作系统要求响应和处理事件的速度十分快，响应时间一般为毫秒级，甚至是微秒级，而且工作极其安全可靠，主要用于工业生产的过程控制、航空航天系统的跟踪和控制、武器的制导等。软实时操作系统主要用于对时限要求不像硬实时操作系统那么高的信息查询和事务处理等领域，响应时间一般在秒级，如情报资料检索、订票系统、银行财务管理系统等。

（4）个人操作系统

随着计算机的日益普及，许多人都能拥有自己的个人计算机，在个人计算机上配置的操作系统称为个人计算机操作系统。目前在微机系统中，常用的操作系统有基于图形界面的 Windows 系统、能运行于各种硬件平台的 UNIX 系统以及开放源代码的 Linux 系统等。

Microsoft Windows 是由微软公司为个人计算机和服务器用户设计开发的基于图形窗口界面、支持多道程序运行的多任务操作系统，又称为视窗操作系统。Windows 的第一个版本发行于 1985 年，是作为对 DOS 图形界面的扩充而开发的，之后的发展经历了 Windows 2000、Windows XP/Server 2003、Windows Vista/Server 2008、Windows 7、Windows 8、Windows 10 等。在个人计算机产业中，无论是台式机，还是服务器，Windows 都是主流的预装操作系统，占据了相当大的市场份额。

UNIX 操作系统是通用、交互式、多用户、多任务应用领域的主流 OS 之一。UNIX 取得成功的最重要原因是系统的开放性。由于 UNIX 源代码公开，用户可以方便地向 UNIX 系统中逐步添加新的功能和工具，这样可使 UNIX 越来越完善，使其能提供更多服务，成为有效的程序开发支撑平台。

Linux 操作系统基于 UNIX 操作系统内核程序，它与 UNIX 完全兼容。Linux 是一个多用户、多任务的类 UNIX 操作系统。Linus 最大的特点在于它是一个源代码公开的免费 OS，其内核源代码可以免费传播，因此吸引了越来越多的商业软件公司和 UNIX 爱好者加盟到 Linux 系统的开发行列中来。如今，Linux 已经变成一个稳定可靠、功能完善、性能卓越的操作系统，目前世界上许多著名的 Internet 服务提供商已把 Linux 作为主推操作系统之一。

Mac OS 是由苹果公司（Apple Inc.）自行开发的计算机操作系统，主要服务于 Apple 自家的计算机。Mac OS 是基于 UNIX 衍生而来的图形化操作系统，Mac 的架构与 Windows 不同，Mac 操作系统界面非常独特，突出图标和人机对话。

（5）网络操作系统

网络操作系统是为计算机组网而配置的操作系统，其多数是在单机操作系统的基础上发展起来的，即在通用操作系统的基础上，扩充了按照网络体系结构和协议所开发的软件模块，在这些软件模块及有关网络硬件的支持下，计算机可以互联成网，实现网络中的计算机之间数据通信和资源共享等功能。

网络操作系统除具备通用操作系统的功能外，还包括网络通信、网络服务、网络管理、网络安全和各种网络应用等功能。网络操作系统有 NetWare、UNIX、Linux、Windows NT Server 等。

（6）分布式操作系统

分布式操作系统是指通过网络将大量计算机连接在一起，以获取极高的运算能力、广泛的数据共享以及实现分散资源管理等功能为目的的一种操作系统。分布式操作系统的最大特点是它的透明性，即用户并不知道分布式系统是运行在多台计算机上的，在用户的感觉中整个分布式系统就像一台计算机一样。分布式操作系统的优点是其能以比较低的成本获得比较高的处理能力，另一个优点是可靠性高，由于有多台计算机，因此当某台计算机发生故障时，整个系统仍然可以正常工作。

（7）嵌入式操作系统

嵌入式操作系统是指运行在嵌入式系统环境中，对整个嵌入式系统以及它所操作、控制的各种部件装置等资源进行统一管理的操作系统。嵌入式操作系统具有通用操作系统的基本特点，能够有效地管理系统资源。与通用操作系统相比，嵌入式操作系统在系统实时高效性、硬件的相关性依赖性、软件固态化以及应用的专用性等方面具有较为突出的特点。制造工业、过程控制、通信、仪器、仪表、汽车、船舶、航空、航天、军事装备等领域均是嵌入式操作系统的应用领域。例如，手机、数码相机等家用电器产品中的智能功能就是嵌入式系统的应用。

在现代操作系统中，往往将上述多种类型操作系统的功能集成为一体，以提高操作系统的功能和应用范围。例如，在 Windows NT、UNIX、Linux 等操作系统中，融合了批处理、分时、网络等技术和功能。

（8）移动操作系统

移动操作系统（Mobile Operating System，Mobile OS），又称为移动平台（Mobile Platform），或手持式操作系统（Handheld Operating System），是指在移动设备上运行的操作系统。

移动操作系统与在台式机上运行的操作系统类似，但是它们通常较为简单。使用移动操作系统的设备有智能型手机、PDA、平板电脑等，另外也包括嵌入式系统、移动通信设备、无线设备等。移动互联网时代，智能终端的竞争不仅仅在于硬件，而是应用、服务和生态系统的全方位竞争。作为整个移动互联网产业的核心，操作系统很大程度上决定了智能终端的性能特征，于是，各大厂商相继推出不同的移动操作系统争夺市场，包括谷歌的 Android、苹果的 iOS、微软的 Windows Phone、Symbian 和 BlackBerry OS 等。

3. 操作系统的功能

操作系统是以提高资源利用率，方便用户使用计算机为目的的一种系统软件。操作系统的功能主要体现在对计算机资源（处理器、存储器、外部设备、文件和用户接口等）的管理。

（1）处理机管理

中央处理器（Central Processing Unit，CPU）是计算机系统的核心硬件资源，任何计算都必须在 CPU 上进行，它的使用效率影响着整个系统的性能。在现代操作系统中，CPU 被多个程序共享，资源分配是以进程作为基本单位的，因此处理器的管理也可以说是对进程的管理。

① 进程的概念

简单地说，进程就是执行中的程序，当一个程序加载到内存后就变为进程。在一个多进程的操作系统中，处理器的分配主要是按进程进行的，进程管理的主要任务是对 CPU 资源进行分配，并对程序运行进行有效的控制和管理。

② 进程与程序的区别和联系

a. 进程是动态的，程序是静态的。程序是有序代码的集合，进程是程序的执行。

b. 进程是暂时的，程序是永久的。进程是一个状态变化的过程，程序可长久保存。

c. 进程具有并发特征，而程序没有。在不考虑资源共享的情况下，各进程的执行是独立的，执行速度是异步的。

d. 进程与程序是密切相关的。通过多次执行，一个程序可对应多个进程。

③ Windows 处理机管理

在处理机管理中最核心的问题是 CPU 时间的分配，在单 CPU 计算机系统中，当有多个进程请求使用 CPU 时，将处理机分配给哪个进程使用的问题就是处理机分配（又称为进程调度）的策略问题。这些策略因系统的设计目标不同而不同。可以按进程的紧迫程度，进程发出请求的先后次序，或是其他的原则来确定处理机的分配原则。

在 Windows 操作系统中，进程的管理是通过“任务管理器”来完成的。例如，查看当前正在运行哪些程序和进程，结束用普通方法无法结束的项目。在任务管理器的“进程”选项卡中，用户可以查看到当前正在执行的进程，如图 3.25 所示。

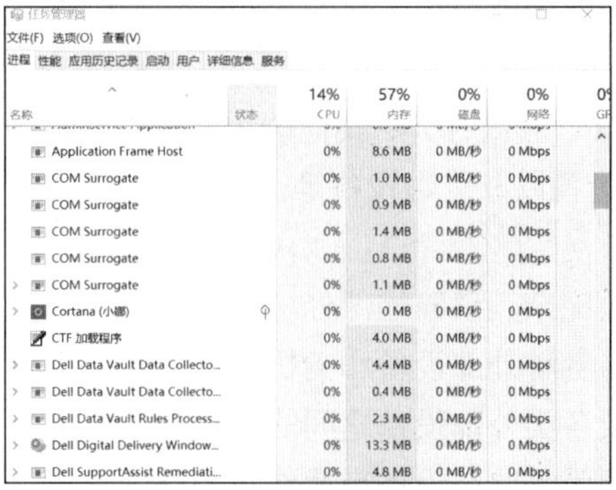

图 3.25　Windows 任务管理器的“进程”选项卡

（2）存储管理

主存是计算机系统中另一个重要的资源，任何程序的执行都必须从主存中获取数据信息。通常，为了方便用户使用，提高存储器的利用率，操作系统对主存资源进行统一管理，使大程序能在小内存中运行，多个用户能够分享有效的主存资源，并且内存中的每个程序都能互不干扰。

① 逻辑地址与物理地址

逻辑地址又称相对地址，这种地址一般以 0 为基础地址进行顺序编址。通常程序设计人员在进行程序设计时，访问信息所用到的地址就是逻辑地址。物理地址也称绝对地址，内存中的每个存储单元都有一个唯一的物理地址。当程序在内存中运行时，要通过存储单元的物理地址查找数据。逻辑地址到物理地址的转换，称为地址重定位。

② 存储管理的功能

存储管理的主要工作为：一是为每个应用程序分配内存和回收内存空间；二是地址映射，就是将程序使用的逻辑地址映射成内存空间的物理地址；三是内存保护，当内存中有多个进程运行时，保证进程之间不会相互干扰从而影响系统的稳定性；四是当某个程序的运行导致系统内存不足时，给用户提供虚拟内存（硬盘空间），使程序顺利执行，或者采用内存“覆盖”技术、内存“交换”技术运行程序。

③ 虚拟内存

虚拟内存就是将硬盘空间拿来当内存使用，硬盘空间比内存大许多，有足够的空间用于虚拟内存，但是硬盘的运行速度（毫秒级）大大低于内存（纳秒级），所以虚拟内存的运行效率很低。这也反映了计算思维的一个基本原则，以时间换空间。

虚拟内存的理论依据是程序局部性原理：程序在运行过程中，在时间上，经常运行相同的指令和数据（如循环指令）；在存储空间上，经常运行某一局部空间的指令和数据。虚拟存储技术是将程序所需的存储空间分成若干页，然后将常用页放在内存中，暂时不用的程序和数据放在外存中。当需要用到外存中的页时，再把它们调入到内存。

虚拟内存的最大容量与处理器的寻址能力有关，Pentium 芯片的地址线是 32 位的，虚拟存储器最大可达 4GB。

④ Windows 虚拟内存

虚拟内存在 Windows 中又称为页面文件。在 Windows 安装时就创建了虚拟内存页面文件（pagefile.sys），页面大小会根据实际情况自动调整。图 3.26 是某台计算机 Windows 10 系统中虚拟内存的情况。用户可根据需要调整虚拟内存的大小。

（3）设备管理

在计算机系统中，除了 CPU 和内存外，其他的大部分硬件设备称为外部设备，外部设备包括常用的输入/输出设备、外存设备以及终端设备等。

① 设备管理的功能

设备管理是操作系统中最庞杂、琐碎的部分，因为设备管理涉及很多实际的物理设备，这些设备品种繁多、用法各异，当各种外部设备和主机并行工作时，有些设备可被多个进程所共享。另外，主机和外部设备，以及各类外部设备之间的速度极不匹配，级差很大。

基于上述原因，设备管理就是要在设备与操作系统其余部分之间提供一个简便易用的接口，根据 I/O 请求，按照一定的算法分配和管理控制，为其分配所需的设备，尽量提高 I/O 设备的利用率。

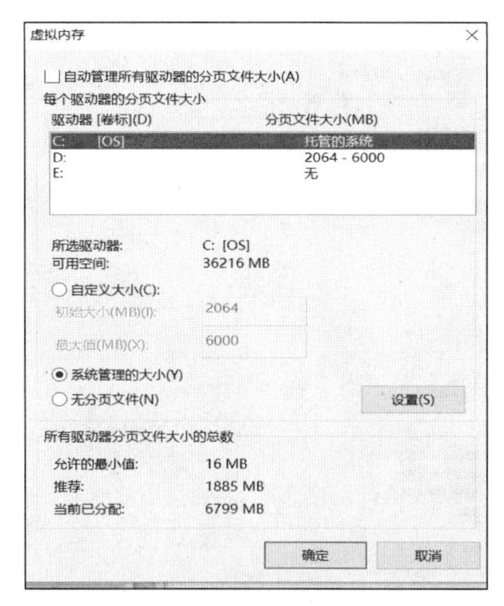

图 3.26　某台计算机 Windows 10 系统中的虚拟内存

为了提高处理器与 I/O 设备操作的并行程度，改善两者之间数据传输速度不匹配的矛盾，系统一般采用缓冲技术。因此，要对缓冲区的建立、分配与释放进行管理。

缓冲区其实就是在内存中划分出的用作缓冲的区域，如果设置了缓冲区，则可以将要输出的数据暂存在缓冲区中，处理器不必等待就可以继续进行其他工作，而输出设备则将缓冲区中的内容依次输出。

② 设备驱动程序

设备驱动程序是操作系统管理和驱动设备的程序，系统给每类设备分别编制了一组处理程序来控制 I/O 传输，其中包括了所有与设备相关的代码。设备驱动程序用于屏蔽各种设备的物理特性，如果某个设备的驱动程序不能正确安装，便不能正常工作。

在实际的使用当中，由于硬件设备种类繁多，而且不同品牌的产品除了具备标准的功能外，一般都有各自不同的特点，因此通常是由操作系统提供一套设备驱动程序的标准框架，硬件厂商按照这个标准并结合自己设备的特性编写可以更好发挥该设备功能的设备驱动程序，在用户购买该产品的同时提供给用户使用。

③ 外部设备的即插即用

即插即用（Plug and Play，PnP）是 20 世纪 90 年代末出现的外部设备安装方法，即用户不必关心如何安装和管理设备，凡是符合这种标准的外部设备插得上就能使用。

通用的即插即用（Universal Plug and Play，UPnP）是微软公司 1999 年推出的新的即插即用技术，它使计算机能自动发现和使用基于网络的硬件设备，这些设备可以是物理设备，也可以是用计算机软件模拟的逻辑设备。Windows 2000 以上的 Windows 操作系统中已经内置了 USB 的驱动程序，在这些系统中用户可以直接使用 USB 接口连接外部设备。

④ Windows 的设备管理

“设备管理器”是用户查看设备、管理设备和故障检修的有力工具。在“设备管理器”中会显示计算机上所安装的设备并允许用户更改设备属性，查看所有设备，排除硬件故障等，如图 3.27 所示。

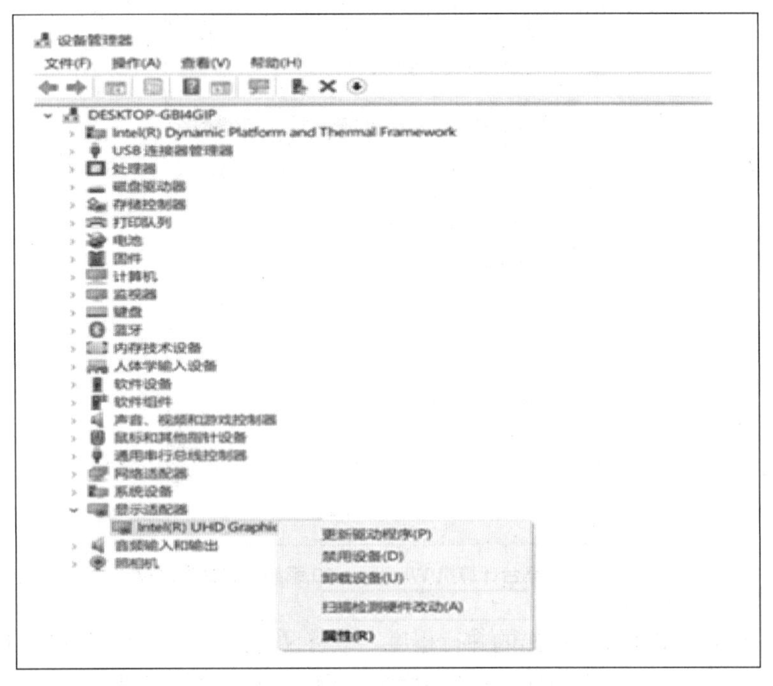

图 3.27　设备管理器

启动“设备管理器”的方法有以下几种。

方法 1：在“计算机管理”窗口中选择“设备管理器”命令。

方法 2：右键单击“开始”菜单，在弹出的快捷菜单中选择“设备管理器”命令。

“设备管理器”启动后，用户可以按类型来寻找自己关心的设备。图 3.27 所示为右击显示适配器中的“Inter(R) UHD Graphic”后弹出的快捷菜单，通过菜单就可完成对该硬件相应的操作。

（4）文件管理

在现代计算机系统中，要用到大量的程序和数据，由于内存容量有限，且不能长期保存，故计算机总是把它们以文件的形式放在外存中，需要时再将它们调入内存。

在操作系统中，负责管理和存取文件信息的部分称为文件系统或文件管理系统。从系统角度看，文件系统对文件存储空间进行组织、分配，负责文件的存储并对存入的文件进行保护和检索；从用户角度看，文件系统主要实现了“按名存取”，用户可以按照文件名访问文件，而不必考虑各种外存储器的差异，不必了解文件在外存储器上的具体物理位置以及存放方法。文件系统为用户提供了一个简单、统一的访问文件的方法，因此它也被称为用户与外存储器的接口。

① 文件

文件是特指存放于外存储器中具有一定名称的一组相关数据的集合。它用符号名（即文件名）标识。计算机中的所有信息，诸如数字、符号、程序、图形、图像以及声音等，都是以文件的形式保存在外存储器上，使用时才装入内存的。

文件名由主文件名和扩展名组成，扩展名表示文件的类型，操作系统根据扩展名判断文件的用途，并对数据文件建立与程序的关联。文件一经建立，就一直存在，直到被删除。

② 目录结构

对于用户来说，不同的文件以不同的文件名标识，用户使用文件时采用的是按名存取。当文件数量越来越多时，查找变得不再容易。为了有效地管理这些文件，可以通过目录来实现文件查找。

文件目录是文件系统实现“按名存取”的主要手段和工具，文件目录的创建、检索和维护也是文件系统的主要功能之一。

一个磁盘上的文件成千上万，为了有效地管理和使用文件，用户通常在磁盘上创建文件夹（目录），在文件夹下再创建子文件夹（子目录），也就是将磁盘上所有文件组织成树状结构，然后将文件分门别类地存放在不同文件夹中，如图 3.28 所示。这种结构像一棵倒置的树，树根为根文件夹（根目录），树中每一个分枝为子文件夹（子目录），树叶为文件。在树状结构中，用户可以将同一个项目有关的文件放在同一个文件夹中，也可以按文件类型或用途将文件分类存放；同名文件可以存放在不同的文件夹中；也可以将访问权限相同的文件放在同一个文件夹中，集中管理。

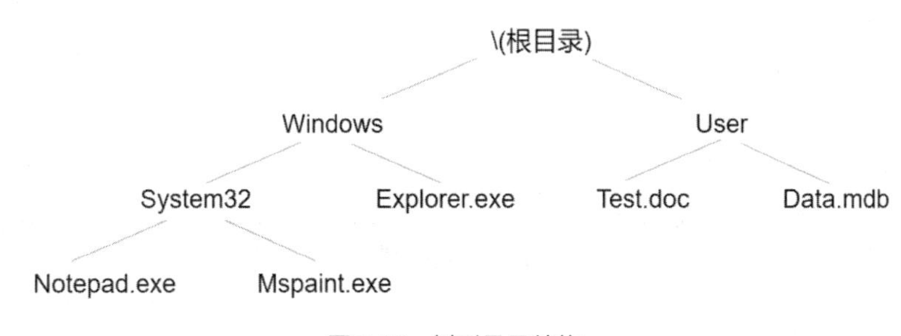

图 3.28　树形目录结构

③ 文件路径

当一个磁盘的目录结构被建立后，所有的文件可以分门别类地存放在所属的文件夹中，接下来的问题是如何访问这些文件。若要访问的文件不在同一个目录中，就必须加上文件路径，以便文件系统可以查找到所需要的文件。

文件路径分为如下两种。

a. 绝对路径。从根目录开始，依序到该文件之前的名称。

b. 相对路径。从当前目录开始到某个文件之前的名称。

在图 3.28 所示的目录结构中，Notepad.exe 和 Test.doc 文件的绝对路径分别为 C:\Windows\System32\Notepad.exe 和 C:\User\Test.doc。如果当前目录为 System32，则 Data.mdb 文件的相对路径为..\..\User\Data.mdb（用“..”表示上一级目录）。

④ Windows 文件管理

Windows 10 是通过“计算机”和“资源管理器”来实现文件管理的。

用户使用“计算机”可以显示整个计算机的文件及文件夹等信息，并可以完成启动应用程序，打开、查找、复制、删除文件、文件更名和创建新的文件夹等操作。打开如图 3.29 所示“计算机”窗口的方法如下。

方法 1：双击桌面上的“计算机”图标，打开“计算机”窗口。

方法 2：单击“开始”按钮，在弹出的“开始”菜单中选择“计算机”命令。

“计算机”窗口中默认用于管理文件的区域分别为左侧的导航窗格和右侧的内容窗格。导航窗格中以树形目录的形式列出了当前磁盘中包含的文件类型。单击磁盘左侧的三角图标，可展开该磁盘，单击文件夹左侧的三角图标，可显示该文件夹中包含的文件及子文件夹。右侧的内容窗格则显示当前选中的文件夹中所包含的文件及子文件夹。

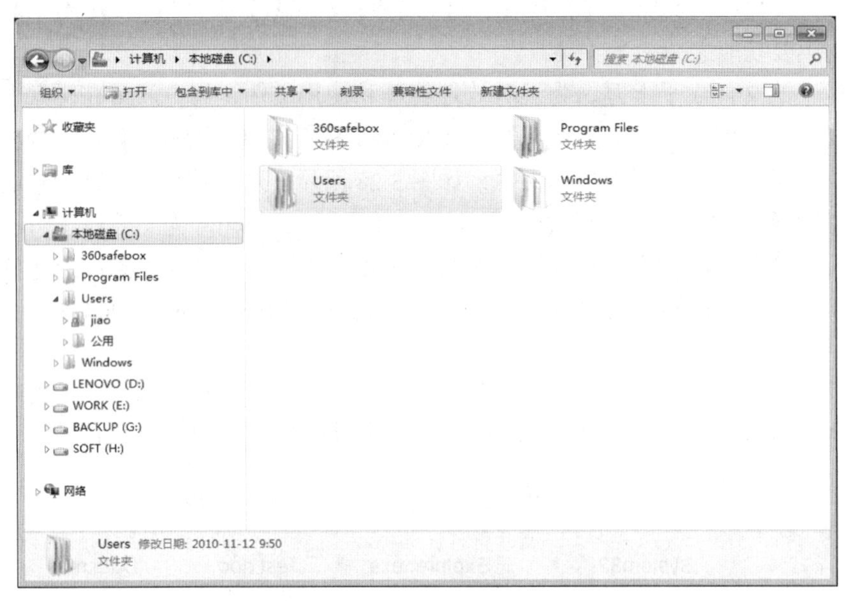

图 3.29 “计算机”窗口

（5）用户接口

从用户角度来看，操作系统是用户与计算机之间进行交互和通信的通路。操作系统为计算机硬件和用户之间提供的交流界面称为用户接口（或用户界面）。普通用户使用计算机操作系统有两种接口方式：命令行接口和图形用户接口。所谓命令行接口方式，是指在操作系统的提示下直接输入操作命令，通过对输入命令进行解释执行，最终完成用户指定的任务，如 DOS 和 UNIX 操作系统采用的就是这种方式。图形用户接口（Graphical User Interfaces，GUI）方式是指在操作系统提供的工作窗口中通过菜单命令或工具按钮完成命令的提交，Windows 操作系统就是具有图形工作界面的窗口操作系统，它提供了形象、生动的图形化界面，用户只需拖动并单击鼠标，便可轻松操作计算机。

随着多媒体、多通道及智能化技术的发展，新一代用户界面——虚拟现实界面正在研究和探索中。在虚拟现实界面中，人们可以用语音、手势、面部表情、视线跟踪等更加自然和方便的手段进行输入，计算机将输出一个具有真实感的仿真环境，如立体视觉、听觉等。这样，使用者不仅能够通过虚拟现实系统感受到客观物理世界中身临其境的逼真性，而且能够突破空间、时间和其他客观限制，得到在真实世界中无法亲身经历的体验。

3.3.2 应用软件

应用软件是为利用计算机解决某些特定问题而设计的程序的集合，由于需求的多样性和针对性，应用软件呈现出不同的表达方式。

应用软件种类繁多，下面对一些常用软件进行介绍。

1. 办公软件

办公软件是为办公自动化服务的。现代办公涉及对文字、数字、表格、图表、图形、图像、语音等多种媒体信息的处理，因此需要用到不同类型的软件。办公软件包含很多组件，一般有字处理、演示软件、电子表格、桌面出版等。为了方便用户维护大量的数据，与网络时代同步，现在推出的办公软件还提供了小型的数据库管理系统、网页制作、电子邮件等组件。

目前常用的办公软件有微软公司的 Microsoft Office 和我国金山公司的 Kingsoft Office 等。

2. 图形和图像处理软件

计算机已经广泛应用于图形和图像处理方面，除了归功于硬件设备的迅速发展外，还应归功于各种绘图软件和图像处理软件的发展。

（1）图像软件

图像软件主要用于创建和编辑位图文件。在位图文件中，图像由成千上万个像素点组成，就像计算机屏幕显示的图像一样。位图文件是非常通用的图像表示方式，它适合表示像照片那样的真实图片。

Windows 自带的“画图”是一个简单的图像软件，Adobe 公司开发的 Photoshop 软件是目前流行的图像软件，广泛应用于美术设计、彩色印刷、排版、摄影和创建 Web 图片等。

常用的其他图像软件还有 Corel Photo、Macromedia xRes 等。

（2）绘图软件

绘图软件主要用于创建和编辑矢量图文件。在矢量图文件中，图形由对象的集合组成，这些对象包括线、圆、椭圆、矩形等，还包括创建图形所必需的形状、颜色以及起始点和终止点。

常用的绘图软件有 Adobe Illustrator、AutoCAD、CorelDraw、Macromedia Freehand 等。

由美国 Autodesk 公司开发的 AutoCAD 是一个通用的交互式绘图软件，应用广泛，常用于绘制建筑图、机械图等。

（3）动画绘制软件

图片比单纯的文字更容易吸引人的目光，而动画又比静态图片更加吸引人。一般动画制作软件都会提供各种动画编辑工具，人们只需要依照自己的想法来排演动画，分镜的工作就交给软件处理。例如，一只蝴蝶从花园一角飞到另一角，制作动画时只要指定起始与结束镜头，并决定飞行时间，软件就会自动产生每一格画面的程序。动画制作软件还提供场景变换、角色更替等功能。动画制作软件广泛应用于电子游戏制作、电影制作、产品设计、建筑效果图绘制等。

常见的动画制作软件有 3D MAX、Flash、After Effect 等。

3. 数据库应用软件

利用数据库管理系统的功能，自行设计开发符合自己需求的数据库应用软件，是目前计算机应用最为广泛并且发展最快的领域之一，已经和人们的工作、生活密切相关。社会中常见的数据库应用软件有银行业务系统、超市销售系统、铁路航空的售票系统等；学校中常见的数据库应用软件有校园一卡通管理系统、学生选课成绩管理系统、通用考试管理系统等。

4. Internet 服务软件

近年来，Internet 在全世界迅速发展，人们的生活、工作、学习已离不开 Internet。Internet 服务软件琳琅满目，常用的有浏览器、电子邮件、FTP 文件传输、博客、微信、即时通信等软件等。

本章小结

计算机系统由硬件系统和软件系统组成。硬件由有形的电子器件等构成，软件是计算机运行所需的各种程序、数据及其相关资料文档。硬件和软件相辅相成，缺一不可。

目前主流的计算机硬件系统一般由主机和输入/输出设备组成。计算机的主机系统主要由总线、输入/输出接口、中央处理器和内存储器 4 个部分组成。总线是连接 PC 的各部件如 CPU、存储器和外部设备的能够有效高速传输各种信息的公共通道。输入/输出接口是中央处理器与外部设备之间交换信息的连接通路。中央处理器用于解释计算机指令以及处理计算机软件中的数据。存储器主要功能是存储程序和各种数据，并能在计算机运行过程中高速、自动地完成程序或数据的存取。输入/输出设备用于计算机和外界进行联系和数据交换。

操作系统是管理和控制计算机硬件和软件资源，合理组织计算机工作流程并方便用户使用计算机的一种系统软件。操作系统的性能在很大程度上决定了整个计算机系统的性能。操作系统是计算机资源的管理者。操作系统的基本类型可分为批处理操作系统、分时操作系统、实时操作系统、个人操作系统、网络操作系统、分布式操作系统和嵌入式操作系统等。

操作系统在管理大量资源，面对各种数据、数据流、控制流时体现出了并发性、共享性、虚拟性及不确定性 4 个特征。操作系统的主要功能是进程管理、存储管理、设备管理、文件管理和提供用户接口等。

Windows 是一个为个人计算机和服务器用户设计的操作系统,有时也被称为“视窗操作系统”,目前已成为全球应用最为广泛的操作系统，它是一个支持多道程序运行的窗口操作环境。

习题 3

3.1 简述计算机系统的组成部分及各组成部分的功能。

3.2 简述计算机的主要性能指标。

3.3 简述主板的作用及其主要组成部分。

3.4 简述输入/输出接口的概念及其出现的原因。

3.5 简述总线的概念及其组成。

3.6 简述 CPU 的概念及其基本结构和性能指标。

3.7 简述计算机存储系统的层次。

3.8 简述高速缓冲存储器的工作原理。

3.9 简述构成内存储器的半导体存储部件 RAM 和 ROM 的特性。

3.10 简述硬盘的结构组成和工作原理。

3.11 简述内存储器和外存储器的区别。

3.12 简述主要的输入/输出设备有哪些。

3.13 什么是操作系统？操作系统的主要特性是什么？

3.14 操作系统的资源管理功能有哪些？

3.15 什么是进程？进程与程序有什么区别和联系？

3.16 为什么要引入虚拟存储器的概念？

3.17 什么是文件？Windows 如何管理文件？

04

第4章 计算机网络与信息安全

人类社会已经进入信息社会，信息的传输和流通依托于计算机网络，全球信息化已成为人类社会发展的大趋势。一方面，计算机网络使人们共享各种网络资源，大大地推动了社会的信息化进程。另一方面，网络攻击、计算机病毒、非法入侵等恶意行为的频繁发生对国家安全、经济和社会生活造成了极大的威胁。信息安全已成为世界各国政府、企业及广大网络用户最关心的问题之一。

4.1 计算机网络概述

4.1.1 计算机网络的产生与发展

1. 计算机网络的定义

计算机网络是指利用通信设备、通信线路及网络软件，把地理上分散的多台具有独立工作能力的计算机（及其他智能设备）以相互共享资源（硬件、软件和数据等）为目的而连接起来的一个系统。从通信的视角或资源共享的视角上看，计算机网络可分为两大部分：通信子网和资源子网，如图 4.1 所示。通信子网负责主机间数据的通信，即信息的传输。通过通信

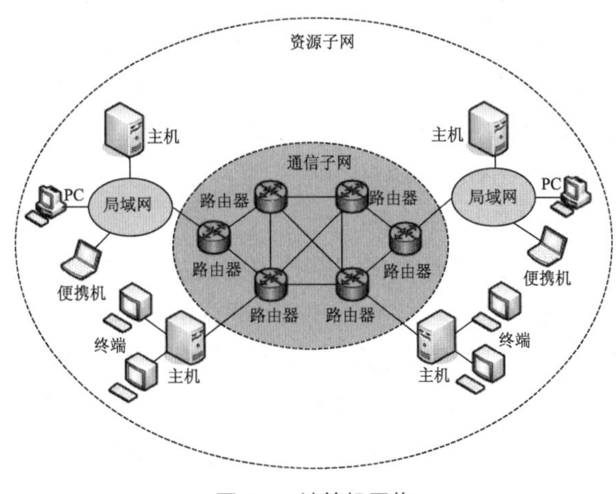

图 4.1 计算机网络

子网连在一起的计算机及智能设备负责对信息进行处理与存储，提供可共享的硬件、软件和信息资源，它们构成了计算机网络中的资源子网。

2. 计算机网络的发展

计算机网络是计算机科学技术与通信科学技术紧密结合的产物，其发展历程大体上可以分为以下 4 个阶段。

（1）面向终端的网络（第一代计算机网络）

20 世纪 50 年代中期，美国的半自动地面防空系统（Semi-Automatic Ground Environment，SAGE）把远程距离的雷达和其他测控设备的信息汇集到一台 IBM 计算机上，首次实现了计算机和通信设备的结合，为计算机网络的出现奠定了技术基础。20 世纪 60 年代早期，出现了第一代计算机网络——面向终端的网络，如图 4.2（a）所示。主机是网络的中心和控制者，终端分布在各处并与主机相连，用户通过本地终端共享远程主机的软硬件资源，但是终端之间无法通信。

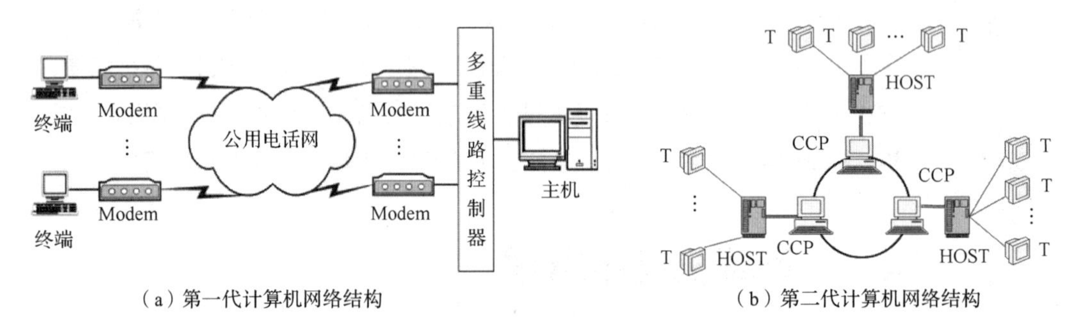

（a）第一代计算机网络结构　　（b）第二代计算机网络结构

图 4.2　第一代和第二代计算机网络结构

（2）主机互联的网络（第二代计算机网络）

20 世纪 60 年代中期，出现了第二代计算机网络——主机互联的网络，如图 4.2（b）所示。图中 HOST 表示主机，CCP 表示通信控制处理机，T 表示远程终端。第二代计算机网络将多个主机互联，实现了计算机和计算机之间的通信。终端用户可以访问本地主机和通信子网上所有主机的软、硬件资源。这个阶段的典型代表是美国国防部高级研究计划署创建的 ARPANET。

（3）开放式标准化网络（第三代计算机网络）

20 世纪 70 年代末 ARPANET 兴起后，各大计算机公司相继推出自己的网络体系结构和配套的软、硬件产品。由于没有统一的标准，不同厂商的产品之间要想实现互联很困难，人们迫切需要一种开放性的标准化网络环境。1981 年，国际标准化组织（ISO）制定了开放系统互联参考模型（OSI/RM），两年后 TCP/IP 协议簇诞生，实现了不同厂家生产的计算机之间的互联。由此，计算机网络进入了第三代——开放式标准化网络。

（4）高速互联的网络（第四代计算机网络）

进入 20 世纪 90 年代，随着计算机网络技术的迅猛发展，特别是 Internet 的出现，使计算机网络的发展进入一个崭新的阶段，这就是第四代计算机网络，即高速互联的网络。计算机网络的发展方向是 IP 技术+光网络。从网络的服务层面上看这是一个 IP 的世界，通信网络、计算机网络和有线电视网络将通过 IP 三网合一；从物理传输层面上看这是一个光的世界；从接入方式上看这是一个有线与无线相结合、移动与固定相结合的五彩斑斓的世界。

4.1.2　计算机网络的分类与功能

1. 计算机网络的分类

（1）按网络覆盖的地理范围划分

按照计算机网络覆盖的地理范围的大小，一般将网络分为局域网、城域网和广域网 3 种类型，这也是网络最常用的分类方法。

① 局域网（Local Area Network，LAN）：是将较小地理区域内的计算机或终端设备连接在一起的计算机网络，主要用于实现小范围内的资源共享。它覆盖的地理范围一般在几十米到几千米之间，常以一个办公室、一栋楼、一个楼群、一个校园或一个企业园区为单位组建。

② 城域网（Metropolitan Area Network，MAN）：是一种较大型的 LAN，它的覆盖范围介于局域网和广域网之间，一般为几千米至几万米，城域网的覆盖范围一般为一个城市，它把同一城市内不同地点的多个计算机局域网连接起来以实现资源共享。

③ 广域网（Wide Area Network，WAN）：是在一个广阔的地理区域内进行数据、语音、图像信息传输的计算机网络。广域网可以覆盖一个城市、一个国家甚至全球。

（2）按网络传输介质分类

按传输介质的不同，计算机网络可划分为以下两大类。

① 有线网：采用双绞线、同轴电缆和光纤等物理介质传输数据的网络。

② 无线网：采用微波、卫星信号和红外线等无线形式传输数据的网络。

（3）按网络通信方式分类

按网络中信息传输方式的不同，计算机网络可划分为以下两大类。

① 广播式网络：网络中的结点共享通信信道，当一台计算机传输数据时，信息将会被信道上其他所有计算机接收。

② 点对点网络：网络中每对设备之间都有一条专用的通信信道，不存在信道共享与复用。

除此之外，还可以按网络通信的速率，将网络分为低速网、中速网、高速网；按网络功能的应用范围，将网络分为公用网和专用网。

2. 计算机网络的功能

计算机网络的功能主要体现在 3 个方面：资源共享、信息交换和分布式处理，除此之外还有集中管理、负荷均衡、提高系统安全与提高可靠性等功能。

（1）资源共享：计算机网络可以共享硬件资源、软件资源、数据资源和信道资源。例如，局域网中的每个用户都可以共享使用网络打印机，提高了资源利用效率。

（2）信息交换：信息交换也叫数据通信，是计算机网络的基本功能之一，它为网络用户提供了强有力的通信手段。建设计算机网络的主要目的就是让分布在不同地理位置的计算机用户能够相互通信。利用数据通信功能，网络才可以实现发送电子邮件、举行视频会议等。

（3）分布式处理：对于领域信息管理系统中的每一项大任务，先通过计算机网络将其划分为许多小部分，再由网内的各种计算机并行实施得以完成，这种工作方式使网络的整体性能大为增加。

4.1.3　计算机网络的组成

一个完整的计算机网络由网络硬件和网络软件组成。网络硬件是组建计算机网络的基础，对网络的物理性能起着决定性作用；网络软件提供对各种网络应用的技术支持。

1. 计算机网络硬件

网络中的硬件主要包括各种计算机设备、网络接口设备、网络传输介质与网络互联设备。

（1）计算机设备

计算机设备是网络中被连接的对象，主要作用是对信息进行生成、存储及处理。

① 服务器（Server）：通常是指速度快、容量大具有特定作用的小型或大型计算机（见图 4.3），它是整个网络系统提供服务的核心部件。常用的服务器类型有文件服务器、域名服务器、打印服务器、通信服务器、数据库服务器等。

图 4.3　服务器

② 客户机（Client）：是指网络中使用服务器上共享资源的普通 PC 或工作站，用户通过客户端软件可以向服务器请求各种服务，如邮件服务、打印服务等。这种工作方式也称为客户机/服务器（Client/Server，C/S）模式，简称 C/S 模式。为了进一步减轻客户机的负担，使之不需要安装特定的客户端软件，而只需要在浏览器下就可以完成大部分任务，产生了另一种浏览器/服务器（Browser/Server，B/S）模式。

（2）网络接口设备

网络接口设备主要指网络接口卡（Network Interface Card，NIC），也称网卡、网络适配器，是插在计算机总线插槽内或某个外部接口上的电路板卡，有的计算机已把它集成在主板上。网卡是网络中必不可少的网络连接设备，计算机只有通过各种网卡才能接入到网络中。根据通信介质的不同，网卡的接口类型也不相同，常见的接口有 BNG 接口、RJ-45 接口、光纤接口和无线接口。图 4.4 所示为 RJ-45 接口的网卡。

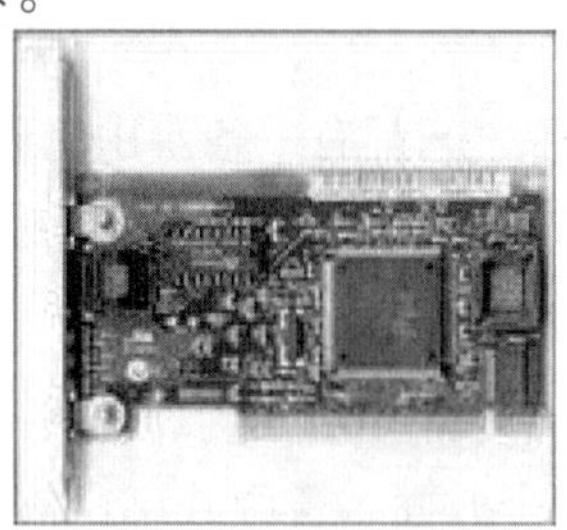

图 4.4　RJ-45 接口的网卡

（3）传输介质

网络中常用的传输介质有两种，一是有线介质，二是无线介质。有线介质主要有同轴电缆、双绞线、光纤，无线介质主要有无线电波、红外线等。

① 有线传输介质

a. 同轴电缆（Coaxial Cable）：同轴电缆的核心是一根铜线，铜线外有一层起绝缘作用的塑性材料，然后再包上一层金属网，用于屏蔽外界的干扰，最外面的是起保护作用的塑性外套，如图 4.5（a）所示。同轴电缆分为粗缆和细缆。粗缆多用于局域网主干，最远支持 2500m 的传输距离；细缆多用于与用户桌面连接。同轴电缆的优点是抗干扰性强，支持多点连接。

b. 双绞线（Twisted Pair）：双绞线由 4 对两条相互绝缘的导线扭绞而成。扭绞的作用是减少外界电磁波对数据传输的干扰。双绞线分为非屏蔽双绞线（Unshielded Twisted Pair，UTP）和屏蔽双绞线（Shielded Twisted Pair，STP）两种，分别如图 4.5（b）和图 4.5（c）所示。后者在电缆护套内增加了一屏蔽层，能更有效地防止外界的电磁干扰。目前常用的双绞线是 5 类 UTP，被广泛应用在局域网中。

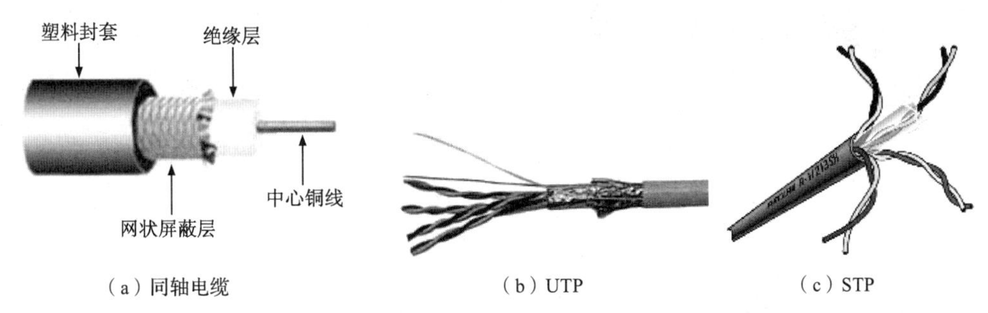

（a）同轴电缆　（b）UTP　（c）STP

图 4.5　同轴电缆和双绞线

c. 光纤（Fiber）：光纤是光导纤维的简称，通过传递光波（而非电信号）来实现通信，主要由纤芯、包层和涂覆层组成，如图 4.6 所示。在实际使用中，通常将多根光纤放在一起，在外面包上保护介质，组成光缆。光纤有很多优点，如频带宽、传输速率快、传输距离远、抗电磁干扰性能好以及数据保密性好等。但也存在连接和分支困难，工艺和技术要求高，传输数据需要配备光/电转换设备，单向传输等缺点。

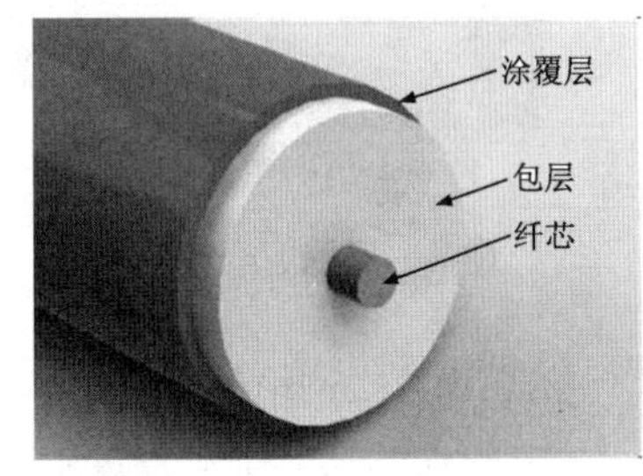

图 4.6　光纤

② 无线传输介质

无线传输介质指的是通信双方之间无须铺设电缆或光缆，直接利用大气和外层空间传播信号的介质。常用的无线传输介质主要有无线电波、地面微波、卫星微波、红外线等。无线局域网通常采用无线电波和红外线作为传输介质。红外线主要用于室内短距离的通信，如两台笔记本电脑之间的数据交换。

（4）网络互联设备

要将多台计算机连接成一个计算机网络，除了需要插在计算机中的网卡和连接计算机的传输介质外，还需要集线器、交换机、路由器等网络互联设备。

① 集线器（Hub）：集线器在数据的传输过程中只起物理信号放大和重发的作用，其目的就是扩大网络的传输范围，是一个标准的共享式设备。

② 以太网交换机（Switch）：以太网交换机也称为交换式集线器，是一种能完成数据帧封装转发功能的网络设备。交换机通常有多个端口，如 8 口、16 口、24 口等，24 口交换机如图 4.7（a）所示，在同一时刻其可进行多个端口之间的数据传输，而且每个端口都是独立工作的，相互通信的双方独自享有全部的带宽，无须同其他计算机竞争使用，如图 4.7（b）所示。

③ 路由器（Router）：路由器也是一个多端口的设备，其主要功能是选择路径和转发数据，如图 4.8 所示。路由器能把多个不同类型、不同规模的网络互联起来，使不同网络内的计算机相互通信，形成一个更大范围的网络。例如，可以将学校机房内的局域网与路由器相连，再将路由器与 Internet 相连，这样学校机房中的计算机便接入了 Internet，如图 4.9 所示。

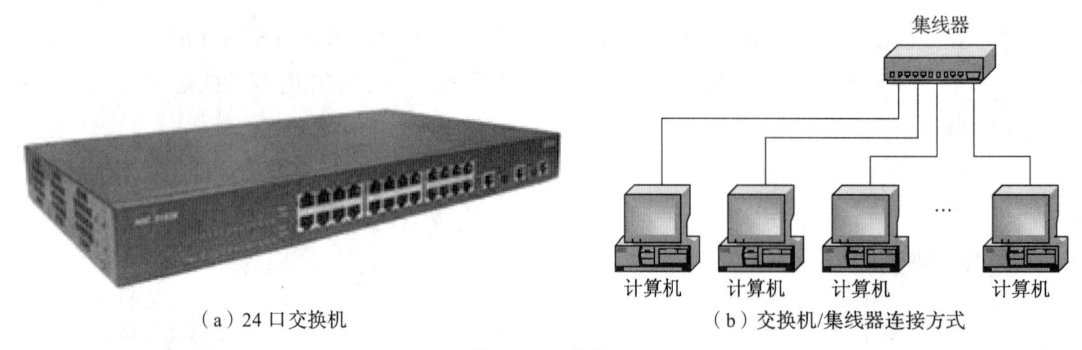

（a）24 口交换机　　（b）交换机/集线器连接方式

图 4.7　交换机

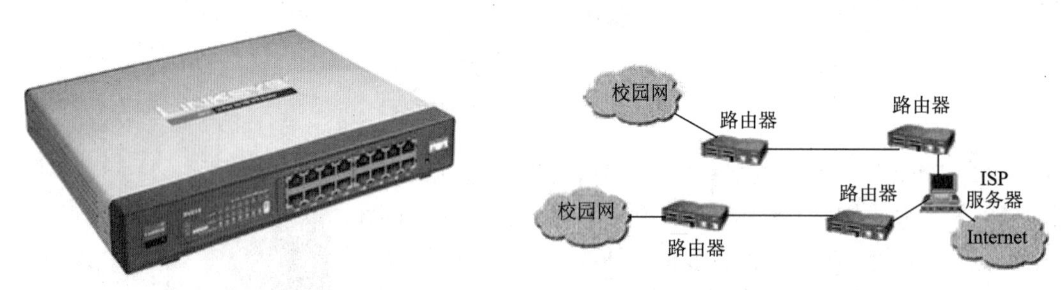

图 4.8　路由器　　图 4.9　学校局域网通过路由器接入 Internet

2. 计算机网络软件

网络软件是一种在计算机网络环境下使用、运行、控制及管理网络工作的计算机软件，主要有以下几类。

（1）网络操作系统：网络操作系统（Network Operating System，NOS）是具有网络功能的操作系统，主要用于管理网络中的所有资源，并为用户提供各种网络服务。网络操作系统一般都内置了多种网络协议软件。它是计算机网络软件的核心程序，是网络软件系统的基础。目前常见的网络操作系统有 Windows、UNIX 和 Linux。

（2）网络管理软件：网络管理软件是用来对网络资源进行管理以及对网络进行维护、升级的软件，具体任务有性能管理、配置管理、故障管理、记费管理、安全管理、网络运行状态监视与统计等。常见的网络管理软件有 sniffer、网路岗等。

（3）网络通信软件：用于实现网络中各种设备之间通信的软件，使用户能够在不必详细了解通信子网的情况下，控制应用程序与多台设备进行通信，并能对大量的通信数据进行加工处理。

（4）网络应用软件：是指在计算机网络环境中为实现某一个应用目的而开发的计算机软件（如远程教学软件、电子图书馆软件、Internet 信息服务软件等）。

3. 计算机网络的拓扑结构

在计算机网络中，如果我们把网络中的连接对象——各种计算机看成点，而把连接介质看成线，那么各种计算机网络就是一幅幅由点和线组成的几何图形画。这种通过数学方法抽象出的图形结构我们称之为计算机网络的拓扑结构。计算机网络的拓扑结构主要有总线、星形、环形、树状、网状等，如图 4.10 所示。

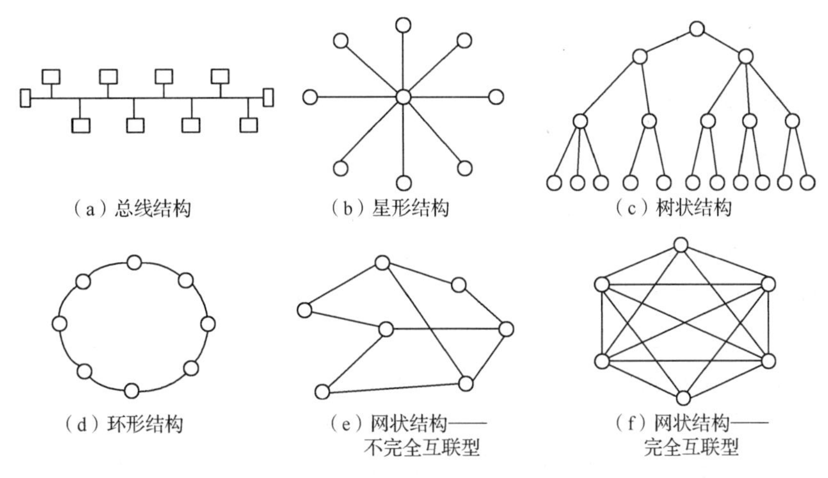

图 4.10　网络拓扑图

（1）总线结构

总线结构（Bus）由一条通信线路（总线）作为公共的传输通道，所有的计算机都通过各自的接口连接到该总线上，各个结点只能通过总线进行数据传输，共享信道的带宽，如图 4.10（a）所示。总线拓扑结构简单灵活、易于扩展、费用低；共享能力强，便于广播式传输；局部站点故障不影响整体，可靠性较高，常用于局域网中。但是，总线出现故障，将影响整个网络。

（2）星形结构

星形结构（Star）由一个功能较强的中心结点 S 以及一些连接到中心的从结点组成，如图 4.10（b）所示。结点之间收发数据需要通过中心结点的转发。集线器（Hub）或者交换机（Switch）均可以担任中心结点。星形拓扑结构是局域网中最常用的拓扑结构，具有结构简单、易扩充的优点。但是中心结点的可靠性基本上决定了整个网络的可靠性，如果中心结点负担重，易成为信息传输的瓶颈，且中心结点一旦出现故障，会导致全网瘫痪。

（3）树状结构

树状结构（Tree）的形状像一棵倒置的树，由总线结构和星形结构演变而来，在局域网中应用较多，如图 4.10（c）所示。树状拓扑结构易于扩展，故障易隔离，可靠性高。但是对根结点的依赖性大，一旦根结点出现故障，将导致全网瘫痪。

（4）环形结构

环形结构（Ring）是由通信介质将各个网络结点连接而成的一个闭合环，网络中结点间的数据传输需要依次经过两个结点之间的每个设备，如图 4.10（d）所示。在环形网络中数据既可以是单向传输也可以是双向传输，分别称为单环结构和双环结构。环形拓扑结构的两个结点之间仅有唯一的路径，简化了路径选择，实时性较好；但是可扩充性差，且任何线路或结点的故障，都有可能引起全网故障，故障检测困难。

（5）网状结构

网状结构（Mesh）是由网络中的结点与通信线路连接成不规则的几何形状。在该结构中每个结点至少要与其他两个结点相连，也称为全互联网络，分为不完全互联型和完全互联型，如图 4.10（e）和图 4.10（f）所示。这种结构的最大优势是通信结点无须路由选择即可通信，非常方便；其缺点是网络的复杂性随结点的数量增加而迅速增大。大型网络的主干网一般都采用这种结构，如 Internet、我国的教育科研网 CERNET。

4.1.4 计算机网络的应用

1. 新媒体与网络社交

联合国教科文组织对新媒体的定义为：以数字技术为基础，以网络为载体进行信息传播的媒介。其利用数字技术和网络技术，通过互联网、宽带局域网、无线通信网、卫星等渠道，以及计算机、手机、数字电视机等终端，向用户提供信息和娱乐服务的传播形态，如数字杂志、数字广播、数字电视、数字电影、触摸媒体等。相对于报刊、户外、广播、电视四大传统意义上的媒体，新媒体被形象地称为“第五媒体”，为信息的传播和发展提供了重要的平台。

网络社交是指人与人之间的关系网络化，在网上表现为以各种社会化网络软件，例如微博、QQ、微信、知乎等一系列 Web 2.0 核心应用构建的社交网络平台。互联网促使一种全新的人类社会组织和生存模式悄然走进人们的生活，构建了一个超越地球空间之上的、巨大的群体——网络群体，人类社会正在逐渐浮现出崭新的形态与特质。

2. 电子政务与电子商务

电子政务（Electronic Government）是指国家机关在政务活动中，全面应用现代信息技术、网络技术以及办公自动化技术等进行办公、管理和为社会提供公共服务的一种全新的管理模式。电子政务的最大特点就在于其行政方式的电子化，即行政方式的无纸化、信息传递的网络化、行政法律关系的虚拟化等。电子政务重构了政府、企业、公民之间的关系，使政府工作更公开、透明、有效、精简，为企业和公民提供更好的服务，便于企业和公民更好地参政议政。

电子商务（Electronic Commerce）是以网络技术为手段，以商品交换为中心的商务活动。具体来说，其是指利用计算机技术、网络技术和远程通信技术，实现整个商务（买卖）过程中的电子化、数字化和网络化。人们不再是面对面的，看着实实在在的货物，靠纸介质单据（包括现金）进行买卖交易。而是通过网络，通过网上琳琅满目的商品信息、完善的物流配送系统和方便安全的资金结算系统进行交易（买卖）。

3. 远程教育与远程医疗

远程教育是学生与教师、学生与教育组织之间采取多种媒体方式进行系统教学和通信联系的教育形式。现代远程教育则是指通过音频、视频（直播或录像）以及包括实时和非实时在内的计算机技术把课程传送到校园外的教育。现代远程教育是随着现代信息技术的发展而产生的一种新型教育方式。计算机技术、网络技术、多媒体技术、通信技术的发展，特别是 Internet 的迅猛发展，使远程教育的手段有了质的飞跃。与传统面授教育相比，现代远程教育具有突破时空限制、扩大教学规模、降低教学成本、提高教学质量等优势。

远程医疗是指通过网络技术、远程通信技术、全息影像技术、新电子技术和计算机多媒体技术，充分发挥大医院或专科医疗中心的医疗技术和医疗设备优势，进行的远距离医疗服务活动。从狭义上讲，其包括远程影像学、远程诊断及会诊、远程护理等医疗活动，旨在提高诊断与医疗水平、降低医疗开支、满足广大人民群众的保健需求。目前，远程医疗技术已经从最初的电视监护、电话远程诊断发展到利用高速网络进行数字、图像、语音的综合传输，并且实现了实时的语音和高清晰图像交流，为现代医学的应用提供了更广阔的发展空间。

4. “互联网+”大学生创新创业

“互联网+”就是“互联网+各个传统行业”，这并不是简单的两者相加，而是利用信息通信技术以及互联网平台，让互联网与传统行业进行深度融合，创造新的发展生态。

创新是一个民族进步的灵魂，是一个国家兴旺发达的不竭动力。大学生是推进“大众创业、万众创新”的生力军，既要认真扎实学习，掌握更多知识，也要投身创新创业，提高实践能力，积极加入到“互联网+”创新创业大潮中。

大学生参与“互联网+”创新创业项目，通过完成产品的创意提出、可行性分析，到产品的市场需求分析、产品的研发设计，最后到产品功能验证、产品应用推广和售后等这一系列工作，创新思维得到发展，团队协作和社会实践能力得以提高，个人意志与毅力得到磨炼。以创新引领创业，创业带动就业，推动了高校毕业生更高质量创业就业。

4.2 Internet

Internet 汉译音为因特网，也称为互联网，是由各种不同类型、不同规模并能独立运行的计算机网络组成的全球性计算机网络。这些网络通过电话线、光纤、卫星微波、高速率专用线路等通信线路，把不同国家的企业公司、政府部门、学校及科研机构中的网络资源连接起来，进行数据通信和信息交换，实现了全球范围内的资源共享。

4.2.1 Internet 概述

Internet 源于美国国防部高级研究计划署 1968 年建立的 ARPANET，初期它由连接 4 所大学的网络组成。20 世纪 80 年代，美国国家科学基金会（NSF）认识到了它的重要性，于是用 NSF 网取代了 ARPANET 网，并逐步演变成了 Internet 的主干网。

1994 年我国通过四大骨干网正式连入 Internet。1998 年，由教育科研网 CERNET 牵头，以现有的网络设施和技术力量为依托，建设了中国第一个 IPv6 试验床，两年后开始分配地址。2004 年 12 月，我国国家顶级域名 cn 服务器的 IPv6 地址成功登录到全球域名根服务器，标志着我国国家域名系统正式进入下一代互联网。截至 2020 年 12 月，我国网民数量达到 9.89 亿，相当于全球网民的 1/5，互联网普及率为 70.4%；我国 cn 域名注册量达到 2304 万个，继续保持国家和地区顶级域名数全球第一。以上数据显示我国已成为名副其实的互联网大国。

4.2.2 Internet 网络模型

Internet 中包含许多不同种类的计算机网络，这些网络还需要实现互联，是一个十分复杂的系统。要让这样一个庞大复杂的系统有条不紊地工作，在总体设计时，就要逐步分解其功能、组成，把它们细化为一个个小的有机组成部分再进行下一步的考虑与实现。

1. TCP/IP 层次模型

Internet 的网络结构是一个层次模型，其有机组成“部分”是层次（Layer）。通信的发送方和接收方实体都应划分成相同的层次，这样双方的通信工作才能正常。并且在通信过程中，同一层次上的通信实体为了有效控制传输信息，双方必须做出一些约定，如信息的传输顺序、信息的格式、内容等，这些约定、规定、标准均称为网络协议（Protocol）。把计算机网络的功能划分成定义明确的层次，并规定对等实体间的通信协议及相邻层次之间的接口和服务，这就是网络体系结构，即我们常说的网络分层体系结构。

Internet 网络结构采用 TCP/IP 层次模型，将网络结构划分为 4 层，从下到上依次为子网（Subnet）层、网际（Network）层、传输（Transport）层和应用（Application）层，并定义了每层功能及层次间的接口标准，其结构以及每层中运行的主要协议如图 4.11 所示。

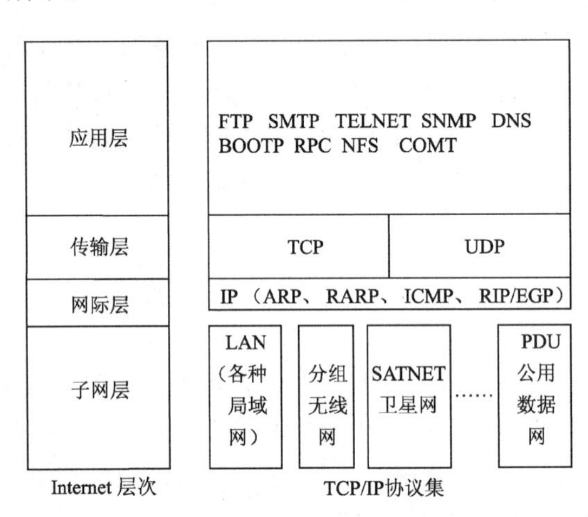

图 4.11 Internet 网络模型

在这个体系结构中，传输层有 TCP 协议和 UDP 协议，网络层有 IP 协议。子网层没有具体规定运行的协议，只定义了各种物理网络与 TCP/IP 之间的网络接口，也就是说任何一种通信子网只要其上的服务支持 IP，通过它就可接入 Internet。局域网是子网层中最为常见并且复杂度较低的一种网络。其中，遵循 IEEE 802.3 协议的局域网，称为以太网，数据传输速率从 10Mbit/s、100Mbit/s 发展到了 1000Mbit/s 甚至更高，是目前应用最广、发展最为成熟的一种局域网。

2. IP 地址与 MAC 地址

在 Internet 中，每台计算机设备都需要被识别，也就是需要拥有属于自己的标识符——地址。

（1）MAC 地址

MAC 地址又称为网络设备物理地址，简称物理地址，它是网络环境中的每一个硬件设备的标识符。IEEE 802.3 规定 MAC 地址是一个长度为 6 字节的二进制数。前 3 个字节（高 24 位）为生产机构唯一的标识，例如，02-60-8C 是 3Com 公司的标识符。地址中的后 3 个字节（低 24 位）称为扩展标识符，用于标识生产出来的每个能联网的设备。扩展标识符由厂商自行指定，只要保证不重复即可，通常由厂商在生产时固化在设备中。

（2）IP 地址

为了屏蔽物理网络细节，使得 Internet 从逻辑上看起来是一个整体的网络，Internet 中的每台计算机还配备有一个逻辑地址，即 IP 地址。IP 地址采用分层结构，由网络地址和主机地址两部分组成，IPv4 规定 IP 地址为一个长 32 位的二进制数，分为 4 字节，每字节可对应一个 0～255 的十进制整数，数之间用点号分隔，形如：XXX. XXX. XXX. XXX。这种格式的地址被称为“点分十进制”地址，如 202.112.0.36。

随着 Internet 飞速发展，IPv4 地址紧张的情况日趋严重，解决 IPv4 地址耗尽问题的根本途径是使用 IPv6 协议。IPv6 使用 128 位 IP 编址方案，共有 2^{128} 个 IP 地址，有充足的地址量。与“点分十进制”地址类似，IPv6 采用冒号十六进制表示，每 16 位划分为一段，每段被转换成一个 4 位的十六进制数，并用冒号隔开，如 FDEC：BA09：7694：3810：ADBF：BB67：2922：3783 是一个标准的 IPv6 地址。

例：查看本机 MAC 地址信息和 IP 配置信息。

在 Windows 环境下，于 DOS 窗口中运行 ipconfig/all 命令即可查看到本机 MAC 地址信息和有关 IP 的具体配置信息，如计算机名、计算机的 IP 地址、子网掩码、DNS 服务器以及默认网关等信息，如图 4.12 所示。

图 4.12　网络配置信息

3. 域名系统

由于 IP 地址难以记忆和理解，为此 Internet 引入了一种字符型的主机命名机制——域名系统，通过域名来表示主机的 IP 地址。域名空间结构是一个倒立的分层树形结构，每台计算机相当于树上的一个结点，它的域就是从该机所处的结点（树叶）起到树根这一路径上各个结点名字的序列，如图 4.13 所示。

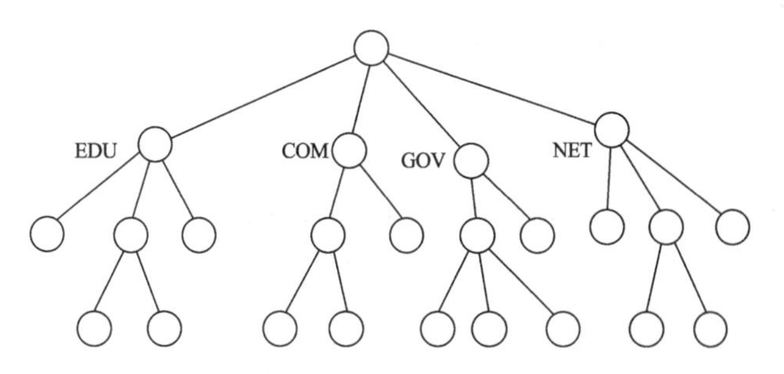

图 4.13　域名空间结构

域名的写法是用点号将各级子域名分隔开来，域的层次次序从右到左（即由高到低或由大到小），分别称为顶级域名、二级域名、三级域名等。一类典型的域名结构如下：

主机名.单位名.机构名.国家名

例如，域名 cef.tyut.edu.cn 表示这是中国（cn）教育机构（edu）太原理工大学（tyut）校园网上的一台主机（cef）。

Internet 在每一子域都设有域名服务器，负责域名与 IP 地址的转换。域名和 IP 地址之间的转换工作称为域名解析，整个过程是自动进行的。因此，用户可以等价地使用域名与 IP 地址。

为了保证域名系统的通用性，Internet 规定了一些正式的通用标准。例如，将域名分为区域名和类型名两类。表 4.1 所示为部分国家或地区的域名代码。例如，cernet.edu.cn 表示一个在中国注册登记的教育类域名。国际域名由 IP 地址分配机构（The Internet Corporation for Assigned Names and Numbers，ICANN）负责注册和管理。中国互联网络信息中心（China Network Information Center，CNNIC）作为我国的顶级域名 cn 的注册管理机构，负责着 cn 域名根服务器的运行。二级域名共有 40 个，分为类别域名和行政区域名两类，如表 4.1 所示。

表 4.1　域名表

部分国家或地区行政区域名					
域名	含义	域名	含义	域名	含义
au	澳大利亚	gb	英国	nz	新西兰
br	巴西	in	印度	pt	葡萄牙
ca	加拿大	jp	日本	se	瑞典
cn	中国	kr	韩国	sg	新加坡
de	德国	lu	卢森堡	us	美国
es	西班牙	my	马来西亚		
fr	法国	nl	荷兰		
类别域名					
域名	含义	域名	含义	域名	含义
com	商业类	edu	教育类	gov	政府部门
int	国际机构	mil	军事类	net	网络机构
org	非营利性组织	arts	文化娱乐	arc	消遣性娱乐
firm	公司企业	info	信息服务	nom	个人
stor	销售单位	web	与 WWW 有关的单位		

4.2.3　Internet 接入技术

无论是个人计算机还是单位的计算机都不是直接连到 Internet 上的，而是采用某种方式先连接到 Internet 服务提供商（Internet Service Provider，ISP）所提供的某一台服务器上，再接入到 Internet 中。一般来讲，Internet 的接入方式可以分为三大类。

1. 宽带接入

宽带接入是个人家庭计算机接入 Internet 的主要方式。目前使用广泛的有两种：一种是非对称数字用户线路（Asymmetrical Digital Subscriber Line，ADSL）技术，它采用频分复用技术把普通的电话线分成了电话、上行和下行 3 个相对独立的信道，通过专用的 ADSL Modem 连接到 Internet，具有下载速率高、独享带宽等优点，如图 4.14 所示。另一种是基于光纤 IP 网的 FTTB+LAN 技术方式（小区宽带），网络服务商将光纤接入到楼（Fiber To The Building，FTTB），再通过网线接入用户家，为整幢楼或小区提供共享带宽。

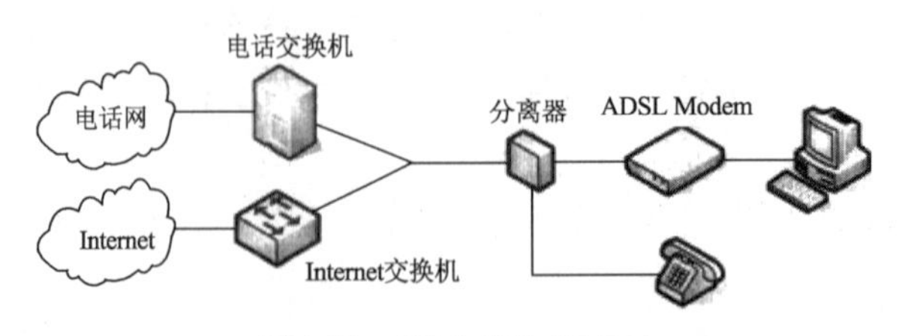

图 4.14　ADSL 接入示意图

2. 局域网接入

如果需要将一批计算机（例如一个单位内部的所有计算机或者学校一间实验室内的所有计算机）接入 Internet 而只使用一个账号，需要先构建局域网，再通过共享接入方式把计算机接入 Internet，如图 4.15 所示。

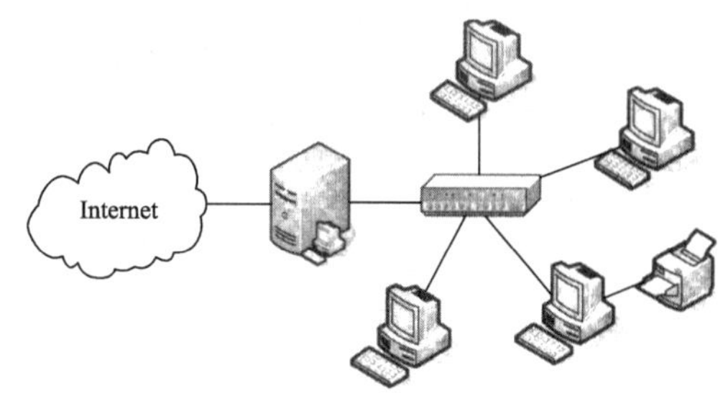

图 4.15　局域网接入示意图

3. 无线接入方式

无线接入方式主要是指采用移动宽带无线接入技术将移动终端快速接入 Internet。目前主流的技术有两种，一是宽带数字蜂窝技术，二是无线局域网（WLAN）。目前我国最新使用的蜂窝数字移动通信系统是第五代标准，就是我们常说的 5G 移动网，它的速率能达到 500Mbit/s。

WLAN 是移动通信技术和 LAN 技术结合的产物，是计算机局域网向无线移动方向延伸的结果。在校园、机场、饭店、展会、休闲场所等人流量较大的公共场所内，一般会由电信公司或单位统一部署无线接入点，建立起无线局域网。这样配备了无线网卡的移动终端，都可以在 WLAN 覆盖范围之内接入 Internet，速率一般可达到 11Mbit/s。

4.2.4　Internet 基本服务

随着 Internet 的飞速发展，Internet 上提供的服务越来越多种多样，渗透到了社会的方方面面，极大地丰富了人们的日常生活。Internet 的基本服务有以下几种。

1. WWW 服务

万维网（World Wide Web，WWW）是 Internet 上应用最多、范围最广的基本服务。WWW 采用 B/S 模式，用户通过超文本传输协议（Hyper Text Transfer Protocol，HTTP）访问远程 WWW 服务器。客户端和 Web 服务器之间传输由超文本标记语言 HTML 所写的文档，也就是网页，或称为 Web 页。网页存放在 WWW 服务器上，当有用户请求访问时，服务器把网页传输到客户端，由客户端的浏览器解析后呈现给用户，如图 4.16 所示。网页中除了包含文本、图像、声音、视频等信息外，还包含超链接。超链接可以指向任何形式的文件，是网页之间的主要导航方法。

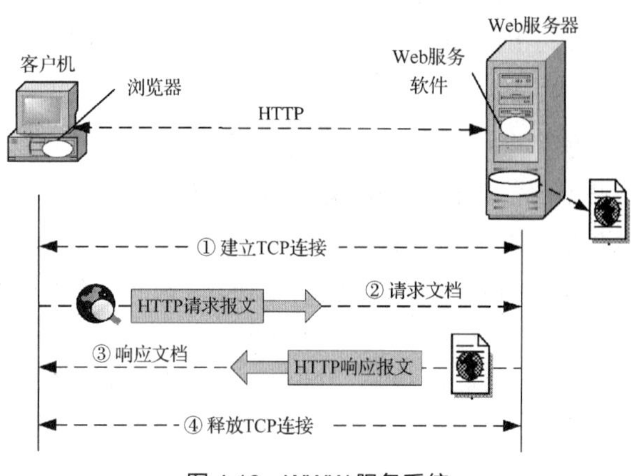

图 4.16　WWW 服务系统

为了使客户端程序能找到位于 Internet 中的某个信息资源，WWW 系统使用“统一资源定位器”（Uniform Resource Locator，URL）来规范 Internet 网络中的资源标识。

URL 由 4 部分组成，如图 4.17 所示。

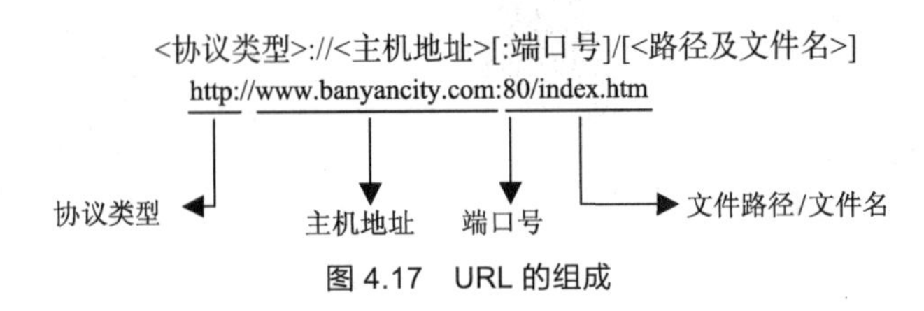

图 4.17　URL 的组成

如果想浏览中国国家图书馆的主页，只需在浏览器的地址栏中输入“http://www.nlc.gov.cn”。

2. 文件传输服务

在 Internet 中不同的主机之间传送文件时，双方使用的是文件传输协议（File Transfer Protocol，FTP）。从远程计算机上复制文件到本地计算机称为下载（Download），反之称为上传（Upload）。保存有大量文件资源供用户下载的远程计算机称为 FTP 服务器。其工作过程如图 4.18 所示。

FTP 服务是一种实时联机服务，当用户访问 FTP 服务器时需要验证用户账号和口令。若用户没有账号，则可使用公开的账号和口令登录，这种访问方式也称为匿名 FTP 服务。

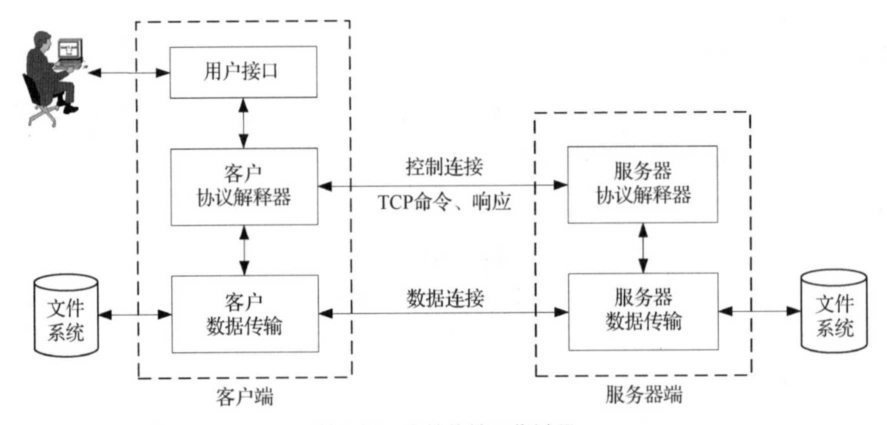

图 4.18　文件传输工作过程

若要访问域名为 cef.tyut.edu.cn 的 FTP 服务器，可在地址栏中输入“ftp://cef.tyut.edu.cn”。连接成功后，浏览器窗口即可显示出该服务器上的文件夹和文件名列表。

3. 电子邮件服务

电子邮件也是 Internet 提供的一项基本服务。其工作过程遵循客户机/服务器模式，它分为邮件服务器端与邮件客户端两部分。邮件服务器又分为接收邮件服务器和发送邮件服务器两类。接收邮件服务器中包含了众多用户的电子信箱。当发件方发出一份电子邮件时，邮件传送程序与远程的邮件服务器建立 TCP 连接，并按照简单邮件传输协议（Simple Mail Transfer Protocol，SMTP）传输电子邮件，经过多次存储转发后，最终将该电子邮件存入收件人的邮箱。当收件人将自己的计算机连接到邮件服务器并发出接收指令后，邮件服务器按照邮局协议（Post Office Protocol Version 3，POP3）鉴别邮件用户的身份后，让用户读取电子信箱内的邮件。电子邮件收发如图 4.19 所示。

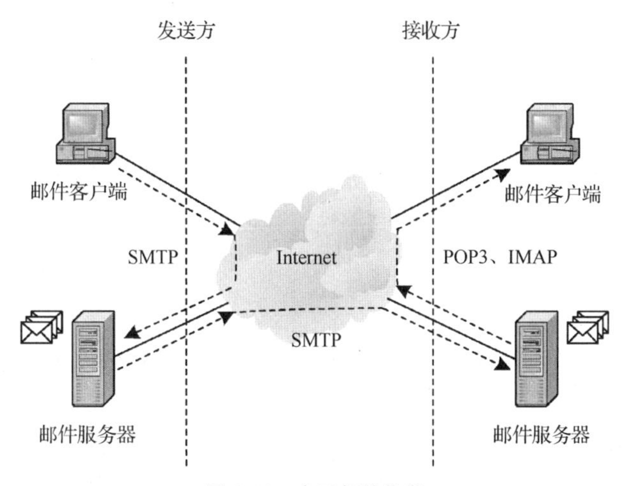

图 4.19　电子邮件收发

Internet 用户经过申请，都可以成为某个电子邮件系统的用户，有一个属于自己的电子邮箱，其电子邮箱的地址是唯一的，其形式为：邮箱名@邮箱所在的主机域名。

例如，abc@163.com 是一个邮箱地址，它表示邮箱的名字是 abc，邮箱所在的主机是 163.com。

4. 远程登录服务

远程登录是指用户使用 Telnet 命令，使自己的计算机暂时成为远程主机的一个仿真终端的过程。登录后，当用户在终端上输入各种 Telnet 命令，这些命令就会在服务器上运行，就像直接在服务器的控制台上输入命令一样控制着服务器。使用 Telnet 协议进行远程登录时需要满足以下条件：在本地计算机上必须装有包含 Telnet 协议的客户程序；必须知道远程主机的 IP 地址或域名；必须知道登录标识与口令。Telnet 远程登录工作过程如图 4.20 所示。

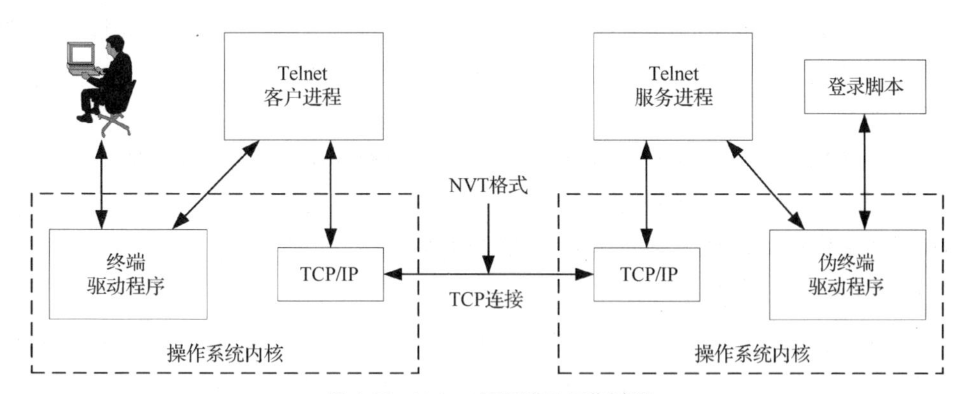

图 4.20　Telnet 远程登录工作过程

4.3　信息安全

信息安全是一门融合了现代密码学、计算机网络安全和保密通信理论的综合交叉性学科。随着信息科学和技术的发展和进步，信息安全理论和技术的研究也不断发展，确立了独立的学科体系，制定了相关的法律、规范和标准，建立了评估认证准则以及安全管理机制等。

4.3.1 信息安全概述

1. 信息安全的定义

信息安全是指信息网络的硬件、软件及其系统中的数据受到保护，不因偶然的或者恶意的原因而遭到破坏、更改、泄露，系统连续、可靠并正常地运行，信息服务不中断。信息安全的保护范围包括所有信息资源，凡是涉及信息的完整性、保密性、真实性、可用性和可控性的相关技术和理论都是信息安全的研究领域。

2. 信息安全的特征

信息安全的最终目标是通过技术和管理措施保证信息系统具备以下的基本安全特征。

（1）可用性

可用性（Availability）是指信息资源容许授权用户按需访问的特征。可用性可以确保授权用户能够获得和使用所需要的信息、服务和资源。即使是网络部分受损或发生突发事件，如自然灾害、网络攻击等，系统仍能为授权用户提供有效的服务。

（2）保密性

保密性（Confidentiality）是指信息系统防止信息非法泄露的特征。保密性可以确保网络信息服务只提供给授权用户，而不向非授权用户公开或供其使用。保密性是在可用性的基础上，保护用户私密数据不被泄露的重要手段，其中敏感数据的保密性保护尤为重要。

（3）完整性

完整性（Integrity）是指信息未经授权不能改变的特征。完整性可以确保授权用户或实体间的通信数据是完整的，不被非法篡改、伪造、重传、插入或删除。完整性对于保证重要和敏感数据的精确性尤为重要。

（4）可控性

可控性（Controllability）是指信息系统对信息内容和传输具有控制能力的特征。可控性可以对信息和信息系统实施安全监控管理，确保信息和信息系统未被非法利用。

（5）不可否认性

不可否认性（Non-repudiation）是指通信双方不能抵赖或否认已完成的操作和承诺的特征。不可否认性可以确保在网络信息系统的信息交互过程中，参与者的真实同一性，并能确保参与者不能否认或抵赖曾经参加过某次信息交换、发送或接收的行为。

3. 信息安全的风险来源

信息安全所面临的风险来自于很多方面，一般可分为自然因素和人为因素。自然因素指来自于自然灾害、恶劣的场地环境、电磁辐射和电磁干扰、网络设备自然老化等不可抗拒的自然威胁。

人为因素引起的信息安全威胁可根据是否存在恶意企图进一步划分为偶然事故和恶意攻击两种。偶然事故是指不存在明显恶意企图的安全威胁，比如系统断电、偶然删除文件、格式化磁盘等。恶意攻击则是指蓄意利用系统漏洞破坏、窃听、泄露或非法访问信息资源的恶意事件，比如计算机病毒、网络攻击、网络窃听等恶意行为。

以破坏信息保密性为目的的恶意攻击称为被动攻击，具体是指在未经用户同意和认可的情况下将信息泄露给系统攻击者，但不对数据信息做任何修改。这种攻击方式一般不会干扰信息在网络中的正常传输，通常包括监听未受保护的通信、流量分析、获得认证信息等。另一方面，以破坏信息可用性和完整性为主要目的的恶意攻击称为主动攻击，攻击者不仅截获系统中的数据，还对系统中的数据进行修改，或者制造虚假数据，因此主动攻击具有更大的破坏性。

主动攻击主要来自网络黑客（Hacker），一般是指那些精通网络、系统、外部设备以及软、硬件技术的人。黑客一词本身并无贬义，但很多人将黑客与恶意攻击者相混淆。实际上，国际上对黑客的认定，有白帽（White hat）、黑帽（Black hat）和灰帽（Gray hat）之分。那些研究漏洞，追求最先进技术并让大家共享的黑客，称为白帽黑客；以破坏入侵为目的的恶意黑客，称为黑帽黑客；灰帽黑客的行为介于以上二者之间，他们追求网上信息公开，但不破坏信息资源。

4. 信息安全的评价标准

在开展信息安全相关研究之前，人们面临一个重要而且是必须回答的问题："一个什么样的信息系统是安全的？"或者"如何证明一个信息系统是安全的？"这个问题正是信息安全评价标准要回答的，它完善而准确地表达了评价信息系统安全性的方法和准则。从 20 世纪 80 年代开始，为了更好地对信息安全产品的安全性进行评价，世界各国相继制定了多个信息技术安全评价标准，如 TCSEC、ITSEC、CC 以及我国的《计算机信息系统安全保护等级划分准则》（GB 17859—1999）。

4.3.2 信息安全防护措施

随着信息技术的发展与应用，信息安全的内涵不断延伸，从最初的信息保密性发展到信息的完整性、可用性，进而又发展为攻（击）、防（范）、（检）测、控（制）、管（理）、评（估）等多方面的基础理论和实施技术。针对现代信息安全内涵，信息安全防护措施主要以提高安全防护、隐患发现能力、应急响应速度及信息对抗能力为目标。

1. 数据加密

在现代密码学中，加密变换和解密变换是彼此互逆的过程，通常在一组密钥的控制下实现。密钥是一组特定的秘密参数，用于控制密码算法按照指定方式进行明文和密文的相互转换，其中控制加密变换的称为加密密钥，控制解密变换的称为解密密钥。一个完整的密码系统如图 4.21 所示。明文在加密密钥的作用下变换为密文；反之，密文也可以在解密密钥的作用下还原为明文。

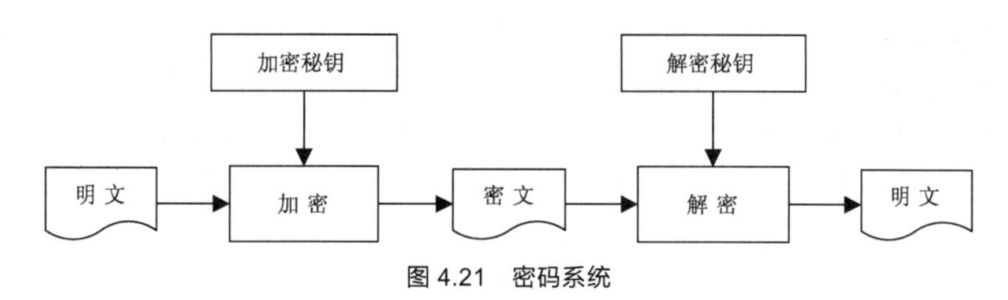

图 4.21　密码系统

按照密码系统采用的密钥方式不同，将其划分为两大类：对称密码系统和非对称密码系统。

在对称密码系统中，密码算法中的加密密钥和解密密钥相同，或者由加密密钥可以推算出解密密钥。典型的对称加密算法有 RC4 算法、DES 算法、3DES 算法、AES 算法等。非对称密码系统，也被称为公钥密码系统。其加密变换和解密变换使用不同的密钥，加密密钥是公开的，称为公钥（Public Key）；而解密密钥是保密的，称为私钥（Private Key）。任何人都可以使用其他用户的公钥来对数据进行加密，但是只有拥有配对私钥的用户才能对加密的数据进行解密。典型的非对称密码算法包括 RSA 算法、ElGamal 算法、椭圆曲线密码算法等。

2. 身份认证

在安全的网络通信中，通信双方必须通过某种形式来判明和确认对方或双方的真实身份，以保证信息资源被合法用户访问。身份认证主要是通过对身份标识的认证服务来确认身份及其合法性。这里的身份标识是指能够证明用户身份的独有的特征标志，可以是一种私密信息，如口令（Password）；也可以是一件可信任的物体，如智能卡、移动电话；还可以是独一无二的生物特征，如指纹、虹膜、人脸、声音、行走步态。

3. 防火墙

防火墙（Firewall）是指位于可信网络（内部网）和不可信网络（外部网）边界上的一种防御措施，由软件和硬件设备组合而成，在两个网络通信时执行访问控制策略并控制进出网络的访问行为，对内部网络进行保护，如图 4.22 所示，是保护信息安全的第一道防线。

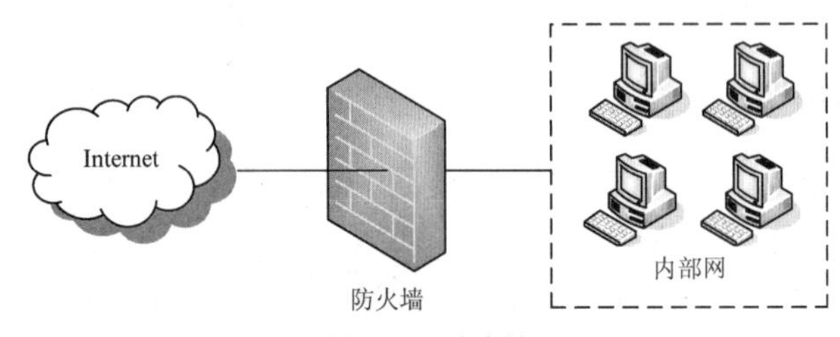

图 4.22　防火墙

4. 入侵检测系统

入侵检测系统（Intrusion Detection System，IDS）是防火墙的合理补充，提供对内部攻击、外部攻击和误操作的实时保护。典型的 IDS 通常包含 3 个功能组件：数据收集、数据分析以及事件响应，如图 4.23 所示。入侵检测的第一步是数据收集，包括系统、网络运行数据及用户活动的状态和行为，并从中提取有用的数据。数据分析组件是 IDS 的核心，从收集到的数据中提取当前系统或网络的行为模式，与模式库中的入侵和正常行为模式进行比对，将检测结果传送给事件响应组件。事件响应组件记录入侵事件过程，收集入侵证据，同时采取报警、中断连接等措施阻断入侵攻击。

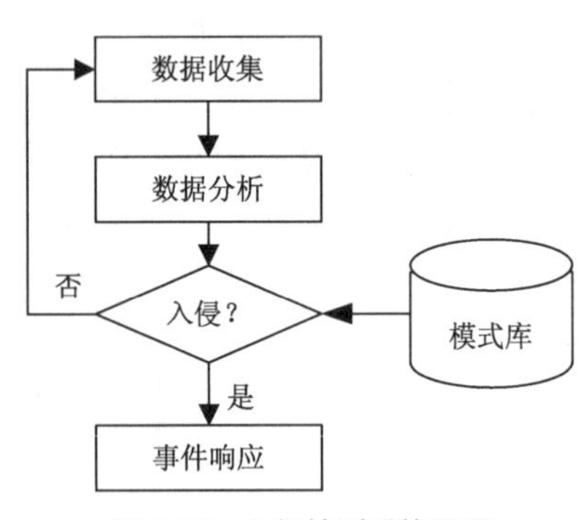

图 4.23　入侵检测系统原理

4.3.3　计算机病毒

随着计算机在社会生活各个领域的广泛运用，计算机病毒攻击与防范技术也在不断拓展。据报道，世界各国遭受计算机病毒感染和攻击的事件数以亿计，严重地干扰了正常的人类社会生活，给计算机网络和系统带来了巨大的潜在威胁和破坏。

1. 计算机病毒概述

“计算机病毒”这一概念最早是由美国计算机病毒研究专家 Frederick Cohen 博士提出的。“计算机病毒”有很多种定义，《中华人民共和国计算机信息系统安全保护条例》中对“计算机病毒”

做出了明确定义：计算机病毒是指编制或者在计算机程序中插入的破坏计算机功能或者数据，影响计算机使用并且能够自我复制的一组计算机指令或者程序代码。

世界上第一例被证实的计算机病毒出现在 1983 年，专家们在运行 UNIX 操作系统的 VAX11/750 计算机系统上进行了 5 次病毒实验。实验结果表明，病毒平均 30 分钟就可使计算机系统瘫痪，从而确认了计算机病毒的存在。

1988 年是国际上公认的计算机病毒年，这一年出现了典型的文件型病毒——“耶路撒冷”病毒，也被称为“黑色星期五”病毒，因为该病毒发作于 6 月 13 日，又恰逢星期五。

同年 11 月 2 日，Internet 中约 6000 台计算机系统遭到了“蠕虫”病毒的攻击，造成了整个网络的瘫痪，直接经济损失近亿美元。

1989 年 4 月，我国的西南铝厂首先报告在其计算机中发现“小球”病毒，这一事件标志着计算机病毒开始入侵我国。

2001 年以后，蠕虫病毒、邮件病毒以及木马/黑客病毒成为主流，并向多元化、混合化发展。

2009 年，U 盘等移动存储介质成为病毒传播的主要途径之一。

2012 年，彩票类钓鱼网站成为黑客新宠，并且病毒将其破坏行为转变为“地下操作”，传统的中毒后“计算机死机”“无法上网”等现象已不再是主流病毒采用的方式。

2017 年，WannaCry（永恒之蓝）病毒爆发，这是一种勒索病毒，黑客通过锁频、加密文件等方式劫持用户文件并以此敲诈用户钱财，主要传播途径为系统漏洞、电子邮件及广告推广。

随着计算机软、硬件和网络技术的发展，计算机病毒的编制技术也在不断适应新的变化。病毒和反病毒将成为一项长期的对抗运动。

2. 计算机病毒的特点

计算机病毒由计算机指令组成，可以像正常程序一样执行以达到其破坏的目的。但同时计算机病毒又具备一些普通程序所没有的特点。

（1）破坏性

破坏性是大部分病毒都具备的特点，有些病毒在运行时只占用系统资源，而不会有破坏行为，有的病毒发作时则会破坏硬件、删除文件、破坏数据甚至格式化磁盘，具有较大的破坏性。网络时代的计算机病毒还可能会阻塞网络，导致网络服务中断甚至整个网络系统瘫痪的严重后果。

（2）传染性

传染性是计算机病毒区别于普通程序的本质特点。计算机病毒具有自我复制功能，并能将自身嵌入到符合其传染条件的程序上，达到不断传染和扩散的目的，特别是在网络时代，计算机病毒通过 Internet 中的网页浏览和电子邮件的收发得以迅速传播。例如“爱虫”病毒仅仅用了两天就波及全球，造成多国的计算机网络瘫痪。

（3）隐蔽性

大部分的计算机病毒程序在触发执行之前，通常将自身附加在其他可执行的程序内，或者隐藏在磁盘的较隐蔽处，可以在不被用户察觉的情况下传染更多的计算机系统。

（4）潜伏性

有些计算机病毒传入合法的程序或系统后，不是立即发作，而是潜伏下来用以传染扩散。通常病毒潜伏的时间越长，传染的范围就越大，病毒运行时造成的破坏性就越广。

（5）可触发性

大部分计算机病毒只有在满足特定触发条件时才开始其破坏行为，不同的病毒其触发的机制也不相同。常用的触发条件包括打开特定文件、键盘键入特定字符或者满足特定日期时间，例如“黑色星期五”病毒就是每逢 13 日星期五这一天触发运行。

除上述典型特点外，网络时代的计算机病毒还显现出变种性、针对性、反跟踪性、智能化和自动化等新的特点，具有更大的危害，也给查杀病毒带来更大的挑战。

3. 蠕虫病毒和木马

蠕虫病毒是一种通过网络传播的恶性病毒，无须驻留文件即可在系统之间进行大量自我复制。蠕虫病毒的传染目标是互联网内的所有计算机，网络中的共享文件夹、电子邮件、恶意网页、存在漏洞的服务器等都是蠕虫传播的途径。蠕虫病毒可以在很短的时间内蔓延整个网络，甚至造成网络瘫痪，比普通病毒具有更大的破坏性。典型的蠕虫病毒有尼姆达、震荡波、熊猫烧香等。

木马（Trojan Horse）一词来自希腊神话中的“特洛伊木马”。希腊人在一只假装祭礼的巨大木马中藏匿了许多希腊士兵并引诱特洛伊人将它运进城内，等到夜里马腹内士兵与城外士兵里应外合，一举攻破了特洛伊城。计算机病毒中的木马是指那些表面上是有用的软件，实际目的却是危害计算机安全的计算机程序。它对自身进行伪装以吸引用户下载运行，向施种木马者提供打开被种者计算机的门户，使施种者可以任意毁坏、窃取被种者的文件，甚至远程操控被种者的计算机。

木马与普通病毒的区别是木马不具有传染性，它并不能像普通病毒那样复制自身，也并不“刻意”地去感染其他文件，它主要通过将自身伪装起来，吸引用户下载执行，窃取用户相关信息。木马程序中包含能够在触发时导致数据丢失甚至被窃的恶意代码，要使木马传播，必须在计算机上有效地启用这些程序，例如打开电子邮件附件或者将木马捆绑在软件中放到网络上吸引用户下载执行等。典型的木马有网络游戏类木马、网银类木马、网页点击类木马等。

木马程序的常见伪装方式如下。

（1）伪装成小程序，通常会起一个很诱人的名字，例如“FlashGet 破解程序”。用户一旦运行这个程序，就被安装了木马。

（2）伪装成网页，诱使用户去点击它，例如“高考查分”或者“聚会照片浏览下载”。用户一旦点击了这个链接，就被安装了木马。

（3）伪装绑定在正常的程序上面，黑客可以把一个正版 winzip 安装程序和木马编译成一个新的文件，一旦用户安装 winzip 程序，就会不知不觉地把木马种下去。

（4）伪装成邮件附件，邮件主题可能会是“好消息”，“你想赚钱吗？”等等，一旦你好奇地打开附件，木马就安装在了你的计算机中。

4. 计算机病毒的防治方法

随着计算机和网络技术的快速发展，计算机病毒的传播速度越来越快，传播途径越来越广，所造成的危害也越来越大。为了最大限度地减少计算机病毒的发作和危害，对计算机病毒的防治需要树立“预防为主，防治结合”的思想，采取有效的预防措施。一方面，需要加强计算机病毒防治的管理措施，建立健全保护计算机系统安全的法律法规；另一方面，还需要依靠强大的技术支持，包括系统加固、系统监控、软件过滤、文件加密、备份恢复等。

对于普通用户，在平时使用计算机的过程中，也应当掌握一些简单的计算机病毒预防措施，养成良好的安全习惯。

（1）安装实时监控的杀毒软件或防毒卡，定期更新病毒库，定期查杀病毒。

（2）安装防火墙工具，设置相应的访问规则，过滤不安全的站点访问。

（3）使用外来磁盘之前，要先用杀毒软件扫描，确认无毒后再使用。

（4）不随意打开来历不明的电子邮件及附件，以防其中带有病毒程序而感染计算机。

（5）经常运行 Windows Update，安装操作系统的补丁程序。

（6）不随意安装来历不明的插件程序。

（7）不随意打开陌生人传来的页面链接，谨防恶意网页中隐藏的木马程序。

（8）不使用盗版软件。

（9）使用专用的系统启动盘，并且要设置写保护，以防病毒侵入。

（10）对于重要的系统盘、数据盘及硬盘上的重要文件内容要经常备份，以保证系统或数据遭到破坏后能及时得到恢复。

4.3.4 网络诈骗的防范

网络诈骗是指以非法占有为目的，利用互联网采用虚构事实或者隐瞒真相的方法，骗取数额较大的公私财物的行为。近年来，网络诈骗的魔爪已经悄悄伸向校园。

案例一：小王同学收到一条短信，内容是："尊敬的客户您好!由于购物平台网络系统升级，请您及时点击以下网址认证账号信息，www.***.com。以免影响正常使用!"随后小王点开了短信内容中的网址，进入该网站之后按照提示输入账号和密码，之后银行卡内余额被洗劫一空。

案例二：小姚同学的室友，收到来自小姚同学的 QQ 消息，称小姚因车祸受伤，现在急需手术处理，让她转 3000 元手术费过来。室友按照要求马上转账，转账过后电话联系小姚，发现小姚正在上课，原来是 QQ 号被人盗取了。

案例三：小李同学看到一则招聘网络兼职人员信息，是给商家刷信誉的工作，非常清闲，不需要押金，并承诺每天至少可赚百元。小李信以为真，便开始刷单，起初每日都能得到返还的本金及佣金，但是从第三单开始，客服就用各种理由推托返现，并要求小李持续刷单。为了拿回本金，小李只能继续刷单，最后刷单金额共计 10000 余元，而此时客服人员也消失得无影无踪。

同学们在遇到此类情况时，一定要提高警惕，增强自我保护意识，将防范口诀常记心间。

诈骗知识不可少，防骗本领要提高。

涉钱信息莫轻信，陌生账户不转账。

不明电话及时挂，可疑短信不要回。

街头莫扫二维码，小心账户被盗刷。

兼职刷信不靠谱，骗取金钱没商量。

"好运"来了莫惊喜，恐吓到了莫慌张。

一旦难分真与假，赶紧拨打 110。

网络购物要小心，低价商品多陷阱。

蝇头小利莫贪心，天上不会掉馅饼。

本章小结

计算机网络由通信子网和资源子网组成。按照网络覆盖范围的大小，计算机网络可分为局域网、城域网、广域网。一个完整的计算机网络由网络硬件和网络软件组成，主要有总线、星形、环形、树状、网状等拓扑结构。Internet 是广域网的一种，采用 TCP/IP 层次模型。用户通过多种方式接入 Internet，并获取 WWW、电子邮件、文件传输或远程登录等基本服务。

信息安全的最终目标是借助合适、有效的信息安全防护措施实现信息系统的可靠性、保密性、完整性、有效性、可控性和拒绝否认性。计算机病毒的防治需要树立“预防为主，防治结合”的思想，采取有效的预防措施，并谨防网络诈骗。

习题 4

4.1　什么是计算机网络？其主要功能是什么？

4.2　从计算机网络覆盖的地理范围来看，计算机网络分为哪几类？

4.3　什么是网络拓扑结构？常用的网络拓扑结构有哪些？

4.4　Internet 网络的体系结构是什么？

4.5　常用的 Internet 接入方式有哪些？

4.6　Internet 提供的基本服务有哪些？

4.7　什么是信息安全？信息安全的目标有哪些？

4.8　常用的信息安全防护措施有哪些？

4.9　什么是计算机病毒？计算机病毒的主要特点有哪些？

05 第5章　算法设计基础

计算思维是培养系统化逻辑思维的基础，有了这一基础，我们在面对问题时才能具有更加严谨、完美的系统分析与问题分解能力。算法是实现计算思维的核心任务，是求解问题的技巧之一。同时，算法也是人工智能的关键，是程序设计的精髓。

如果说数学是皇冠上的明珠，那么算法就是这颗明珠上的光芒，算法让这颗明珠更加熠熠生辉，为科技进步和社会发展照亮了前进的路。因此，算法不仅是程序设计人员应该掌握的技能，也是非程序设计员需要普及的一项技能。算法作为一种思想，能锻炼我们的思维，使我们的思维变得更清晰、更有逻辑。算法是对事物本质的数学抽象，看似深奥，却体现着点点滴滴的朴素思想。学习算法思想，其意义也不仅仅在算法本身，也会对我们日后的学习生活产生深远的影响。因为，算法是无处不在的。

无论是现实中的实际问题，还是网络上的虚拟产物；无论是生活、工作中，还是在高科技专业领域中，都或明显或隐蔽地蕴含了算法的思想。例如我们要购物，淘宝网上使人眼花缭乱的商品再多，通过搜索、信用或折扣、销量排序等一系列的操作，我们能快速而精准地找到所需商品；我们要出行，便捷的打车软件，一键就能省去我们对出租车的苦苦等待；公安干警通过网络获取破案线索，不出门就能千里追捕逃犯；股民通过电脑、手机等可随时随地关注股市行情……在举世瞩目的高科技领域里，如云计算、人工智能、电子商务等，算法更是强大的、不可或缺的核心引擎。特别是面对“大数据”时代海量数据的爆发式增长，让计算机采用何种算法能更高效更智能地处理指定的数据信息，将“大数据”精简为“好数据”变得更加重要。

本章精选计算思维与算法课程中核心的内容，采用丰富的图例阐述算法以及算法设计的基础知识，并结合范例诠释计算机科学中较为知名的枚举、递推、递归、分治等经典算法策略的核心思想，以及它们在具体问题中的灵活应用，使大家能更好地理解并掌握算法的基本概念及其简单应用，这不仅可以为今后学习程序设计打好专业基础，也可以让我们学会巧用算法思维的基本逻辑指导生活。

5.1 问题求解

什么是问题求解？问题求解就是寻找一种方法来实现目标。但是，没有任何一种通用的方法能够求解所有问题。而在解决同一问题时，根据不同的问题理解、不同的经验、不同的工具等，会采用不同的求解方法。

图灵奖获得者 Edsger Dijkstra 曾说过："我们所使用的的工具影响着我们的思维方式和思维习惯，从而也将深刻地影响着我们的思维能力。"可见对求解问题的方法最有影响的是"工具"，它将直接影响甚至决定我们发现问题、理解问题、解决问题的思维方式、方法。20 世纪 40 年代电子计算机发明以后，因其速度快、逻辑运算能力强、自动化程度高等特点，迅速取代多种计算工具，计算机为各学科的问题求解提供了新的方法和手段。

运用计算机求解问题的思维活动被称为计算思维。但无论计算机功能如何强大，它本身并不具备思维能力。计算思维建立在计算机实现计算过程的能力和限制之上。现代计算机的工作原理是存储程序和程序控制。也就是说，计算机并不知道求解什么问题，怎么求解该问题，这需要人来告诉计算机。整个计算过程必须由人和机器协同配合执行，其中，人与计算机的对话沟通是通过程序员指定顺序的程序控制指令实现的。可见，使用计算机进行问题求解的计算思维的实现过程，也就是探寻并写出能使计算机"心领神会"并"游刃有余"地完成预期的计算任务的程序指令的过程。

利用计算机求解不同问题的程序控制指令可以有不同的顺序和不同的表示方法，但无论求解什么问题，获取程序控制指令的整个思维过程的基本步骤是相同的。一般步骤为：分析建模、算法设计、程序编码、调试运行和文档编制五个环节。

1. 分析建模

因为计算机只能直接处理二进制数据，所以对于要解决的问题，在交给计算机处理前应深入分析问题所给定的条件，以及最终要得到的结果，设法将其抽象成相应的数学问题，即数学建模。数学建模是一种基于数学的思考方法，它运用数学的语言——数字、字符、符号等描述问题的操作对象、已知条件、需要的输入，以及最终期望得到的输出（即所求结果）等，并找出操作对象之间蕴含的关系，从而用数学思想和方法来找出解决问题的方案。简而言之，数学建模就是用数学语言描述实际现象的过程，就是对实际问题的一种数学表述。

将现实世界的问题抽象成数学模型，就可能发现问题的本质及其能否求解，甚至找到求解该问题的方法和算法。

2. 算法设计

算法是程序编码前对求解问题将要采用的方法和步骤的准确而完整的描述。这些方法和步骤要逐一细化至每一步执行怎样的计算和操作，即明确说明每一步"做什么"和"如何做"。算法表达的是一种解题思想，即将一定规范的输入，在有限时间内获得所要求的输出的系统的策略机制。

算法设计就是在程序编码前，根据所得数学模型，设计适合计算机求解问题的具体算法。

对于同一个问题，可以用多种算法求解，为了选择更优的算法，我们在设计算法时，一定要统筹考虑问题中数据的数据结构（即数据的存储和组织方式）和算法的控制结构。

算法不能被计算机直接执行。我们需要用程序设计语言描述算法，从而实现其基本操作。

3. 程序编码

编码就是使用某一种计算机编程语言，依照设计好的求解问题的算法的每一步，编写对应的源程序代码的过程。在这个过程中，我们应当注意，不同语言的语句功能和性能有较大差距，因而写出的程序也会有一定的差别。

4. 调试运行

编写完的计算机程序投入运行前，必须送入计算机中测试。根据测试时所发现的错误，进一步诊断，找出原因和具体的位置进行修正。即不断地重复"输入—调试—改错"，直至无论输入什么数据，都能得到想要的结果。这也是对算法和程序代码的验证过程。

5. 文档编制

许多程序是提供给别人使用的，所以，在程序正式交付使用时，也必须向用户提供程序说明文件和用户操作手册，其内容包括程序名称、程序功能、运行环境、程序的装入和启动方法、可以输入的数据以及程序使用注意事项等。

下面通过用计算机构建"石头剪刀布"游戏的实例，说明计算思维中求解简单问题的一般过程。

【例 5-1】 编写一个程序，让计算机同我们一起玩"石头剪刀布"游戏。人输了，则输出"输了"；人赢了，则输出"赢了"；人与计算机平了，则输出"平局"。

游戏规则：石头胜过剪刀，剪刀胜过布，布胜过石头。

根据游戏规则，会产生如表 5.1 所示的结果。

表 5.1　"石头剪刀布"游戏可能情况及结果

对象	选项	选项	选项	选项	选项	选项	选项	选项	选项
人	石头	石头	石头	剪刀	剪刀	剪刀	布	布	布
计算机	石头	剪刀	布	石头	剪刀	布	石头	剪刀	布
结果	平局	赢了	输了	输了	平局	赢了	赢了	输了	平局

分析建模：

游戏中，计算机没有和人类一样的手、眼睛和思维，看不见也无法用肢体表示出人类的动作，思考不出这些动作代表的意义，也就无法进行进一步的比较。所以，需要我们站在计算机的角度分析这个问题，即将游戏数字化。本游戏中的两个操作对象有："人"和"计算机"，而他们分别拥有三个值："石头""剪刀""布"。处理的对象"人"和"计算机"可分别用字符表示，如字符"per"表示"人"，"com"表示"计算机"。而它们所拥有的三个值："石头、剪刀、布"可分别数字化为"1、2、3"。这样，人出的拳，转化为 per 通过键盘随机输入得到的数字。计算机出的拳，转化为 com 利用随机函数得到的值。即若值为 1，代表"石头"；值为 2，代表"剪刀"；值为 3，代表"布"。

游戏数字化后，按照游戏规则，比较 per 的值和 com 的值，就可得到游戏结果，如表 5.2 所示。

表 5.2　"石头剪刀布"游戏数字化情况及结果

对象	选项	选项	选项	选项	选项	选项	选项	选项	选项
per	1	1	1	2	2	2	3	3	3

续表

对象	选项	选项	选项	选项	选项	选项	选项	选项	选项
com	1	2	3	1	2	3	1	2	3
输出	平局	赢了	输了	输了	平局	赢了	赢了	输了	平局

算法设计：该游戏中两个对象 per 和 com 的取值为“1、2、3”，故其数据类型定义为整型；根据数据比较的不同的结果，执行不同操作，故选用控制结构中的选择结构。用自然语言描述具体算法如下。

S1：定义两个整型变量 per 和 com。

S2：选择{1,2,3}范围内的 1 个数输入，赋值给变量 per。

S3：利用随机函数产生一个{1,2,3}范围内的整数，赋值给变量 com。

S4：对 per 和 com 进行逻辑运算。若 per 等于 cow 成立，则输出“平局”；若 per 等于 1 且 cow 等于 2，或者 per 等于 2 且 cow 等于 3，或者 per 等于 3 且 cow 等于 1，有一个成立，则输出“赢了”；如果 per 等于 1 且 cow 等于 3，或者是 per 等于 2 且 cow 等于 1，或者是 per 等于 3 且 cow 等于 2，有一个成立，则输出“输了”。

S5：游戏结束。

设计好算法后，选定一种程序设计语言，按照其语法规则，依次将算法的每一步转换成对应的语句，完成程序编码，对编制好的程序进行调试运行，最后完成文档编制。最终可实现人和计算机的“石头剪刀布”游戏。

周以真教授曾提出计算思维的本质是抽象和自动化，其中的抽象就是指求解问题的分析建模，它是自动化的前提和基础。计算机通过程序实现自动化，而编写程序的核心是设计算法，设计可实现的、可在有限时间和空间内执行的、尽可能快速的算法。所以，掌握算法设计是每一个程序设计人员必须具备的技能。

5.2 算法概述

算法被誉为计算机学科的灵魂，是计算机学科中最具有方法论性质的核心概念，在计算思维中有着重要的地位。

5.2.1 算法定义及其特征

“算法”（Algorithm）一词，也许是陌生的、抽象的、艰深晦涩的。但它早在中国西汉时期的《周髀算经》中就已经出现，之后《九章算术》给出四则运算、最大公约数、最小公倍数、求素数等问题的求解算法。自唐代以来，历代更有许多专门论述“算法”的专著，如宋代的《杨辉算法》等。而在欧洲，“算法”最早在 9 世纪由波斯数学家 al-Khwarizmi 提出，起初称为“Algorism”，意思是阿拉伯数学的运算法则，到 18 世纪演变为“Algorithm”。20 世纪 50 年代，欧几里得描述了求两个正整数 m、n 的最大公约数的过程，被称为欧几里得算法，也叫辗转相除法，这个算法被认为是历史上第一个算法，该算法也被沿用至今。

所谓算法，广义地讲就是求解问题的方法和过程。例如要用手机给微信好友发信息，其过程可以描述如下。

第 1 步：打开手机的微信 App，并登录自己的微信账号。

第 2 步：点击下方的“通讯录”按钮，查找接收消息的微信好友。

第 3 步：点击打开好友名片，选择“发信息”。

第 4 步：在底部输入框中输入信息内容，之后点击“发送”按钮。

以上 4 步就可以称为完成“用手机给微信好友发信息”这项任务的算法。

当然，在计算机科学领域中，算法有其更为严格的定义：以一步接一步的方式来系统而清晰地描述计算机如何将有一定规范的输入，在有限时间内获得所要求的输出的过程。简单地说，算法是有限条解决问题的清晰的指令序列，它代表着用系统的方法描述解决问题的策略机制。

一个合格的算法都应该具有以下 5 个基本特征。

（1）输入：一个算法有零个或多个由外界提供的值作为算法的输入。

（2）输出：一个算法产生至少一个量作为输出。算法是为了解决某一问题而设计的，故其应将最终结果展现出来，即算法必须有输出，否则就没有意义了。

（3）确定性：算法中每一条指令必须有确切的含义，无歧义，确保在任何情况下，对于同一个算法的相同输入，必然得出相同的输出结果。

（4）有限性：对一定规范的输入，算法中每条指令必须在有限时间内执行有限步之后结束。即算法中每条指令的执行次数和时间都必须是有限的。

（5）可行性：算法中不应该有任何情况都执行不到的操作或无法执行的操作。

一个问题的解决方案可以有多种表达方式，但只有满足以上 5 个条件才能被称为算法。因此，计算机算法对方法和步骤的描述必须是有限的、有序的、有效的。

5.2.2　算法的描述

算法是计算机解题过程精准而完整的描述。不管用哪种形式描述一个解题过程，只要它逻辑清晰，结果正确，哪怕就是脑子里构思的算法也是好的算法。但在解决实际问题时，问题往往比较复杂，并不是可以直接用大脑就想得清楚的，因此需要借助一些简单、清晰的“描述语言”来辅助大脑构建解题过程，这也就是算法的描述形式。好的算法描述不仅能对设计出的算法进行详细的表述，还可以使算法中的逻辑和顺序关系清晰、严谨，便于程序设计员阅读、理解，并能及时发现和改正错误，进而提高程序设计的效率。

算法的描述有多种方式，常用的有自然语言、流程图、N-S 图、PAD 图、伪代码、程序设计语言等，各种描述方式对问题的描述能力存在一定的差异，下面以欧几里得算法为例，着重介绍自然语言、流程图、N-S 图、伪代码 4 种描述方式的基本特点。

1. 自然语言

自然语言（Natural Language）即人们日常生活中使用的语言，可以是汉语、英语、数学关系式等。使用自然语言描述算法，通俗易懂，形式自由。但其用于描述的文字较为冗长繁复，对复杂的问题难以表达准确，歧义性强。所以，自然语言一般是初学者描述简单算法时用的。

欧几里得算法用自然语言可描述如下。

S1：定义三个正整数变量 m,n,r。

S2：输入两个正整数 m,n，并保证 m≥n（若 m<n，则要先交换 m,n 的值）。

S3：r=m%n（注：“=”不是等号，是赋值运算符，即符号左侧的变量会得到其右侧表达式的值，“%”为求余运算符，r=m%n 表示将 m 对 n 求余的结果赋值给变量 r）。

S4：如果 r!=0（“!=”是不等号运算符）成立，则反复执行 m=n,n=r,r=m%n，直至 r 的值为 0，才能结束循环，则所求最大公约数为 n。

S5：输出 n 的值并结束求解。

2. 流程图

流程图（Flow Chart）也称为程序框图，是用各种几何图形、流程线及文字说明来表示各种类型的操作框图。美国国家标准化协会（American National Standard Institute，ANSI）规定了一些常用的流程图符号，如表 5.3 所示。

表 5.3　　流程图常用符号

名称	流程图符号	含义
起始/结束框		表示算法的开始与结束
数据输入/输出框		表示数据输入和输出
处理框		用于描述基本的操作功能，如赋值、数学运算等
判断框		根据框中给定的条件是否满足，选择两条执行路径中的一条
流程线	↓ →	表示流程的执行顺序、路径和方向
连接符		连接流程图中不同地方的流程线。成对出现，同一对连接点标注相同的数字和文字。常用来连接不同页上的流程图
注释框		框中内容是对算法的相关部分的解释说明

流程图方法形象直观，易于理解，并可直观地将算法转化为程序。但流程图占用篇幅较多，尤其是当算法比较复杂时，制作流程图既费时又不方便。欧几里得算法的流程图如图 5.1 所示。

此外，由于流程图中的流程线没有约束，可以任意转向，从而造成算法阅读和修改上的困难，不利于结构化程序的设计。所以，用流程图描述算法时，一般要注意以下几点。

（1）根据解决问题的步骤按从上至下的顺序画流程线，各图框中的文字要尽量简洁。

（2）为避免流程图的图形显得过长，图中的流程线要尽量短。

（3）用流程图描述算法的原则是：根据实际问题的复杂性，流程图达到的最终效果应该是依据此图就能用某种程序设计语言实现相应的算法（即完成编程）。

3. N-S 图

1972 年美国学者 I. Nassi 和 B. Shneiderman 提出了一种在流程图中完全去掉流程线，全部算法写在一个矩形阵内，在框内还可以包含其他框的流程图形式。即由一些基本的框按执行的次序连接起来组成一个大矩形框，就是一个完整的算法描述。这种流程图就称为 N-S 结构流程图（简称 N-S 图）或盒图。

N-S 图描述的算法在执行时只能从上到下顺序执行，从而避免了算法流程的任意转向，保证了程序的质量。N-S 图的另一个优点是形象直观，画图节省篇幅，尤其适合结构化程序的设计。图 5.2 即为欧几里得算法的 N-S 图。

4. 伪代码

伪代码是指使用介于自然语言和计算机语言之间的文字和符号来描述算法，它不能被计算机理解和执行。伪代码相比程序语言，更加不受语法和格式约束，多用英文、汉字、数学表达式、程序语言符号等混合表示算法，一般根据程序设计员的习惯，以便于书写和阅读为原则，故其能被更好地转换为高级语言程序。下面对比一下用伪代码描述的欧几里得算法和用该算法编写的 Python 语言程序。

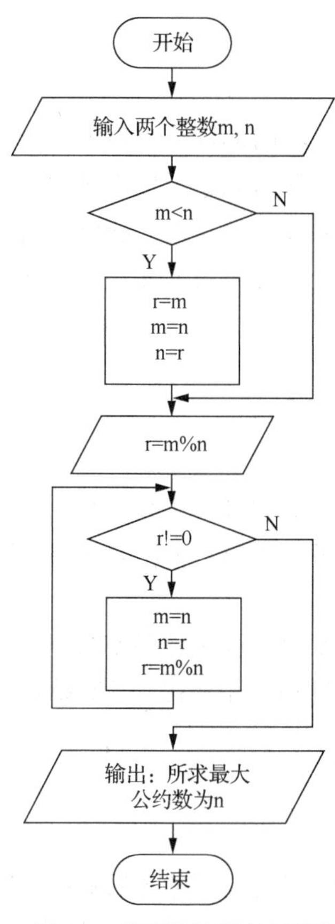

图 5.1　欧几里得算法流程图

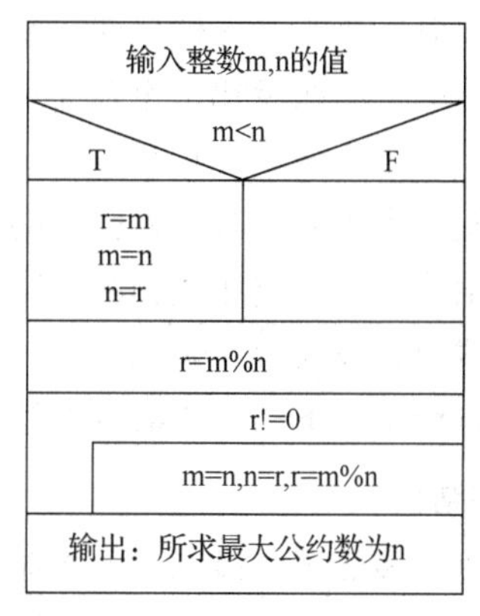

图 5.2　欧几里得算法 N-S 图

伪代码描述的欧几里得算法如下。

```
scanf  m,n          /*键盘输入 m,n 的值*/
if(m<n)             /*若 m<n，则交换 m, n 的值，以保证 m 的值始终不小于 n */
  {r=m;m=n;n=r;}    /*交换 m, n 的值时，要借用第三方变量 r，以记录没有交换前 m 的值*/
r=m%n               /*将 m 除以 n 的余数赋值给 r*/
while(r!=0)         /*while 结构化循环语句关键字，括号里的是循环条件*/
  { m=n;            /*只要 r 的值不为 0，就反复递推，缩小求解范围*/
    n=r;
    r=m%n; }
printf  所求的最大公约数为 n;          /*输出结果*/
```

将上述算法转化为用 Python 程序设计语言编写的程序，其源代码如下：

```
m=int(input("输入第 1 个数"))
n=int(input("输入第 2 个数"))  /*键盘输入 m,n 的值*/
if(m<n):            /*若 m<n，则交换 m,n 的值，以保证 m 的值始终不小于 n*/
   r=m
   m=n
```

```
    n=r                /*交换 m,n 的值时，要借用第三方变量 r，以记录没有交换前 m 的值*/
 r=m%n                 /*m 除以 n 的余数，赋值给 r*/
 while(r!=0):          /*while 结构化循环语句关键字，括号里的是循环条件*/
    m=n                /*只要 r 的值不为 0，就绪反复递推，缩小求解范围*/
    n=r
    r=m%n
 print("所求的最大公约数为", n)      /*输出结果*/
```

Python 语言程序在编写时，要求必须符合其语法规定，如 Python 语言规定相同的缩进代表同一层次。而算法不受程序语法约束，只要不会产生歧义，甚至可以说会使用多种程序设计语言中的表达式、关键字等。由此可见，伪代码对算法的描述，不仅书写自由、简单、结构清晰，而且其更接近程序代码形式，故其深受程序设计员的青睐，也常被用于技术文档、科学出版物中来表示算法。

本书中的例题的求解算法以流程图和 N-S 图为主。

5.2.3 算法的基本结构

算法是计算机解题过程精准而完整的描述。所以，我们在设计算法时，不仅要清楚明确地表述出解决问题的方法和步骤，也要使设计出的算法具有高效性的特点，即算法要尽量节省空间以及时间资源。

在计算机编程领域，有一种旨在高效描述程序、最大限度减少设计误差的方法，叫结构化编程方法。在结构化编程方法里，所有问题的处理流程都可以用顺序结构、分支结构和循环结构这三种结构，或单独或组合地表示。

下面详细介绍一下结构化编程方法的三种结构。

1. 顺序结构

顺序结构是最简单、最基本的控制结构，其操作步骤是按照设置的先后顺序依次执行。如图设 A、B 代表算法的两组不同操作，顺序结构的基本形式为“执行 A 操作，然后执行 B 操作”，执行算法流程图和 N-S 图如图 5.3 所示。

【例 5-2】 表述用计算机实现求任意两数之和的算法。

算法分析：本例中没有太多的步骤，只要依次执行“输入数据→求和→输出结果”，即可完成问题求解，用流程图描述其算法如图 5.4 所示。

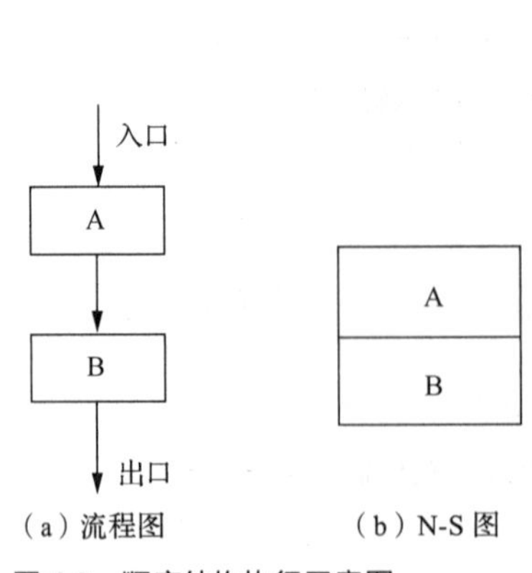

（a）流程图　　（b）N-S 图

图 5.3　顺序结构执行示意图

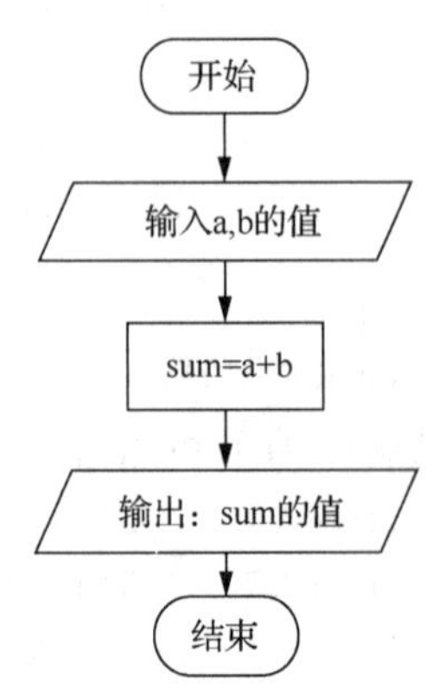

图 5.4　例 5-2 算法流程图

2. 分支结构

分支结构也叫选择结构，是指在算法中需要根据条件的成立与否选择执行不同的操作方向。分支结构分为单分支结构和双分支结构。

单分支结构的基本形式为"如果条件 P 成立，则执行 A 操作，否则（即条件 P 不成立）不执行任何操作"，如图 5.5（a）所示。

双分支结构的基本形式为"如果条件 P 成立，则执行 A 操作，否则（即条件 P 不成立）执行 B 操作"。应当注意，无论条件是否成立，只能执行 A 或 B 之一，不能既执行 A 又执行 B；也不可能 A 和 B 都不执行，如图 5.5（b）所示。

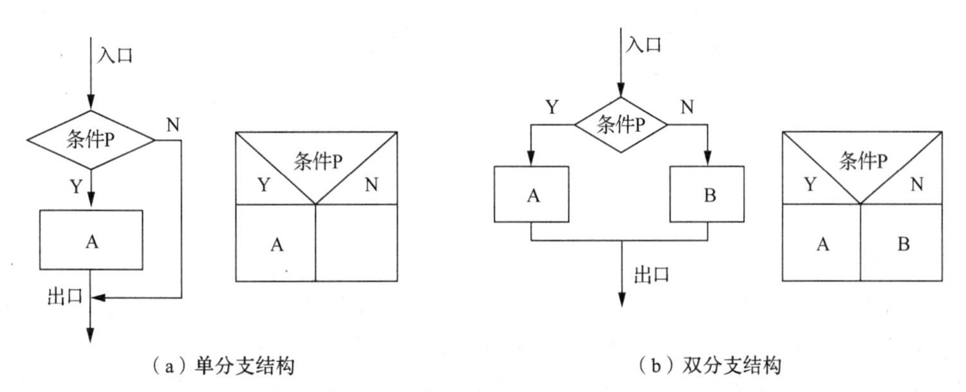

（a）单分支结构　　（b）双分支结构

图 5.5　分支结构执行示意图

【例 5-3】 小王计划出门，妈妈告诉他如果下雨就带上伞再出门。

算法分析：这里的任务是"出门"，"下雨"是否成立，是完成"出门"前准备工作的判断条件，"下雨"成立，则需要带上伞再出门，否则不需要任何操作，可见其选择的情况只有一种，故选用单分支结构。

其执行过程的算法流程图如图 5.6 所示。

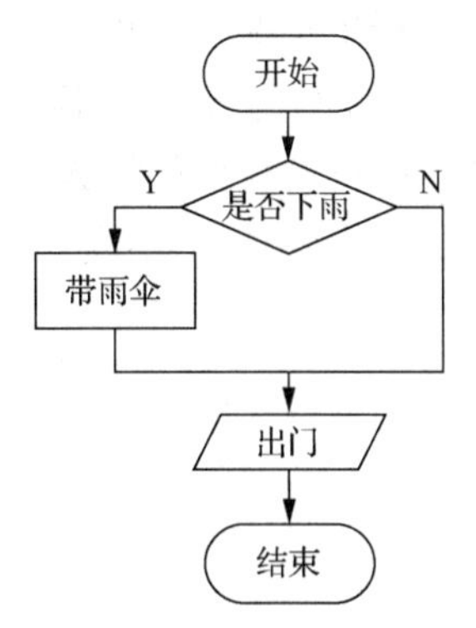

图 5.6　例 5-3 算法流程图

【例 5-4】 输入一个整数 m，判断其能否被 2 和 3 整除。若能则输出"m 能被 2 和 3 整除"；若不能则输出"m 不能被 2 和 3 整除"。

算法分析：常用的判断整除的方法就是用该数对除数求余，当余数为 0 时，即可判定为能整除，当余数不为 0 时，则判定为不能整除。所以，本例中判断"m 能否被 2 和 3 整除"，可以将 m 分别对 2 和 3 求余后进行逻辑与运算（即 m%2==0 and m%3==0）的结果作为判断条件，或将 m

对 6 求余（即 m%6）的结果是否为 0 作为判断条件，若结果为 0，可得 m 能被 2 和 3 整除；若结果不为 0，则 m 不能被 2 和 3 整除。其算法流程图如图 5.7 所示。

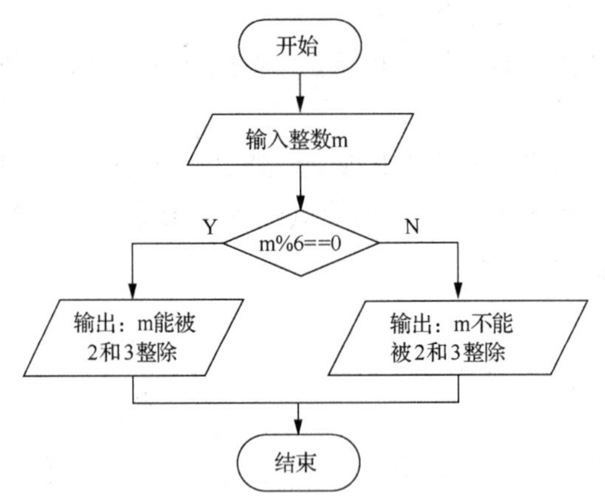

图 5.7 例 5-4 算法流程图

3. 循环结构

循环结构也叫重复结构，它在给定条件成立时，需要反复执行同一操作。循环结构有 3 个要素：循环变量、循环体和循环终止条件。循环结构中通常都有一个起循环计数作用的变量，这个变量的取值一般都包含在执行或终止循环的条件中，即为循环变量。从某处开始，按照一定条件需要反复执行的某些操作，就是循环体。循环结构不能无限制地执行，否则就成了死循环，所以一定要在某个条件下终止循环，这个可以用来判定是否继续执行循环体的条件就称为循环条件。

循环结构的重点是构架循环体，其基本思想是“以不变应万变”。所谓“不变”是指循环体内运算的表现形式是不变的，而每次具体的执行内容却是不尽相同的，这种不同，一般与循环变量有关。此外设计循环结构，还要注意循环的形成与控制。从循环的形成与控制不同来划分，循环结构可分为当型循环结构和直到型循环结构。

当型循环结构的基本形式为“先判断条件 P，若 P 成立，执行循环体 A，如此反复，当条件 P 不成立时，不再执行循环体 A，退出循环结构”，具体执行流程图和 N-S 图如图 5.8（a）所示。

直到型循环结构的基本形式为“先执行一次循环体 A 后，再对条件 P 进行判断，若 P 成立，则返回再次执行循环体 A，如此反复，直到条件 P 不成立，结束并退出循环结构”，具体执行流程图和 N-S 图如图 5.8（b）所示。

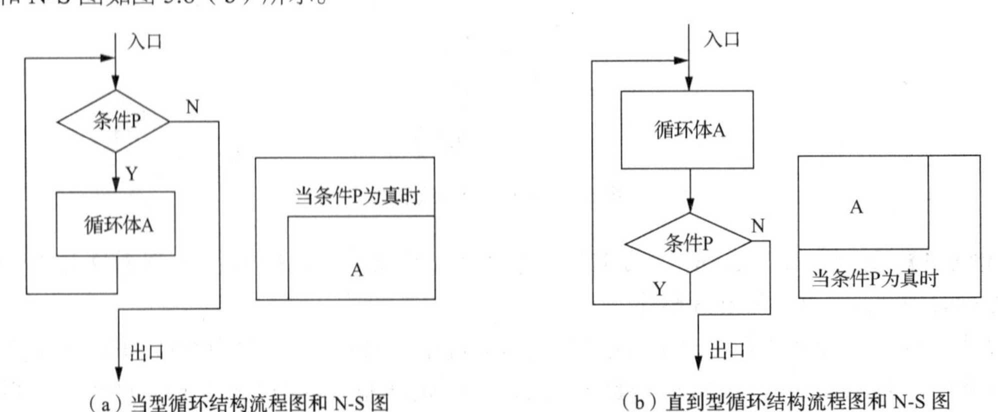

（a）当型循环结构流程图和 N-S 图　　（b）直到型循环结构流程图和 N-S 图

图 5.8 循环结构执行流程图和 N-S 图

可见，在循环结构中，循环体部分一般会被反复执行多次，但也可能只执行一次或零次。对于同一个问题，既可以用当型循环结构，也可以用直到型循环结构来处理。

循环结构可以减少算法重复书写的工作量，用来描述需要重复执行的某些步骤，这是算法设计中最能发挥计算机特长的算法结构，许多基本问题求解中都会用到循环结构。

【例 5-5】 计算 $1+2+3+\cdots+n$ 的值。

算法分析：因为计算机每次只能进行两数求和，所以，多数相加求和时，只能把数据依次加入，即循环做累加运算。这时一般需要先设一个计数器和一个累加器，计数器用于统计加入的数据个数，即循环次数；累加器实现累加求和，其初值一般为 0。用自然语言描述其算法如下。

S1：变量赋初值：i=1，sum=0。

S2：输入 n 的值。

S3：若 i≤n 成立，则执行 S4，否则执行 S5。

S4：执行 sum=sum+i（实现累加），i=i+1（实现计数），并返回 S3 继续执行。

S5：输出 sum 的值。

用流程图描述其算法如图 5.9 所示。

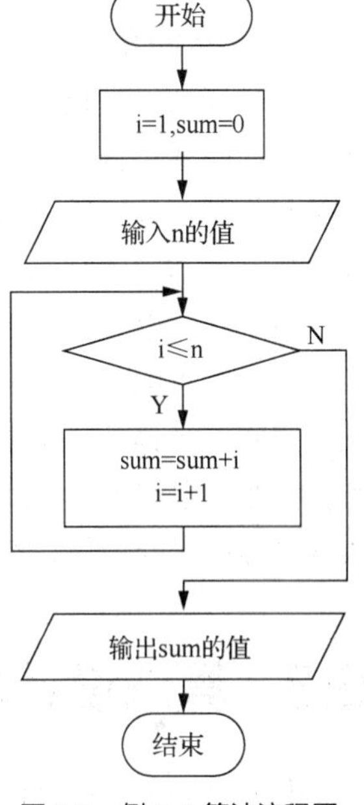

图 5.9　例 5-5 算法流程图

顺序结构、分支结构和循环结构并不是彼此孤立的。在循环中可以有分支结构、顺序结构，分支中也可以有循环结构、顺序结构。在实际编程过程中常将这 3 种结构相互结合以实现各种算法。同时将由上述 3 种基本结构构成的程序称为结构化程序。在一个结构化程序中，每一个程序块都只有一个入口和一个出口，不能有永远执行不到的语句，也不能无限制的循环（即死循环）。用以上 3 种结构可以表示任何复杂的程序。

5.2.4　算法的评价标准

同一个问题可以用许多不同的算法解决，而不同的算法可能耗用系统不同的时间、空间和效率。例如，对于数据的排序问题，就有选择排序、冒泡排序、插入排序等多种算法，对于这些排序算法，它们各有优缺点，其算法性能如何，有待用户的评价。因此，对算法优劣的评定称为“算法评价”。

算法评价的目的，在于从解决同一问题的不同算法中选择出较为合适的一种算法，或者是对原有的算法进行改造、加工，使其更优、更好。一般从以下性能指标对算法进行评价。

1. 算法的正确性

正确性是设计和评价一个算法的首要条件，如果一个算法不正确，其他方面就无从谈起。算法正确是指在合理的输入数据下，能在有限的时间内得到正确的结果。可以对所有可能情况的输入数据进行分析，以证明算法是否正确。

2. 算法的可读性

可读性是指一个算法可供人们阅读的容易程度。可读性好的算法有利于算法的理解和修改。一个可读性好的算法，应该使用便于识别和记忆的、与描述事物或实现的功能相一致的标识符；

应该符合结构化模块化的设计思想；应该建立相应的文档，对整个算法的功能、结构、使用及有关事项进行必要的说明。

3. 算法的健壮性

健壮性是指一个算法对不合理（又称不正确、非法、错误等）数据输入的反应能力和处理能力，也称为容错性。算法应具有容错处理的能力。当输入非法或错误数据时，算法应能适当地做出反应或进行处理，而不会产生莫名其妙的输出结果。对错误数据的处理一般包括打印出错信息、调用错误处理程序、返回标识错误的特定信息及终止程序的执行等方式。

4. 算法的复杂度

算法复杂度是指算法的时间复杂度和空间复杂度，算法在编写成可执行程序后，运行时希望能达到高效率、低存储量的需求。通常算法效率值是指算法执行时间，即算法的时间复杂度；存储量是指算法执行过程中所需要的最大存储空间，即算法的空间复杂度。好的算法，就是使对应程序执行时需要的时间尽可能少，所占内存或者磁盘空间也尽可能少。

对于同一个算法，因为采用不同的语言实现，或用不同的编译程序进行编译，或在不同的计算机上运行等因素，算法的性能之间存在着或多或少的相互影响。

因此，当设计一个算法（特别是大型算法）时，要综合考虑并均衡算法的各项性能之间的关系，合理利用控制结构以及各种程序设计语言的特点，尽量做到：算法必须正确，步骤尽可能少，实现过程尽可能简单，空间占用尽可能少等。

5.3 算法设计基础

算法是对解决问题的方法和步骤的描述，并不需要给出问题的精确的解，但在各个领域中考虑到数据的各种限制和规范，要得到一个符合实际的可行的优秀算法，得经过大量的推理和分析。

5.3.1 经典算法策略

实际应用的算法千变万化，种类繁多。但前人对大量算法进行了深入探讨，发现许多不同问题的解决算法的设计思想有相似之处。经过科学的总结，找到了一些行之有效的策略机制能够用于不同问题的算法设计中。下面列举一些常用的算法设计策略。

1. 枚举策略

枚举策略也称为穷举法或列举法。这种算法策略充分利用计算机高速运算的特点，根据已知条件，在给定范围内，对所有可能的解按某种顺序进行逐一验证，从中找出符合条件要求的解。

采用枚举策略解题，一般按照以下 3 步进行。

（1）确定题解的可能范围，不能遗漏任何一个真正解，也要避免有重复。

（2）确定能判断是否是真正解的条件。

（3）尽量使可能解的范围降至最小，以便提高解决问题的效率。

枚举策略常用于解决“是否存在”或“有多少种可能”等类型的问题，其关键是列举所有可能的情况，并进行条件判断，通常使用循环结构来实现。

【例 5-6】 我国古代数学家张丘建在《张丘建算经》一书中提出了“百钱买百鸡问题”：鸡翁一，值钱五；鸡母一，值钱三；鸡雏三，值钱一。百钱买百鸡，问鸡翁、鸡母、鸡雏各几何？

算法分析：根据题意建立数学模型，假设鸡翁有 x 只，鸡母有 y 只，小鸡有 z 只。由题意可得如下两个方程：

$$\begin{cases} x+y+z=100 & ① \\ 5x+3y+z/3=100 & ② \end{cases}$$

显然，这是一个不定方程组，两个方程三个未知数，无法直接求解，故可采用枚举策略，把所有可能的情况一一测试、验证。如果将条件最大化，则公鸡、母鸡、小鸡的数量应该都在 0～100 的范围内，如果将所有可能一一列举，则有 1030301 种情况需要验证。但若是做进一步分析，根据题意不难看出 100 元钱，最多可以买 20 只鸡翁（即 $0≤x≤20$），或者买 33 只鸡母（即 $0≤y≤33$），而小鸡最多也只能是 100 只（即 $0≤z≤100$）。这样就可以将所有情况缩减为 72114 种。

再做进一步分析，如果将 $z=100-x-y$ 作为一个约束条件，则解题时遍历 x，y 的所有取值即可，那么该问题的求解只需要 21×34=714（种）情况即可，此时的算法流程图如图 5.10 所示。

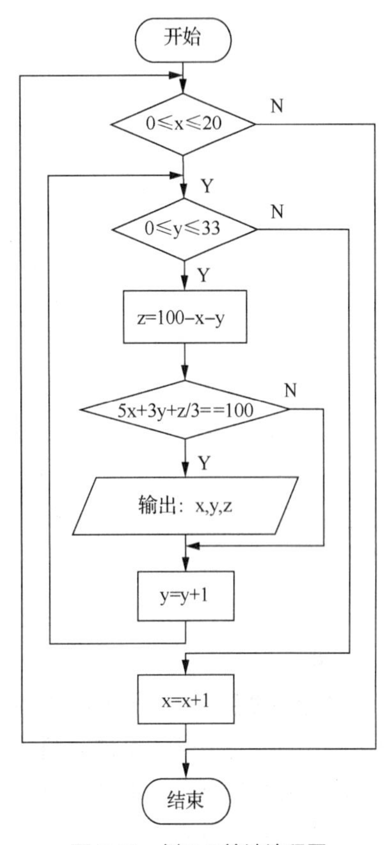

图 5.10　例 5-6 算法流程图

不难看出，采用枚举策略解题时虽然运算量大，但其思路简单，而且，对于同一个问题，可以有不同的枚举范围，不同的枚举对象，会导致解决问题效率差别很大，因此选择合适的方法会让解题效率大大提高。

2. 递推策略

递推策略在数学上又称为迭代法，它采用“稳打稳扎”的策略，首先在给定的已知条件中建立起相邻两项或几项之间的关系，即递推公式，然后从初始条件出发，利用递推公式，不断由旧值推出新值，然后再用新值代替旧值继续递推，直至得到最终结果为止。

递推策略更多地用于计算，如：求某个整数的阶乘，利用辗转相除法求两个正整数的最大公约数，求斐波那契数列等，这些问题求解时都体现了递推算法思想。

【例 5-7】 猴子吃桃问题。一只猴子第一天摘下若干桃子，当即吃了一半，还不过瘾，又多吃了一个，第二天早上又将剩下的桃子吃掉一半，又多吃了一个。以后每天早上都吃了前一天剩下的一半再多一个。到第 10 天早上想再吃时，见只剩下一个桃子了。求猴子第一天共摘了多少个桃子？

算法分析：这是一个递推问题，因为猴子每次吃掉前一天的一半又多一个，则若设 x_n 为第 n 天的桃子数，它就是第 n-1 天的桃子数的一半减 1 个，即

$$x_n = \frac{1}{2}x_{n-1} - 1$$

那么第 n-1 天的桃子数的递推公式为：

$$x_{n-1}=(x_n+1)\times 2$$

已知第 10 天的桃子数为 1，由递推公式得第 9 天的桃子数为（1+1）×2=4（个），第 8 天的桃子数为（4+1）×2=10（个）……依次类推，可得第 1 天的桃子数为 1534。对应的算法流程图如图 5.11 所示。

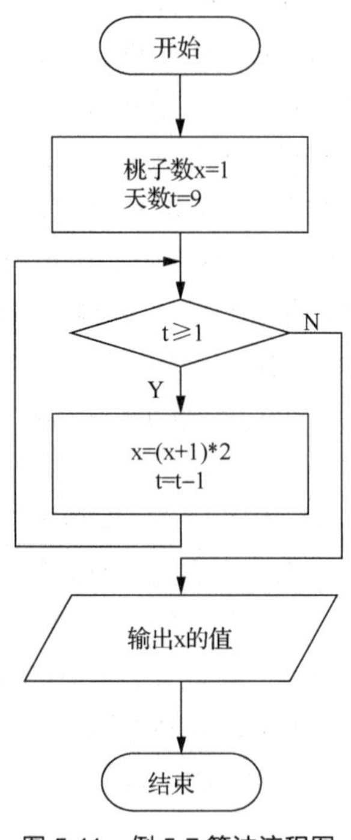

图 5.11　例 5-7 算法流程图

【例 5-8】 斐波那契（Fibonacci）是中世纪意大利数学家，他在《算盘书》中提出了 1 对兔子的繁殖问题：如果每对兔子成熟后每月能生 1 对小兔子，而每对小兔子在出生后的第三个月开始，每月再生 1 对小兔子，假定在不发生死亡的情况下，最初的一对兔子在一年末能繁殖成多少对兔子（假定以上兔子都是雌雄成对）？

算法分析：根据问题描述，可以看出新生兔到第三个月开始生小兔，之后就可每月生一对小兔，而且不发生死亡情况，用表 5.4 可以清楚地分析兔子数的变化规律。

表 5.4　　每月的兔子数量

月份	1 月	2 月	3 月	4 月	5 月	6 月	7 月	8 月	9 月	10 月	11 月	12 月
小兔	1		1	1	2	3	5	8	13	21	34	55
大兔		1	1	2	3	5	8	13	21	34	55	89
合计	1	1	2	3	5	8	13	21	34	55	89	144

从表 5.4 中的数据不难看出以下规律：每月的大兔子数目一定等于上月的兔子总数，而每个月的小兔子数目一定等于上月的大兔子数目（即前一个月的兔子的数目）。合计可得每月的兔子对数依次为 1,1,2,3,5,8,13,21,…这就是著名的斐波那契数列。

假设第 n 个月的兔子数目是 $fib(n)$，根据上述分析，可得如下关系式：

$$fib(n)=\begin{cases}1, & n\leqslant 2\\ fib(n-1)+fib(n-2), & n>2\end{cases}$$

由已知的 $fib(1)=1$，$fib(2)=1$，利用上述递推公式便可求得 $fib(3)=fib(1)+fib(2)=2$，再由 $fib(2)$ 和 $fib(3)$的值递推可得 $fib(4)=fib(2)+fib(3)=3$，依次类推……直至求出 $fib(12)=144$。其算法流程图如图 5.12 所示。

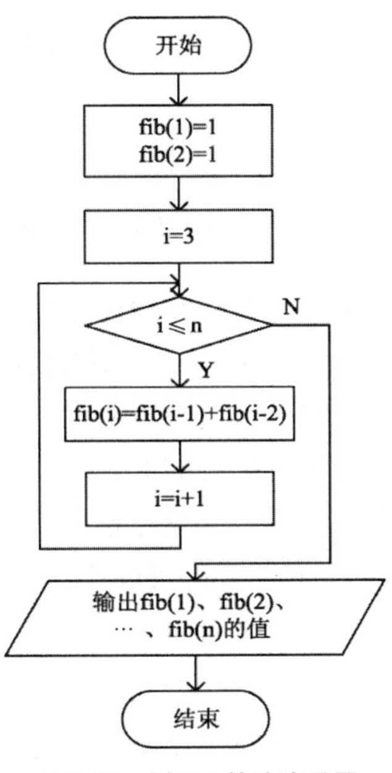

图 5.12　例 5-8 算法流程图

3. 递归策略

递归策略，简单来说，就是一种直接或间接调用自身的算法。在数学和计算机科学中，递归算法有三个特点。

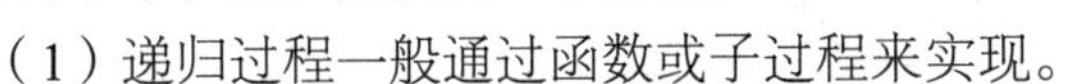

（1）递归过程一般通过函数或子过程来实现。

（2）递归算法在函数或子过程的内部，直接或间接地调用自己。

（3）递归算法实际上是把问题转化为规模缩小的同类问题的子问题，然后再递归调用函数或过程来表示问题的解。

使用递归算法时要注意，必须有一个明确的递归结束条件，称为递归出口。

【例 5-9】 用递归算法求正整数 n 的阶乘 $f(n)$的值。其中：

$$f(n)=\begin{cases}1, & (n=1)\\ n\times f(n-1), & (n>1)\end{cases}$$

算法分析：当 $n=1$ 时，$f(n)=1$；当 $n>1$ 时，$f(n)=n\times f(n-1)$。而 $f(n-1)$同样满足上述函数定义，$f(n-1)=(n-1)\times f(n-2)$只是其参数值小了 1，继续递推，需要参数更小的函数 $f(n-2)$的值……依次往下递推，函数参数值逐渐减小，直至参数值减小为 1。已知 $f(1)=1$，递推结束。这一过程被称为递推过程。它将原始问题不断转化为规模更小且处理方式相同的新问题，如图 5.13 的①～⑤所示。

得到 $f(1)=1$ 后，将其带回上一个函数 $f(2)$中，得 $f(2)=2$，再将 $f(2)$带回 $f(3)$……依次将得到的值带回，直至将 $f(n-1)$的值带回 $f(n)=n\times f(n-1)$，得出 $f(n)=n!$，即可完成求解。这一过程被称为回归过程，它从已知条件出发，沿着递推的逆过程，逐一将值返回，直至回归到初始处。

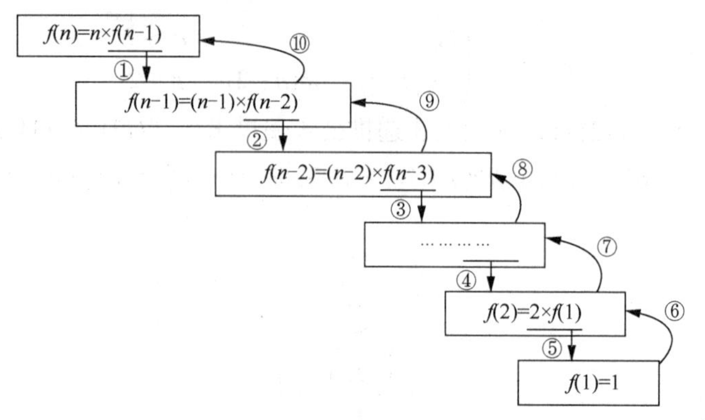

图 5.13　例 5-9 求解过程示意

递归是一个奇妙的思维方式。在编写计算机程序时，使用递归策略只需少量的程序就可描述出解题过程所需要的多次重复计算，大大地减少了程序的代码量。对解决一大类问题是十分有效的，如斐波那契数列、汉诺塔问题、杨辉三角的存取等经典问题的求解。但由于递归会有一系列的重复计算——既要有去（递推），有的有回（回归），所以，递归算法的执行效率相对较低。当某个递归算法能较方便地转换成递推算法时，通常按递推算法编写程序。例如例 5-9 计算 n 的阶乘 $f(n)$的值时采用递推算法，可令 n=1，从已知的 $f(1)$=1，利用递推公式 $f(n)=n\times f(n-1)$，即可依次求出 $f(2)$、$f(3)$直至 $f(n)$的值，其算法流程会更为简单、直接。

4. 分治策略

分治的思想古已有之，秦灭六国统一天下，正是采用各个击破、分而治之的方法。在计算机科学中，分治策略是一种很重要的算法策略。分治策略可描述为：一个规模为 n 的问题，可分解为 k 个规模较小的更容易求解的子问题，这些子问题互相独立且与原问题性质相同，求解出各子问题的解后，将各子问题的解合并即可得到原问题的解，如图 5.14 所示。

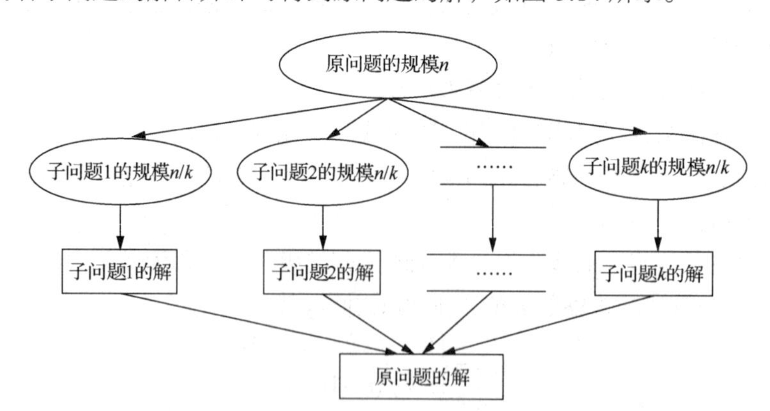

图 5.14　分治法示意图（典型情况）

能否应用分治策略解决问题的关键是：原问题分解出的子问题的解是否可以合并为原问题的解，若不具备该特征，则无法使用分治策略求解。同时原问题所分解出的各个子问题是相互独立的，即子问题之间不包含公共的子问题，此特征涉及分治法的效率问题，如果各个子问题是不独立的，则分治法要做许多不必要的工作，重复地解公共的子问题，此时虽然可用分治策略，但一般用动态规划策略较好。

分治与递归像一对孪生兄弟，经常同时应用在算法设计之中，并由此产生许多高效算法。我们熟知的汉诺塔问题、折半查找算法、快速排序算法等都是分治策略运用的典型案例，如例 5-13 即为折半查找（也叫二分法查找）。

5.3.2　常见问题算法举例

现在计算机能解决的实际问题种类繁多，解决问题的算法更是不胜枚举。但还是有一些基本方法和策略是可以遵循的。例如，递推策略、递归策略常应用于计算性问题；枚举策略、分治策略、贪心策略、动态规划策略等常应用于最优化问题……算法设计中的每一种策略作为问题求解的方法，可应用于多个领域，具有明显的计算思维特征。

1. **数位拆分问题**

【例 5-10】 输出所有的“水仙花数”，所谓的“水仙花数”是指一个三位数，其各位数字的立方和等于该数本身，如 153 是“水仙花数”，因为：$153^3=1^3+5^3+3^3$。

算法分析：根据“水仙花数”的定义，判断一个数是否为“水仙花数”，最重要的是拆分出该三位数的百位、十位、个位，若该三位数等于分解出的三个数的立方和，则可确定该三位数为“水仙花数”，反之，则不是。

若设该三位数为 n，则其取值范围为：$100 \leqslant n \leqslant 999$，在此范围内，可将其百位、十位、个位分别按对应的数学方法拆分出。

百位（*hun*）：*hun=n*//100，即整数 *n* 整除 100 可得。

十位（*ten*）：*ten=n*//10%10，即整数 *n* 先整除 10，再用结果对 10 求余可得。

个位（*ind*）：*ind=n*%10，即整数 *n* 对 10 求余可得。

最后，判断这三个数字的立方和是否与该三位数相等，若相等，则该数为水仙花数，将其输出，否则不予输出，继续判断下一个数即可。其算法流程图如图 5.15 所示。

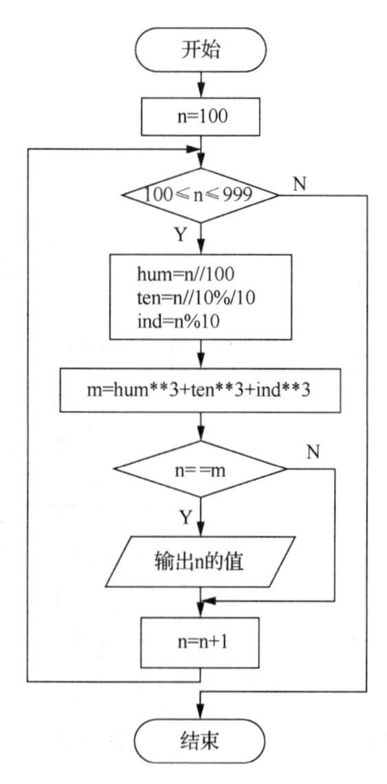

图 5.15　例 5-10 算法流程图

2. 求一组整数的最值问题

求一组整数中的最大或最小值是程序设计中经常遇到的问题。下面以求一列随机整数中最大的数，即该数列中的最大值为例，了解求最值的基本算法。

【例 5-11】 假设有 10 个随机整数组成数列 $A(10)$，求这个数列的最大值。

算法分析：数列求最大值，有多种算法，这里介绍利用打擂台算法求解和利用分治策略求解两种算法。

打擂台算法：打擂台的时候，一个一个上，赢得留下，输的下去，最后留在擂台上的，即为擂主。这一思想应用到求数列最大值问题中，可将每一个数列元素看作一位挑战者，最大值即为擂主。具体算法可描述为：将首个到场的确定为擂主，即 $max=A(1)$，依次让挑战者上台与擂主比较，即比较 $A(i)$（$i\geqslant2$）与 max，挑战者胜，则挑战者成为新的擂主，否则擂主卫冕，即若 $A(i)\geqslant max$，则 $max=A(i)$，否则 max 的值不变，直到最后一个挑战者挑战结束，擂主 max 的值即为所求最大值。其算法流程图如图 5.16 所示。

分治策略：其算法思想是，首先把数列分成两部分，再把这两部分中的每一部分分成更小的两部分，一直递归分解直到每一部分的元素个数小于等于两个为止，然后比较这两个数，找出大值，再依次回弹比较直到递归至最外层，就可以找出其中的最大值了。

若设 $A(10)=\{4,8,1,5,9,2,7,6,3,0\}$，则分治策略求解最大值的过程图如图 5.17 所示。

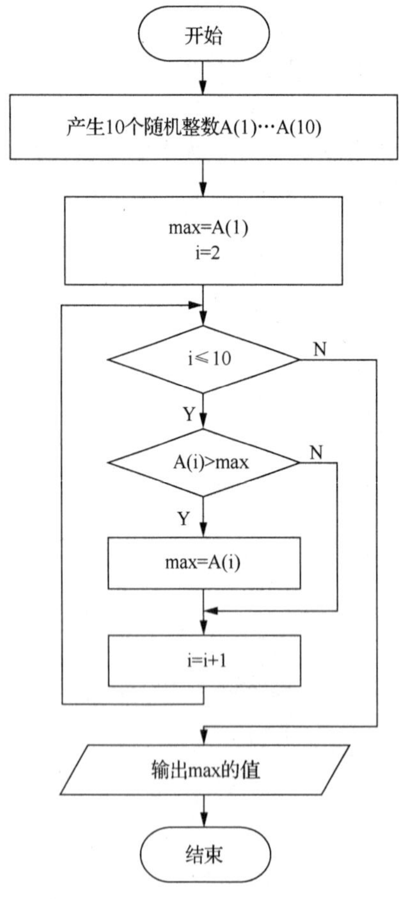

图 5.16 例 5-11 打擂台算法流程图

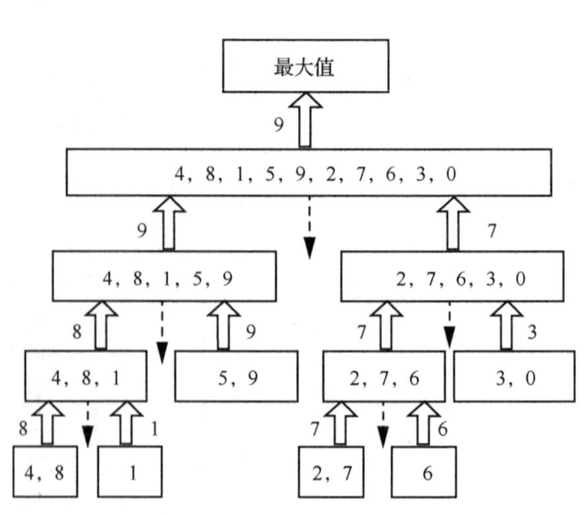

图 5.17 例 5-11 分治策略求解过程图

3. 排序问题

排序是数据处理中最常见的问题之一，它要求将一组数据按递增或递减的次序排列，例如，对一个班的学生考试成绩排序，对公司内多个销售部门月销售额排序等。尤其是在大量数据的处理方面，一个优秀的算法可以节省大量的资源。

排序算法有很多种，最常用的有选择排序法、冒泡排序法、插入排序法、合并排序法、希尔排序法等。不同算法的执行效率不同，因此在处理数据量很大的排序问题时选择适当的算法就显得很重要了。下面以例 5-12 为处理对象，讲解冒泡排序法、选择排序法和插入排序法的算法思想和操作特点。

【例 5-12】 将数列 A 中的元素｛8,6,9,3,2,7｝按升序排列。

（1）冒泡排序法

冒泡排序（升序）法的基本思路是：从第一个元素开始，对数列中两两相邻的元素进行比较，如不符合顺序要求，就立即交换，直到该数列的最后一个元素。按此方法，数列中的数据经过一轮比较移位后，数列中一些较小的数就如同气泡一样上浮（前移）一个位置，一些较大的数会下沉（后移）一个位置，而最大的数会沉底，成为数列中的最后一个元素。这时称第一轮冒泡排序结束。第二轮冒泡排序只对前 n-1 个数列元素进行比较移位即可。依此类推，n 个数，经过 n-1 轮比较移位后完成排序。冒泡排序重复地走访要排序的数列，一次次比较交换，完成排序，这体现了枚举策略的思想。

根据冒泡排序法的思想，例 5-12 中数据的第一轮排序移位过程如图 5.18（a）所示，每一轮冒泡后的排序结果如图 5.18（b）所示。

原 始 数 据：8 6 9 3 2 7
第一次比较结果：6 8 9 3 2 7
第二次比较结果：6 8 9 3 2 7
第三次比较结果：6 8 3 9 2 7
第四次比较结果：6 8 3 2 9 7
第五次比较结果：6 8 3 2 7 9

（a）第一轮冒泡排序过程

原 始 数 据：8 6 9 3 2 7
第一轮冒泡后：6 8 3 2 7 9
第二轮冒泡后：6 3 2 7 8 9
第三轮冒泡后：3 2 6 7 8 9
第四轮冒泡后：2 3 6 7 8 9
第五轮冒泡后：2 3 6 7 8 9

（b）5 轮冒泡排序后的排序情况

图 5.18 例 5-12 冒泡排序过程

用 N-S 图描述冒泡排序法如图 5.19 所示。

（2）选择排序法

选择排序（升序）法的基本思路是：每一趟从待排序的数据元素中选出最小的一个元素，顺序放在已排好序的数列的最后，直到全部待排序的数据元素完成排序。例 5-12 用选择排序法进行排序的详细算法描述如下。

S1：从 6 个数中选出最小的数，与第 1 个数交换位置。

S2：在除第 1 个数外的其余 5 个数中选最小的数，与第 2 个数交换位置。

S3：依次类推，选择 5 趟后，这个数列已按升序排列。

例 5-12 选择排序法的 N-S 图如图 5.20 所示，具体每一趟的排序结果如图 5.21 所示。

冒泡排序法的优点是程序简单，但是较烦琐，运行较慢，因为每次在内循环中比较完大小，只要不满足就得完成一次交换。选择排序法的优点是速度快，比较出最大（最小）的数字后才交换顺序。若内循环做完并未发现最大（最小）数，则自身交换，故交换次数为外循环的循环次数。

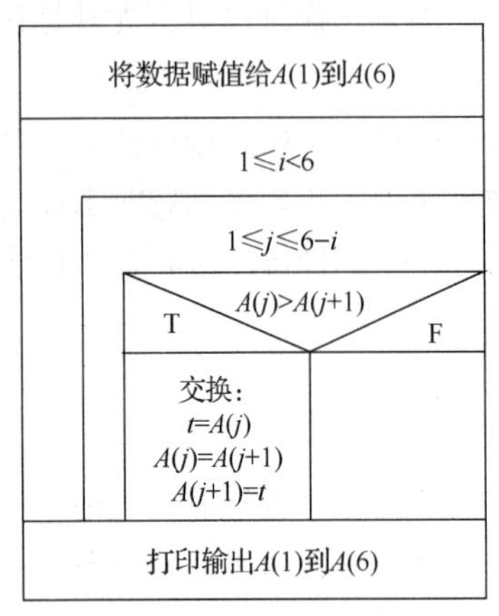

将数据赋值给A(1)到A(6)
1≤i<6
1≤j≤6−i
A(j)>A(j+1)
T
F
交换：
t=A(j)
A(j)=A(j+1)
A(j+1)=t
打印输出A(1)到A(6)

图 5.19　例 5-12 冒泡排序法

将数据赋值给A(1)到A(6)
1≤i<6
k=i
i+1≤j≤6
A(j)<A(k)
T
F
k=j
i!=k
T
F
交换：
t=A(i)
A(i)=A(k)
A(k)=t
打印输出A(1)到A(6)

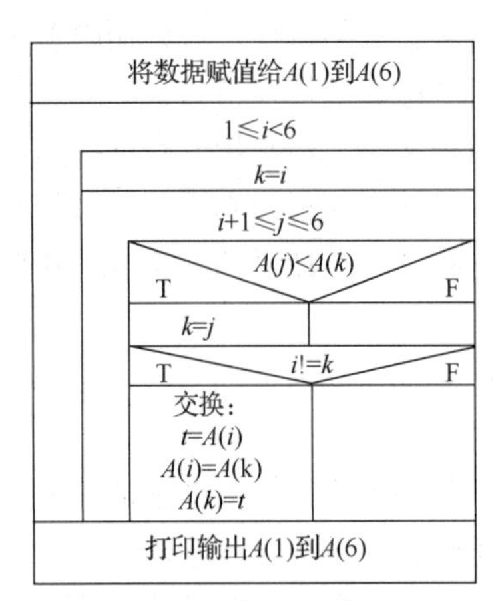

图 5.20　例 5-12 选择排序法

（3）插入排序法

插入排序法的基本思想是：把 6 个待排序的数据分为两部分：$\{R_1, R_2, \cdots, R_5\}$为已排好序的有序表，$\{R_i, R_i+1, \cdots, R_n\}$为未排序的无序表（初始时，令 i=2）。把未排序的无序表中的第 1 个数据 R_i 依次与 R_1，…，R_{i-1} 比较，并插入到有序表的适当位置上，使得$\{R_1, R_2, \cdots, R_{i-1}\}$变为一个新的有序表，直到未排序表中的数据元素全部插入有序表中。图 5.22 所示为例 5-12 的数据按插入排序法进行排序的全过程。

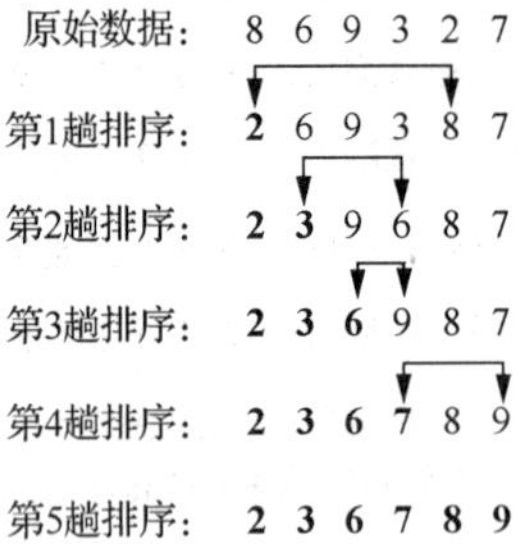

原始数据： 8 6 9 3 2 7
第1趟排序： 2 6 9 3 8 7
第2趟排序： 2 3 9 6 8 7
第3趟排序： 2 3 6 9 8 7
第4趟排序： 2 3 6 7 8 9
第5趟排序： 2 3 6 7 8 9

图 5.21　例 5-12 选择排序过程

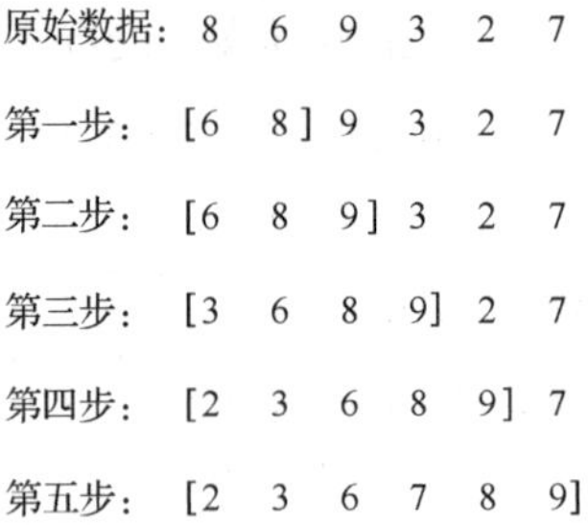

原始数据： 8 6 9 3 2 7
第一步： [6 8] 9 3 2 7
第二步： [6 8 9] 3 2 7
第三步： [3 6 8 9] 2 7
第四步： [2 3 6 8 9] 7
第五步： [2 3 6 7 8 9]

图 5.22　例 5-12 插入排序过程

4. 查找问题

查找是数据处理中经常使用的一种重要算法。查找过程就是在给定的一列数据中寻找指定的数据及该数据在数列中的位置。常见的查找算法有：顺序查找法和二分法查找法。

（1）顺序查找法

顺序查找是最原始的要求最低的查找办法，指的是从数列的第一个元素开始，将要查找的数据与数列中的每个元素依次进行比较，如果二者相等，则查找成功，结束查找并记录位置；否则，查找失败。

顺序查找采用枚举策略，对于待查数据的结构没有任何要求，特点是算法简单，但查找效率低。因此，当待查数列中的数据个数较少且排列无大小顺序时，采用顺序查找较好；但当数据量非常大时，用顺序查找就不太合适了。通常对于大量的无序数据，一般是先对数据排序，再用二分法进行查找。

（2）二分查找法

二分查找法又称折半查找法，是一种效率较高的查找方法。但该方法要求待查数据列必须是有序的，即数据是由小到大或由大到小排列的。二分查找法采用分治策略，充分利用了元素间的次序关系，其基本的思想如下。

假设数列中的元素是按升序排列的。首先，将查找的数与待查数列中处于中间位置的数据（中点数据）进行比较，如果两者相等，则查找成功；否则利用中间位置将数列分成前、后两个子数列，若待查数据小于中点数据，则进一步查找前一子数列，否则进一步查找后一子数列。其次，在子数列中重复以上过程，直到找到满足条件的数据，使查找成功，或直到再分解的子数列不存在为止，此时查找不成功。

二分查找法的优点是比较次数少，查找速度快，平均性能好；缺点是要求待查数列必须为有序数列，且插入删除困难。因此，二分查找法适用于不经常变动而查找频繁的有序数列。

【例 5-13】 假设有一组从小到大排列的数列 A：$A(1),A(2),A(3),A(4),A(5),A(6),A(7),A(8),A(9),A(10)$，用二分查找法查找此数列中是否含有数据值为 x 的数。若有，则输出这个数在数列中的下标；若没有，则显示该数不存在。

算法分析：假设 Low 为查找区间下界的数列元素下标，初值为 0；$High$ 为查找区间上界的数列元素上标，初值为 10，即 Low=0，$High$=10；需要查找的数为 x。二分查找法的算法描述如下。

S1：求出查找区间的中间位置元素下标 Mid=(int)(($High$ +Low)/2)（int 表示将结果取整数）；

S2：若 $A(Mid)=x$ 成立，则找到，否则进行下面的判断。

S3：若 $A(Mid)<x$ 成立，则表明 x 在 $A(Mid+1)$到 $A(High)$区间内，查找区间缩小一半，设置 $Low=Mid+1$，使查找区间下界移动到新位置。

S4：若 $A(Mid)>$x，则表明 x 在 $A(Low)$到 $A(Mid-1)$区间内，则设置 $High=Mid-1$，使查找区间上界移动到新位置。

S5：重复执行以上操作。

S6：结束查找的条件有两个，已经找到或找不到（$Low>High$）。

本章小结

在 21 世纪的现代社会，在信息化和大数据的背景下，计算机以及一系列安装了程序芯片的智能电子设备越来越普及，几乎是无处不在，无时不用， 甚至使我们的生活习惯、生活方式都发生了前所未有的改变，从而也改变了我们解决问题的思维方式。

算法是为解决问题而采用的方法和步骤的具体描述，是问题求解时将复杂问题简化、抽象为数学模型后，能否转化为快速而高效地完成预定的任务的计算机程序的关键。

本章主要通过了解使用计算机求解问题的步骤，介绍了决定人机交互的关键一步——算法分析的含义及其功能，之后详细介绍了算法的基础知识、算法设计的基本策略以及算法设计的应用。具体内容分为 3 个部分。

首先，介绍了使用计算机求解问题的 5 个步骤：分析建模、设计算法、程序编码、调试运行和文档编制的具体含义及其功效。特别通过列举计算机完成和人一起玩“石头剪刀布”游戏的过程，进一步加深大家对“算法分析”在问题求解过程中的关键作用的理解。

其次，详细介绍了算法的相关知识，具体包括：算法的定义以及一个合格算法应具备的五大特征（确定性、有限性、可行性、可以没有输入，必须有输出）；算法的四种描述方法（自然语言、流程图、N-S 图和伪代码）。其中，必须掌握算法如何用流程图描述。还介绍了为了使设计出的算法结构清晰、严密、高效，算法设计中会用到三种控制结构（顺序结构、分支（选择）结构、循环结构）的详细含义及算法优劣性的评价标准。

最后，介绍了经过前人不断探索、不断总结得来的经典算法策略：枚举策略、递推策略、递归策略和分治策略，这些算法策略机制都是可以根据问题的特点，套用对应特征策略思想，从而设计出求解该问题的具体算法。对此，我们要理解和掌握所介绍的经典算法策略，并运用到自己的算法设计中。在此基础上，通过列举具体问题（求最值、排序和查找）的不同求解算法，充分说明许多问题求解时依据的算法策略不同，会产生多种求解算法，我们在设计算法时，要根据问题的具体情况加以取舍，选择最优算法来实现程序设计。

总之，对于计算机科学而言，算法是一个非常重要的概念，是程序设计的灵魂，是将实际问题与解决问题的计算机程序联系起来的桥梁。本章只是对算法以及算法设计的基础知识进行了一定的介绍，使大家能更好地学习程序设计。

习题 5

5.1 简述算法的定义和特征。

5.2 算法有哪 3 种基本结构？它们各自的特点是什么？

5.3 请用自然语言描述求任意 3 个正整数 a,b,c 中的最大者的算法。

5.4 猜数字游戏：游戏机随机产生一个 100 以内的正整数，用户输入一个数对其进行猜测，如果两个数相等，则输出“猜对了！”，否则输出“猜错了！”。请用流程图描述算法。

5.5 用流程图描述：输入一个实数，用分段函数 $y=\begin{cases}x^2+1, (x\geqslant 0)\\ x^2-1, (x<0)\end{cases}$ 求解函数值的算法。

5.6 用流程图描述：求 2+4+6+…+100 的和的算法。

5.7 思考：用递归策略求斐波那契数列前 10 项的算法。

5.8 请用流程图描述计算下式值的算法：

$$1+\frac{1}{4}+\frac{1}{7}+\frac{1}{10}+\frac{1}{13}+\cdots+\frac{1}{100}$$

5.9 顺序查找法和二分查找法有什么不同？

5.10 常见的排序算法有哪些？简述它们各自的基本思想。

06

第6章　Python语言程序设计

大家都知道，计算机通过硬件系统和软件系统的协同工作来处理各种问题。用户利用计算机解决问题时，其本质是计算机加载并运行相关程序。程序设计是给出解决特定问题程序的过程，如何进行程序设计是计算机求解问题的一个重要步骤，也是逻辑思维转换为计算思维的过程。

Python 语言简洁、易学、易用、开源免费、应用广泛、生态丰富，因而在软件产业中已经成为广泛使用的编程语言之一，特别是随着大数据、人工智能的兴起，Python 语言成为开发相关软件的首选。对于初学者，Python 语言是学习计算机程序开发的理想工具。

本章通过阐述 Python 语言的基础知识，包括 Python 语言编程基础、流程控制、函数、海龟绘图，以及讲解使用 Python 语言进行简单编程的实例，来介绍如何使用 Python 语言进行程序设计，进而实现计算机问题求解。

6.1　程序及程序设计语言

6.1.1　计算机程序及程序设计

1. 一个简单的 Python 程序示例

用 Python 语言编写计算圆的周长的计算机程序代码示例如下。

【例 6-1】 输入圆的半径，计算并显示圆的周长。

```
r=int(input("输入半径值: "))          # 输入半径值，赋予变量 r
cirzc  = 2 * 3.14 * r               # 计算圆的周长，并赋予变量 cirzc
print("圆的周长为: ", cirzc)          # 输出圆的周长
```

2. 计算机程序

什么是计算机程序呢？通常情况下，我们把指示计算机进行某一操作的命令称为指令，把使用计算机语言编写的用于解决某个问题或完成特定任务的若干条指令的有序集合称为计算机程序。在程序中，指令是用计算机语言描述的，程序运行时，计算机将严格按照程序中的各条指令所指定的动作进行操作，从而逐步完成预定的任务。

3. 程序设计

程序设计，就是指根据所提出的待解问题，使用某种计算机语言编写程序代码，来驱动计算机正确完成该任务的过程。也就是说，用计算机能理解的语言告诉计算机如何工作。因此，学习程序设计，需要掌握程序设计的基本过程及计算机语言的相关知识。

程序设计的基本过程也是用计算机求解问题的过程，包括：问题的分析和建立模型、算法设计、程序编码、调试运行和文档编制 5 个步骤。第 5 章介绍了算法设计，本章主要从程序编码开始介绍，本章例题主要体现从算法设计到程序编码。

程序编码，就是用计算机能够识别的语言编写源程序的过程。首先应当选择编程语言，用该语言来描述已设计好的解决问题的算法及数据结构。不同语言提供的语句功能与性能有较大差距，因而写出的程序也会有一定的差别。

6.1.2 程序设计语言

程序设计语言就是指编写程序时使用的“语言”，即计算机语言。程序设计语言是能够完整、准确和规则地表达人们的意图，并用以指挥或控制计算机工作的“符号系统”，它是人与计算机交流的工具。在程序设计过程中，首先要选择程序设计语言，程序设计语言的种类很多，通常应根据软件系统的应用特点及程序设计语言的内在特性等因素来进行选择。

1. 程序设计语言的分类

程序设计语言的发展是一个不断演化的过程，从发展历程来看，程序设计语言可以分为 3 类：机器语言→汇编语言→高级语言。

（1）机器语言

机器语言也称低级语言，是用二进制代码 0、1 表示的，用机器语言编写的程序，计算机能够直接识别和执行。机器语言程序是直接针对计算机硬件的，因此它的执行效率比较高，能够充分发挥计算机的速度性能。

【例 6-2】 用机器语言程序实现 20+33 的运算。

```
10110000  00010100    # 将 20 送入累加器 AL 中
00000100  00100001    # 33 与累加器 AL 中的值相加，运算结果仍放在 AL 中
11110100              # 停机，结束
```

使用机器语言设计程序难书写，难记忆，编程困难，程序的可读性差。

（2）汇编语言

汇编语言克服了机器语言的缺点，采用助记码和符号地址来表示机器指令，因此也称作符号语言。

【例 6-3】 用汇编语言程序实现 20+33 的运算。

```
MOV  AL, 14H
ADD  AL, 21H
HALT
```

在例 6-3 中，用助记码“MOV”表示数据传送，代替了例 6-2 中的机器指令“10110000”；用助记码“ADD”表示加法运算，代替了例 6-2 中的机器指令“00000100”；用助记码“HALT”表示停机，代替了例 6-2 中的机器指令“11110100”，这样使程序的可读性有了很大的提高。

用汇编语言编写的程序不能被计算机直接识别和执行，必须经过“翻译”，将其符号指令转换

成机器指令。

（3）高级语言

高级语言是一种接近于自然语言的程序设计语言，它按照人们的语言习惯，使用日常用语、数学公式和符号等表达方式，按照一定的语法规则来编写程序。

【例 6-4】 用 Python 语言程序实现 20+33 的运算。

```
a=20+33
print(a)      #  显示计算结果
```

用高级语言编写的程序，通常可以在不同的计算机系统上运行，也就是说，高级语言的通用性强，兼容性好，便于程序移植。高级语言的产生，有力地推动了计算机软件产业的发展，进一步扩展了计算机的应用范围。常见的高级语言主要有 C、C++、C#、Java、Python 等。

使用高级语言设计的程序，称为源程序，不能被计算机直接识别和执行，必须使用相应的语言处理程序把源程序翻译成机器指令。

2. 语言处理程序

只要不是用机器语言编写的程序，计算机是无法直接执行的。因此，用汇编语言、高级语言编写的程序都需要“翻译”。

高级语言程序的翻译有两种方式，即编译方式和解释方式。使用 Fortran、Cobol、Pascal、C、C++等高级语言编写的程序执行编译方式；Basic 语言则以执行解释方式为主，Java、Python 也是典型的执行解释方式的高级语言。

每种高级语言都需要配有特定的语言处理程序。无论何种机型的计算机，只要配备上相应的高级语言的编译或解释程序，就可以执行用高级语言编写的程序。对于软件开发人员来说，选择哪种高级语言编程，编程所使用的计算机就需要安装与该语言配套的语言处理程序，如图 6.1 所示，高级语言的源程序才能被编译（解释）成为机器语言程序。

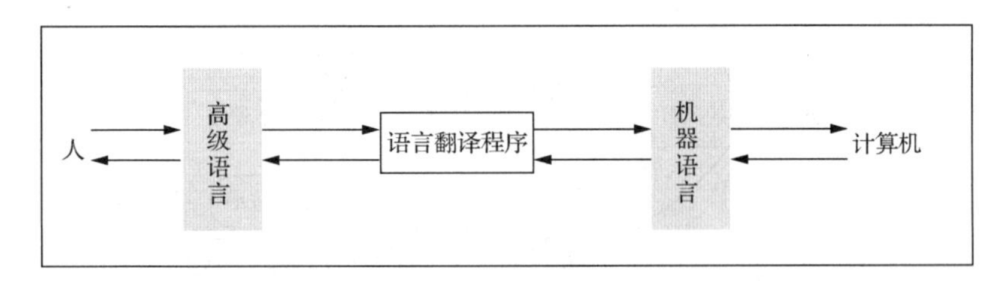

图 6.1　语言处理程序

现代的高级语言，一般都提供一个集成开发环境（Integrated Development Environment，IDE），以方便程序设计者使用。所谓集成开发环境是指将程序的编辑、编译（或解释）、运行、调试集成在同一环境下，使程序设计者既能高效地编写程序，又能方便地执行、调试程序，甚至是逐条调试、执行。

6.1.3　Python 语言简介

Python 语言是由荷兰科学家 Guido van Rossum 创建的。从 20 世纪 90 年代初诞生至今，Python 已经成为最受欢迎的程序设计语言之一。一些知名大学采用 Python 来讲授程序设计课程。例如，卡耐基梅隆大学的编程基础课程、麻省理工学院的计算机科学及编程导论课程，均使用 Python 语言讲授。

1. Python 语言的优势

Python 语言是一种面向对象的、解释型的、交互式的高级程序设计语言，其设计哲学是“优雅”、“明确”、“简单”。Python 功能强大，使用简单，专注于解决问题。Python 语言的优势主要体现在：简单、易学、易读、易维护、免费、开源、可移植性好。

简单、易学、易读：Python 是一种代表简单主义思想的语言，它使用户能够专注于解决问题，相比其他编程语言（如 Java），Python 代码非常简单。比如要完成某个功能，如果用 Java 需要 100 行代码，但用 Python 可能只需要 20 行代码，这使 Python 具有巨大的吸引力。而且，Python 很容易上手。

免费、开源：Python 是 FLOSS（自由/开放源码软件）之一。使用者可以自由地发布这个软件的复制；阅读它的源代码；对它做改动；把它的一部分用于新的自由软件中。FLOSS 是基于一个团体分享知识的概念。

可移植性：Python 作为一门解释型的语言，具有跨平台的特征，只要平台提供了相应的 Python 解释器，Python 就可以在该平台上运行。Python 已经被移植在许多平台上，如 Windows、Linux、UNIX、VxWorks、Macintosh 等。

2. Python 语言的应用

Python 语言提供的函数分为内置函数、标准库函数和第三方库函数三类，如图 6.2 所示。内置函数、标准库函数是 Python 自带的函数，随着 Python 的安装自动具备，而第三方库函数需要下载并安装后才能使用。例如，6.3.1 小节介绍的 input()、print()、range()函数都属于内置函数，可以在程序中直接使用；6.3.3 小节介绍的 turtle 库函数属于标准库函数；第 7 章大数据 Python 实例中用到与大数据处理相关的第三方库函数，需要下载并安装，才可使用。

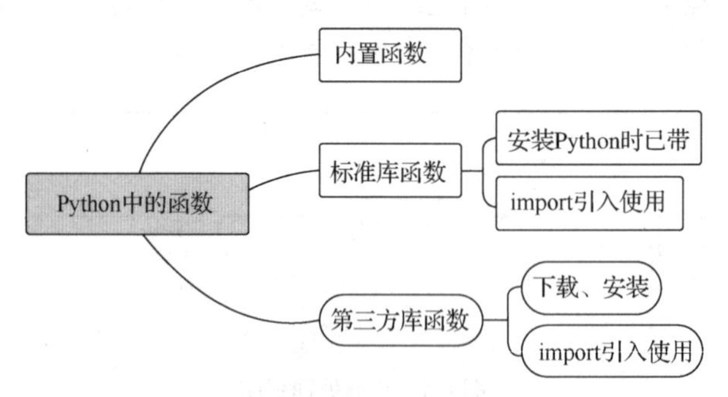

图 6.2　Python 中的函数

Python 语言拥有强大的标准库函数、丰富的第三方库函数，这些深植于各信息技术领域的大量可重用资源，构成 Python 的“计算生态”，使得 Python 广泛应用于人工智能、云计算开发、大数据开发、数据分析、科学运算、网站开发、爬虫、自动化运维、自动化测试、游戏开发等领域。Python 在各领域的应用及其相关的库函数如图 6.3 所示。

Python 计算生态可以理解为一种功能的半成品，它将很多的基础功能都完成了，只需要用户进行扩展开发或配置，就可以形成用户系统的特定功能。

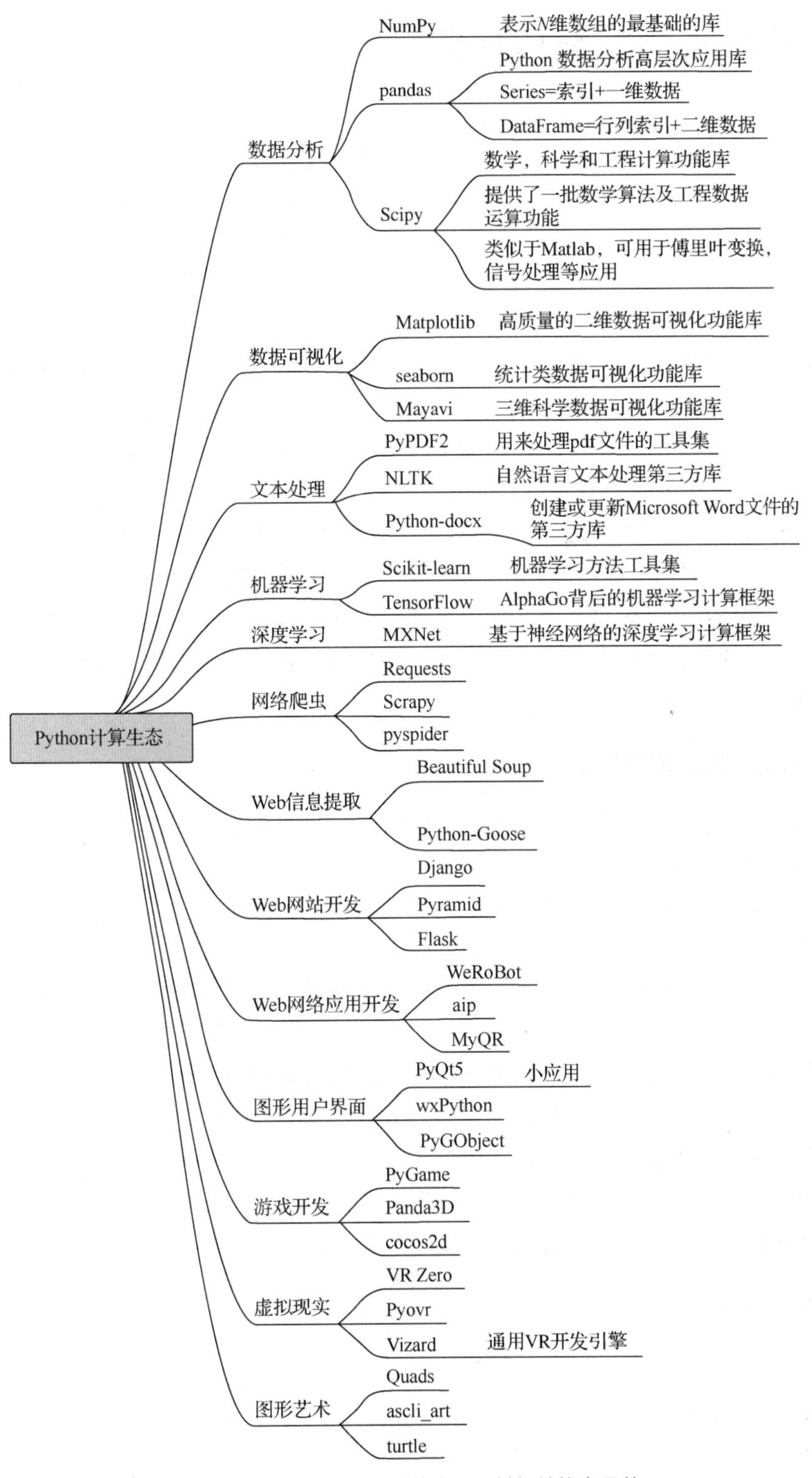

图 6.3　Python 在各领域的应用及其相关的库函数

6.2 Python 语言编程基础

我们观察例 6-1 中的 Python 语言示例代码。

```
r=int(input('输入半径值：'))                # 输入半径值，赋予变量 r
cirzc = 2 * 3.14 * r                        # 计算圆的周长，赋予变量 cirzc
print("圆的周长为：", cirzc)                # 输出圆的周长
```

第 1 行 r=int(input('输入半径值：'))是一条赋值语句，即把用户输入的数据保存在 r 中，该语句涉及两个函数 int()、input()和一个变量 r。

第 2 行 cirzc = 2 * 3.14 * r 也是一条赋值语句，该语句涉及一个表达式：2 * 3.14 * r ，表达式中涉及两个常量 2、3.14 及乘法运算符“*”；该语句还涉及两个变量 r、cirzc。

第 3 行 print("圆的周长为：", cirzc)，是一个输出函数 print()，即输出圆的周长值。

各行后面带“#”的文字都属于注释。

我们观察到，这个简单的 Python 程序示例，短短的 3 行代码，就涉及常量、变量、运算符、表达式、赋值语句、函数、注释及数据类型等基本概念。虽然各种高级程序语言在功能、风格、书写规范、语法规则及应用领域各不相同，然而它们在语言的构成要素方面却大致相同，即这些语言都包含常量、变量、数据类型、赋值语句、运算符、表达式、函数、注释等这些基本要素。下面介绍 Python 语言的这些基本要素。

6.2.1 Python 语言书写规范

各种高级程序语言的书写规范各不相同，Python 语言基本书写规范如下。

（1）Python 中严格区分大小写。

（2）Python 中的每一行就是一条语句，每条语句以换行结束。

（3）一条语句可以分多行编写，多行编写时语句后边以“\”结尾。

（4）Python 是缩进严格的语言，依靠代码块的缩进来体现代码之间的逻辑关系，所以在 Python 程序中应谨慎缩进。

在 Python 程序中，函数定义、选择结构、循环结构行尾的冒号表示缩进的开始。缩进结束表示一个代码块结束。同一个级别的代码块的缩进量必须相同。一般而言，以 4 个空格为基本缩进单位。

（5）在 Python 中使用“#”表示注释，“#”后的内容都属于注释，注释的内容将会被解释器所忽略，注释只是用来帮助理解程序。

6.2.2 变量、常量

1. 变量

【例 6-5】 在程序中，给变量赋值，并输出变量的值。

打开文件编辑器，编写程序代码如下。

```
num=5                  # 定义一个变量 num，并赋值为 5
print(num)             # 输出变量 num 的值
num=15                 # 修改变量 num 的值为 15
print(num)             # 输出变量 num 的值
```

上述程序的运行结果如下。

```
5
15
```

在编程语言中，变量的概念源于数学。变量的实质是指在程序运行过程中其值可变化的内存单元。为了便于识别或记忆，通常需要为变量指定一个标识符，即定义变量名。

在 Python 语言中，给变量赋值的同时，就定义了变量，基于变量的数据类型，解释器会分配指定内存用来存放值。

2. 常量

所谓常量就是固定的值，指在程序执行过程中，其值保持不变的数据。常量是一块只读的内存区域，常量一旦被初始化就不能被改变。例如，计算圆周长的公式为 2 * 3.14 * r，其中出现的 2、3.14 属于常量。

3. 标识符和保留字

Python 语言中的标识符类似人的名字，用于对变量、函数、对象等数据进行命名。

Python 语言中标识符的命名规则：标识符由大小写字母、数字、下划线和汉字组成；首字母不能使用数字；不能与保留字相同；标识符区分大小写，如 Abc 与 abc 代表两个不同的标识符。正确的命名示例：num、num-231、n12。

保留字也叫关键字，是被编程语言内部定义并保留使用的标识符。Python 语言有 33 个保留字，如 and、if、for、while 等都属于保留字，都不能用于变量、函数、对象的命名。

6.2.3 数据类型

数据是程序操作的对象。为了有效地在计算机中保存数据、处理数据，各种程序设计语言都提供若干种数据类型，供程序设计使用。例如，一个人的名字可以用字符来存储，年龄可以用数字来存储，爱好可以用集合来存储等。Python 中有六大数据类型：数字、字符串、元组、列表、字典、集合。下面介绍数字类型、字符串类型。

1. 数字类型

在 Python 中，数字类型分为整数类型、浮点类型、复数类型和布尔类型。

（1）整数类型（int）

Python 语言中，整数类型与数学中整数的概念一致，可以是正数、负数或 0，Python 中整数的大小没有限制。例如，126、-126、0。

（2）浮点类型（float）

Python 语言中，浮点类型与数学中实数的概念一致。浮点型数据由整数部分和小数部分组成，可以用小数形式或科学记数法形式表示。浮点数的取值范围和小数精度都存在限制，但在常规的计算中可忽略。例如，5.12、5.12e2。

（3）复数类型（complex）

复数类型是由实数部分和虚数部分组成。可以用 a+bi 或 complex(a,b)表示，实部 a 和虚部 b 都是浮点类型。例如，2+4i、complex(2,4)。

（4）布尔类型（bool）

布尔类型是一种表示逻辑值的类型，分别用于表示逻辑上的“真”和“假”，其值分别对应数字 1 和 0。

2. 字符串类型

在 Python 语言中，字符串表示一段文本信息，字符串是程序中使用较多的数据类型。字符串需要使用引号引起来。引号可以是单引号、双引号、三单引号、三双引号，不同的引号之间可以互相嵌套。例如，x = 'Hello.'或 x = "Python."。

6.2.4 赋值语句

赋值语句用来给变量赋予新的数据值。

赋值语句的格式：<变量> = <表达式>。例如，cirzc = 2 * 3.14 * r。该语句把等号右侧表达式的运算结果赋给等号左侧的变量 cirzc。

注：在赋值语句中，等号右侧的数据类型同时作用于等号左侧的变量。例如语句 x=3 属于赋值语句，该语句含义是创建整型变量 x，并赋值为 3。再例如语句 x='Hello world.'属于赋值语句，该语句含义是创建字符串变量 x，并赋值为'Hello world.'。

6.2.5 运算符与表达式

Python 语言提供的运算有：算术运算、关系运算、赋值运算、逻辑运算、位运算、成员运算及身份运算等。

1. 算术运算

两个对象之间的算术运算（加、减、乘、除等运算）是通过算术运算符进行的。数学中的算术运算符在 Python 程序代码的体现如表 6.1 所示。

表 6.1 算术运算符

运算符	功能	实例（设变量：a=10，b=20）
+	加法运算	a+b 值为 30
-	减法运算	a-b 值为-10
*	乘法运算或是返回一个被重复若干次的字符串	a*b 值为 200
/	除法运算	b/a 值为 2.0
%	取模运算，返回除法的余数	b%a 值为 0
**	幂运算，返回一个值得几次幂	a**b 值为 10 的 20 次方
//	整除运算，返回商的整数部分	9//2 值为 4 9.0//2 值为 4.0

2. 关系运算

关系运算是通过关系运算符进行的。用关系运算符将两个表达式连接起来的式子称为关系表达式，关系表达式的结果为 True，表示真，对应数字为 1；结果为 False，表示假，对应数字为 0。Python 语言提供了 6 种关系运算符，如表 6.2 所示。

表 6.2 关系运算符

运算符	功能	实例（设变量：a=10，b=20）
==	等于运算符，比较两个对象是否相等	(a==b)返回 False
!=	不等于运算符，比较两个对象是否不相等	(a!=b)返回 true

续表

运算符	功能	实例（设变量：a=10，b=20）
<>	不等于运算符，比较两个对象是否不相等	(a<>b)返回 true
>	大于运算符，比较左侧值是否大于右侧值	(a>b)返回 False
<	小于运算符，比较左侧值是否小于右侧值	(a<b)返回 true
>=	大于等于运算符，比较左侧值是否大于或等于右侧值	(a>=b)返回 False
<=	小于等于运算符，比较左侧值是否小于或等于右侧值	(a<=b)返回 true

3. 逻辑运算

逻辑运算是通过逻辑运算符进行的，逻辑表达式主要用来做一些逻辑判断，Python 中共有 3 个逻辑运算符：and（逻辑与）、or（逻辑或）、not（逻辑非），如表 6.3 所示。

表 6.3　　逻辑运算符

运算符	功能	实例
and	逻辑与运算	当 a 和 b 都为真时，a and b 的结果为真，否则为假
or	逻辑或运算	当 a 和 b 都为假时，a or b 的结果为假，否则为真
not	逻辑非运算	如果 a 为真，not a 的结果为假； 如果 a 为假，not a 的结果为真

在程序中，关系表达式、逻辑表达式主要用来做条件判断。

【例 6-6】 针对学生是否符合勤工俭学条件编写 Python 程序。勤工俭学条件为：年龄为 18～23 岁，且总分不低于 160 分。程序功能为：输入学生年龄及两门课程成绩，如果符合勤工俭学条件，则输出“符合条件”，否则输出“不符合条件”。

分析：针对题目的条件判断用到逻辑表达式、关系表达式及算术表达式。这里需要注意运算符的优先级。程序代码如下。

```
age = int(input("请输入年龄: "))
score1 = int(input("请输入成绩 1 : "))
score2 = int(input("请输入成绩 2: "))
if age>=18 and age<=23 and (score1 +score2>=160):
    print("符合条件")
else:
    print("不符合条件")
```

程序运行结果：

```
请输入年龄: 20
请输入成绩 1 : 88
请输入成绩 2 : 90
符合条件
```

4. 表达式及运算符优先级

程序语言中的表达式是由一系列操作数和运算符组合而成的，表达式的结果为一个具体的值。操作数可以是常量或变量。例如，表 6.1～表 6.3 中提供的表达式示例。

表达式中的运算遵循运算符优先规则。Python 的运算符优先规则为：算术运算符优先级最高，其次是位运算符、成员测试运算符、关系运算符、逻辑运算符等；算术运算符遵循“先乘除，后加减”的基本运算原则。

虽然 Python 运算符有一套严格的优先级规则，但建议在编写复杂表达式时，使用圆括号明确说明其中的优先逻辑，以提高代码可读性。

6.3 程序设计

6.3.1 流程控制

试着想一下你在一天内做出的所有决定，即使在时间短暂的早晨，也有许多事情需要做出决定：当闹钟响起时，你会选择起床还是按下按钮继续睡觉？早餐吃什么？或者你会因为快迟到而选择不吃早餐？不同的决策决定不同的流程，决策制定会使程序更加灵活，也因此使 Python 程序更加智能。

计算机程序在解决某个具体问题时，通常包括 3 种执行情形，即顺序执行所有语句、选择执行部分语句和循环执行部分语句，对应着程序设计中的 3 种流程控制结构：顺序结构、分支结构（选择结构）、循环结构。

1. 顺序结构

（1）顺序结构流程控制

顺序结构是指程序线性地自上而下逐行执行，一条语句执行完之后继续执行下一条语句。顺序结构流程图如图 6.4 所示。

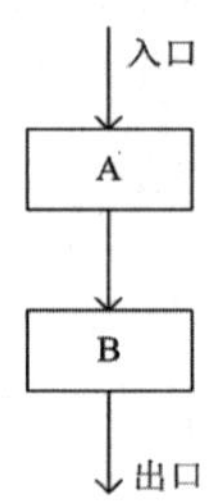

图 6.4 顺序结构流程图

【例 6-7】 参看例 5-2，编程实现求任意两数之和。

本例沿用第 5 章的算法设计结果流程图，只讲解从流程图（算法设计）到程序编码，不再重复分析建模、算法设计。

根据图 5.4 算法，程序代码如下。

```
a= int(input("请输入 a: "))
b= int(input("请输入 b: "))
sum=a+b
print("sum=",sum)
```

本示例中涉及新的知识点：input()、print()函数。

程序必须通过输入和输出才可实现人和计算机的交互，Python 程序中可以使用 input()、print()函数实现输入和输出。Python 语言提供了很多内置函数，在众多的内置函数中，input()、print()函数很重要。

（2）输入函数 input()

input()函数的使用格式：<变量> = input(<提示信息字符串>)。

注：提示信息字符串可以省缺。

input()函数的功能：将用户输入的信息以字符串类型保存在<变量>中。例如：

```
name=input ("请输入姓名：")
```

执行语句 name=input("请输入姓名：")时，界面会显示“请输入姓名:”提示信息，并等待用户输入，当用户输入姓名信息并按 Enter 键后，系统将用户输入的姓名赋予 name 变量。

（3）输出函数 print()

在 print()函数的括号中加入想要输出的字符串，就可以让控制台输出指定的信息。例如：

```
print('Hello World')
```

该语句的功能：让控制台输出“Hello World”。

print()函数也可以输出多个变量或表达式的值，也可以输出多个字符串，多个输出对象用逗号隔开即可。

2. 分支结构

【例 6-8】 猜数字游戏：在程序运行中，用户输入一个数，如果是 99，则显示“猜对了”，其算法流程图如图 6.5 所示。

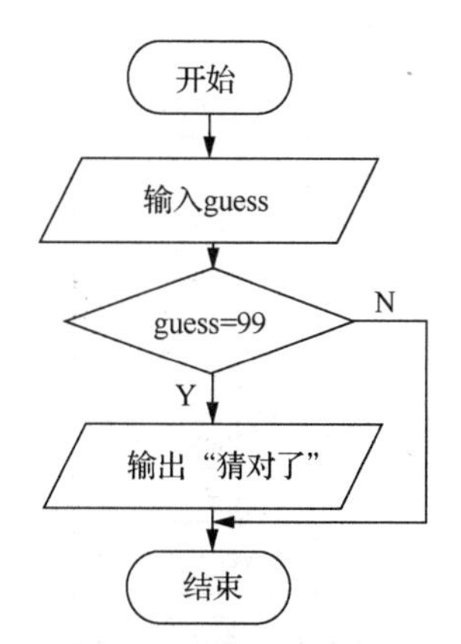

图 6.5　猜数字游戏算法流程图

在项目下新建一个 Python 文件，文件中录入如下代码。

```
guess = eval( input())              # 输入数字
if guess == 99:                     # 判断输入的数字是否与 99 相等
    print( "猜对了")                # 如果输入的数字是 99，输出“猜对了”
```

如果用户输入 99，程序运行后输出“猜对了”。

分析上述代码，只有用户输入 99 时，程序才会输出“猜对了”字符串，print("猜对了")语句执行与否需要根据条件进行判断，只有满足条件 guess == 99，print("猜对了")语句才会被执行，这就是单分支结构，其对应 if 语句。下面分别介绍 Python 分支结构常用的两种语句：if 语句、if...else 语句。

（1）if 语句

if 语句，也称单分支结构，其根据判定条件的结果，决定程序向前的路径。其语句格式、流程图及执行过程如表 6.4 所示。

表 6.4　　if 语句

语句格式	流程图	执行过程
If <条件>: <语句块>	条件? N Y 语句块	当判断条件为真时，执行语句块； 当判断条件为假时，跳过语句块继续向下执行 注：语句块可以是一条或多条语句

【例 6-9】 用单分支 if 语句实现输入 3 个整数，输出其中的最大值。

算法设计：同一个问题，可以有多个解法，该问题也可使用单分支结构求解，先设 a 为最大值 max，用 b 与当前最大值 max 进行比较，若 b 大于当前最大值 max，则刷新最大值 max 为 b，再重复上述过程：用 c 与当前最大值 max 进行比较，如 c 大于当前最大值 max，则刷新最大值 max 为 c。

该算法流程图如图 6.6 所示。

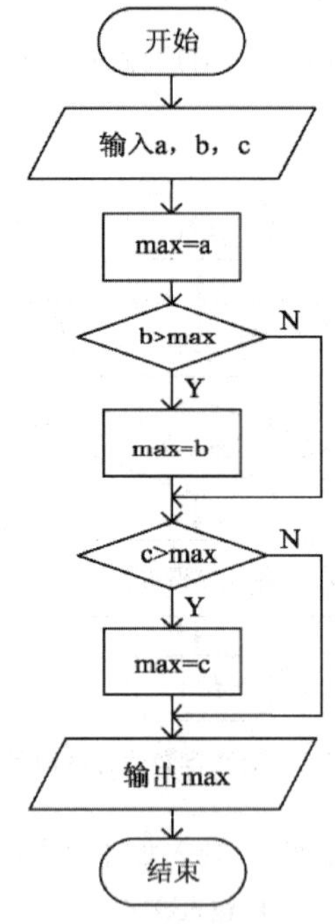

图 6.6　求三个数的最大值算法流程图

程序代码如下。

```
a = float(input("输入第 1 个数"))
b = float(input("输入第 2 个数"))
c = float(input("输入第 3 个数"))
max=a
if  b > max:
    max=b
if  c > max:
    max=c
print(max)
```

（2）if…else 语句

if…else 语句，属于双分支结构。其根据判定条件的结果不同而选择不同的路径，但只能选择一条路径。其语句格式、流程图及执行过程如表 6.5 所示。

表 6.5　　　　if…else 语句

语句格式	流程图	执行过程

if <条件>:
　<语句块 1>
else:
　<语句块 2>
	条件?
	Y　N
	语句块1　语句块2
		当判断条件为真时，执行语句块 1；
		当判断条件为假时，执行语句块 2

【例 6-10】 用户输入两个整数，程序输出其中的最大值。

该算法流程图如图 6.7 所示。

用双分支语句实现以上算法，程序代码如下。

```
a = float(input("输入第 1 个数"))
b = float(input("输入第 2 个数"))
if  a > b:
    max= a
else:
    max= b
print(max)
```

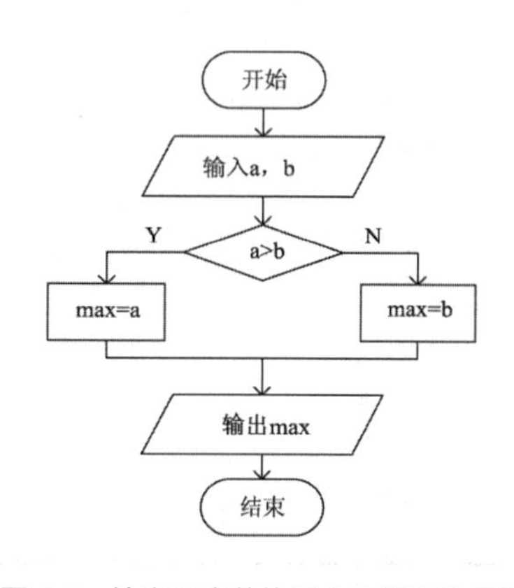

图 6.7　输出两个数的最大值算法流程图

【例 6-11】 用双分支语句 if…else 实现：用户输入 3 个整数，程序输出其中的最大值。

首先利用如图 6.7 所示的算法，进行 Python 程序编码。先用 max 存放 a,b 中的最大值，再用 max 与 c 比较，这里使用了双分支 if…else 及单分支 if 语句。

程序代码如下。

```
a = float(input("输入第 1 个数"))
b = float(input("输入第 2 个数"))
c = float(input("输入第 3 个数"))
if a>= b:
    max=a
else:
    max=b
if c>max:
    max=c
print(max)
```

单分支 if 语句是 if…else 语句的特殊形式，当不存在语句块 2 时，则 if…else 语句演化成 if 语句。

3. 循环结构

循环结构用于同一段代码的多次重复执行，其本质是在一定条件下反复执行某段程序的流程结构，其中被反复执行的程序段称为该循环结构的循环体。循环结构的语句由循环条件、循环体两部分组成。Python 语言提供两种循环语句：for 循环语句、while 循环语句。

（1）for 循环语句

for 循环语句也叫遍历循环语句。for 循环语句的格式、流程图、执行过程如表 6.6 所示。

表 6.6　　　　　for 循环语句

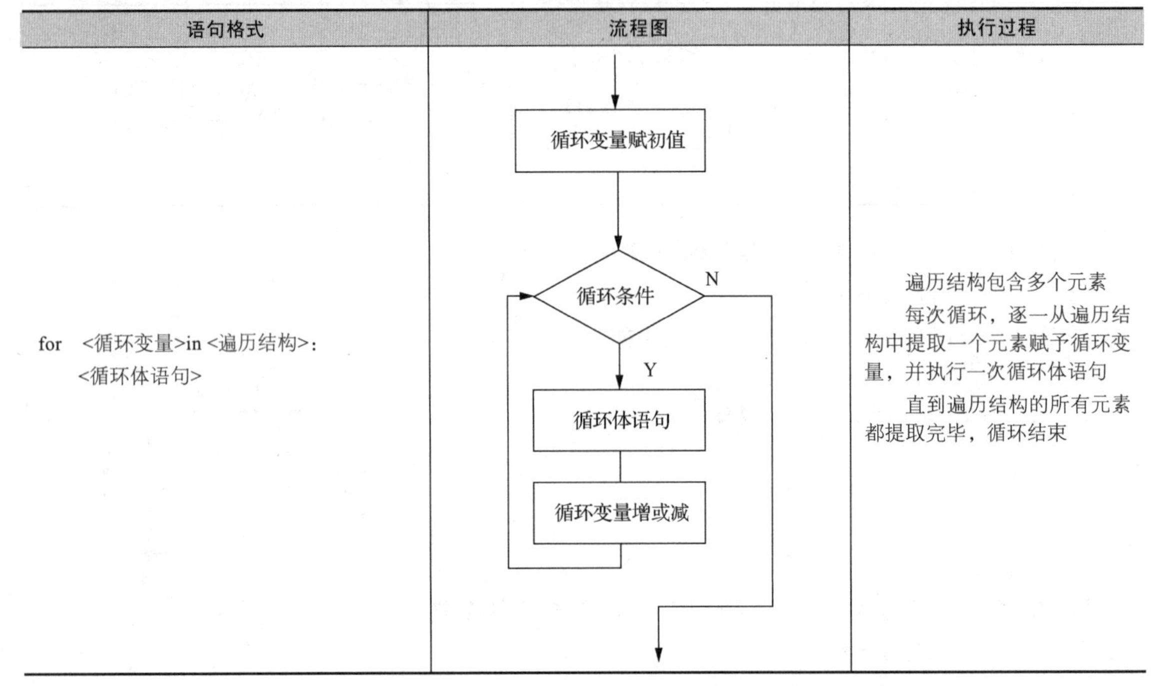

语句格式	流程图	执行过程
for　<循环变量>in <遍历结构>: 　<循环体语句>		遍历结构包含多个元素 每次循环，逐一从遍历结构中提取一个元素赋予循环变量，并执行一次循环体语句 直到遍历结构的所有元素都提取完毕，循环结束

遍历循环有多种应用形式，常见的应用如下。

```
for  i  in range(N) :
     <语句块>
```

其中，遍历结构是由 range()函数产生的数字序列。

例如，如下程序代码。

```
for i in range(5) :
    print( i )
```

程序运行结果如下。

```
0
1
2
3
4
```

该程序中涉及 range()函数。

Python range()函数用法如下。

① 作用：Python 中，range()函数可创建一个整数列表，一般用在 for 循环中。

② 格式：range(start, stop, step)

③ 说明如下。

start：表示列表的起始数，若省略则默认为 0。

stop：表示列表的终止数。

step：即步长，表示数之间的增量，若省略默认为 1。

④ 例如：

range(10)产生序列[0, 1, 2, 3, 4, 5, 6, 7, 8, 9]。

range(1,10,1) 或 range(1,10)产生序列[1, 2, 3, 4, 5, 6, 7, 8, 9, 10]。

【例 6-12】 参看例 5-10，用程序实现：找出 100～999 中的所有水仙花数，并将找出的水仙花数从小到大输出，每行输出 1 个数。

分析：可以采用遍历方法，依次判断 100～999 中每个数是不是水仙花数。这就涉及一些代码段的重复执行，因此采用循环结构。

根据图 5.14 所示的算法，进行程序设计，程序代码如下。

```
for n in range(100, 999):
    hum = n // 100
    ten = n // 10 % 10
    ind = n % 10
    m= hum ** 3 + ten ** 3 + ind ** 3
    if m == n:
       print(n)
```

程序运行结果如下。

```
153
370
371
407
```

（2）while 循环语句

while 循环语句也叫条件循环语句，根据条件判断是否结束循环。while 循环语句的格式、流程图、执行过程如表 6.7 所示。

表 6.7　while 循环语句

语句格式	流程图	执行过程
while 条件表达式 ： <循环体语句>	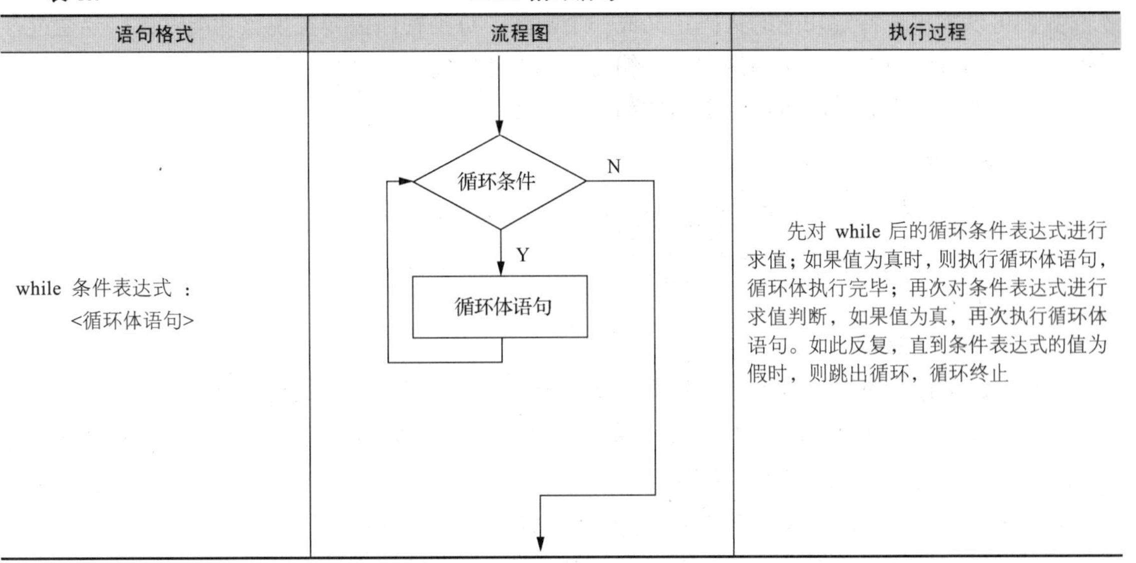	先对 while 后的循环条件表达式进行求值；如果值为真时，则执行循环体语句，循环体执行完毕；再次对条件表达式进行求值判断，如果值为真，再次执行循环体语句。如此反复，直到条件表达式的值为假时，则跳出循环，循环终止

【例 6-13】 参看例 5-5，计算 1+2+3+⋯+n 的值。

根据图 5. 9 所示算法，进行程序设计，程序代码如下。

```
i=1
sum=0
```

```
n= int(input("请输入 n"))
while i<=n:
    sum=sum+i
    i=i+1
print(sum)
```

【例 6-14】 参看例 5-7，编程解决猴子吃桃问题。一只猴子第一天摘下若干桃子，当即吃了一半，还不过瘾，又多吃了一个，第二天早上又将剩下的桃子吃掉一半，又多吃了一个。以后每天早上都吃了前一天剩下的一半再多一个。到第 10 天早上想再吃时，发现只剩下一个桃子了。求猴子第一天共摘了多少个桃子？

根据图 5.11 所示算法，进行程序设计，程序代码如下。

```
x=1
t=10
while t>=1:
    x=(x+1)*2
    t=t-1
print(x)
```

6.3.2 函数式编程

Python 中，函数的应用非常广泛，在前面几节中我们已经接触过多个函数，比如 input()、print()、range()等，这些都属于 Python 的内置函数，可以直接使用。除了可以直接使用的内置函数外，Python 还支持程序员自己写函数，可以将一段有特定功能、可重复使用的代码以固定的格式写一个函数。

函数的本质就是一段有特定功能、可以重复使用的代码，这段代码已经被提前编写好，并且有一个“好听”的名字。在后续编写程序过程中，如果需要同样的功能，直接通过函数名调用这段代码。

我们可以将实现特定功能的代码定义成一个函数，每当程序需要实现该功能时，只要通过参数的传递调用该函数即可。从而达到一次编写、多次使用的目的。

函数的使用通常分为两步：定义函数和调用函数。

1. **定义函数**

函数是一段代码的表示，Python 语言中，定义函数的语法格式如下。

```
def 函数名(a1,a2,.....):        ← 形参
    函数体
    return [返回值]
```

其中，定义时所使用的参数称为形式参数（简称形参），设置该函数可以接收多少个参数，多个参数之间用逗号（,）分隔；函数体是指函数内部的代码；函数可以有返回值，支持返回多个（≥0）值，也可以没有返回值，根据需要而定。

【例 6-15】 编写函数：计算两个数 *x*,*y* 的最大值。

把计算两个数的最大值这一功能定义为一个函数。定义函数代码如下。

```
     函数名    参数
def  max(x, y):  #定义函数，函数功能为求 x 和 y 的最大值
    if x>y:
        return  x
```

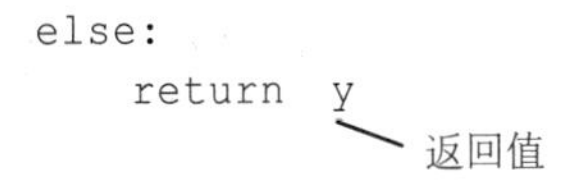

函数定义后，不会被执行，只有调用该函数时才会执行。函数定义时，参数是输入，函数体是处理，返回值是输出。

2. 调用函数

函数调用是运行函数代码的过程，即在程序内或其他程序中，使用已定义的函数。如果把定义的函数理解为一个具有某种功能的工具，那么调用函数就相当于使用该工具。

函数调用的格式：

```
函数名 ([实参])
```

其中，函数名指要调用的函数名；函数调用时给出的参数称为实参，调用时将实参传递给对应的形参。如果定义函数时指定了形参，那么在调用函数时也必须传递实参，定义函数时有多少个形参，调用时就需要传递多少个实参，且顺序必须和定义函数时一致。即便该函数没有参数，函数名后的小括号也不能省略。

【例 6-16】 编写计算两个数 x, y 的最大值的函数并调用。

程序代码如下。

```
def  max(x, y):  #定义函数，函数功能为求 x 和 y 的最大值     定义函数 max，形参 x 和 y
   if x>y:
       return  x
   else:
       return  y


a = float (input("请输入 x 的值： "))
b = float (input("请输入 y 的值： "))
z = max(a, b)  ←—————— 调用函数 max，实参 a 和 b
print(" x与 y 的最大值为", z)
```

3. 函数的调用过程

例 6-16 中，语句 z=max(a,b)的含义是调用函数 max，并将函数的返回值赋给变量 z。程序执行到语句 z=max(a,b)时，首先查找定义好的 max 函数，将实参 a,b 分别传递给形参 x,y，即 a,b 分别代替 x,y；执行 max 函数的函数体后，将返回值赋给 z。max 函数的调用过程如下。

```
a = float (input("请输入 a 的值： "))
b = float (input("请输入 b 的值： "))
z = max(a, b)  ——————→  def  max(x, y):
print(" x与 y 的最大值为", z)      if x>y:
                                     return  x
                                 else:
                                     return  y
```

6.3.3 turtle 绘图程序设计

turtle 库属于 Python 语言中绘制图形的标准函数库，使用 turtle 库画图也叫海龟绘图，它的特点是通过编程指挥一个小海龟（turtle）在画布上绘图。小海

龟可以看作一个画笔，根据一组函数指令的控制，在画布中移动，在它经过的路径上绘制出各种图案。

1. 画布

画布就是 turtle 用于绘图的区域，程序中可以根据需要设置画布的大小和初始位置。例如：

```
turtle.screensize(800,600, "green")  #设置画布宽、高、背景颜色
```

在画布上，默认有一个以坐标原点为画布中心的坐标体系，如图 6.8 所示，坐标原点上有一只面朝 x 轴正方向小海龟（画笔）。

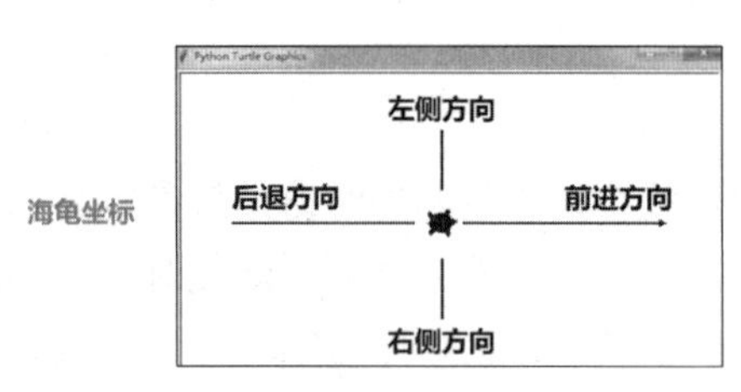

图 6.8 画布坐标体系

2. 画笔

程序中可以设置画笔的颜色、画线的宽度、画笔移动方向、画笔移动速度等，从而绘制出各种图案。如：turtle.speed(5)，设置画笔移动速度为 5，画笔移动的速度为[0,10]的整数，数字越大速度就越快。

3. 使用 turtle 绘图的步骤

使用 turtle 绘图，一般包括以下两个步骤。

（1）首先引入 turtle 库，并创建画笔对象，代码如下。

```
import turtle as t
```

（2）创建画笔后，通过函数命令操纵画笔。操纵画笔的命令很多，常用的命令如表 6.8 所示。

表 6.8 画笔控制命令

命令	功能
turtle.forward(distance)	向当前画笔方向移动 distance 像素长度
turtle.backward(distance)	向当前画笔相反方向移动 distance 像素长度
turtle.right(degree)	顺时针移动 degree 度
turtle.left(degree)	逆时针移动 degree 度
turtle.pendown()	移动时绘制图形，缺省时也为绘制
turtle.goto(x,y)	将画笔移动到坐标为(x,y)的位置
turtle.penup()	提起笔移动，不绘制图形，用于另起一个地方绘制
turtle.circle()	画圆，半径为正（负），表示圆心在画笔的左边（右边）画圆
turtle.fillcolor(colorstring)	绘制图形的填充颜色
turtle. pencolor(colorstring)	绘制图形时画笔的颜色
turtle.pensize()	设置画笔的宽度
turtle.done()	使得窗口等待被关闭，否则将立刻关闭窗口
turtle.begin_fill()	准备开始填充图形
turtle.end_fill()	填充完成

【例 6-17】 使用 turtle 绘制一条长度为 120 的红色直线。

分析：首先使用 import 命令导入 turtle 库，并创建画笔对象，然后通过函数命令操纵画笔向前移动 120。

程序代码如下，程序运行结果如图 6.9 所示。

```
import  turtle  as  t               # 导入 turtle 库，并创建画笔对象
t.pencolor("red")                   # 定义颜色
t.width(4)                          # 设置笔刷宽度
t.forward(120)                      # 前进 120
t.done()                            # 调用 done()函数使窗口等待被关闭，否则将立刻关闭窗口
```

图 6.9　绘制一条长度为 120 的红色直线程序运行结果

【例 6-18】 使用 turtle 绘制正方形，边长为 120。

分析：首先导入 turtle 库，并创建画笔对象，然后通过函数命令操纵画笔向前移动 120，右转 90 度，继续向前移动 120，右转 90 度，继续向前移动 120，右转 90 度，继续向前移 120，右转 90 度。

解法 1：程序代码如下，程序运行结果如图 6.10 所示。

```
import  turtle  as  t               # 导入 turtle 库，并创建画笔对象
t.pencolor("red")                   # 定义颜色
t.width(4)                          # 设置笔刷宽度
t.forward(120)                      # 前进 120
t.right(90)                         # 右转 90 度
t.forward(120)
t.right(90)
t.forward(120)
t.right(90)
t.forward(120)
t.right(90)
t.done()                            # 调用 done()函数使窗口等待被关闭，否则将立刻关闭窗口
```

图 6.10　绘制正方形程序运行结果

解法 2：使用循环结构绘制正方形，程序代码如下。

```
import  turtle  as  t                    # 导入 turtle 库，并创建画笔对象
t.pencolor("red")                        # 定义颜色
t.width(4)                               # 设置笔刷宽度
for i in range(4):                       # 绘制正方形 4 条边，循环 4 次
```

```
    t.forward(120)                       # 前进 120
    t.right(90)                          # 右转 90 度
t.done()                                 # 调用 done()函数使窗口等待被关闭，否则将立刻关闭窗口
```

【例 6-19】 绘制旋转正方形 36 个。

分析：每绘制一个正方形后，旋转 10 度，共绘制 36 个正方形。

算法设计：绘制 36 个正方形，绘制正方形的代码需重复执行 36 次，算法使用循环结构实现代码段的重复执行。

程序代码如下，程序运行结果如图 6.11 所示。

```
import turtle as t                       # 导入 turtle 库，并创建画笔对象
t.pencolor("red")                        # 定义颜色
t.width(4)                               # 设置笔刷宽度
for i in range(36):                      # 绘制 36 个正方形，循环 36 次
    for i in range(4):                   # 绘制 1 个正方形的四条边，循环 4 次
        t.forward(120)                   # 前进 120
        t.right(90)                      # 右转 90 度
    t.right(10)                          # 绘制完 1 个正方形后，右转 10 度
t.done()                                 # 调用 done()函数使窗口等待被关闭，否则将立刻关闭窗口
```

图 6.11　绘制旋转正方形程序运行结果

本章小结

本章主要介绍了计算机程序、程序设计、计算机语言及 Python 语言的相关概念；介绍了 Python 语言中的变量、常量、数据类型、运算符、表达式、赋值语句等构成要素；通过使用 Python 语言进行简单的程序设计，使学生初步掌握 Python 语言的分支、循环流程的程序设计方法及函数的编写方法；通过介绍 input()、print()、range()函数及 turtle 库函数，使学生了解内置函数、标准库函数的使用方法。

计算机程序，即为了解决某个问题或为了完成特定任务，使用计算机语言编写的若干条指令的有序集合。程序设计，就是指根据所提出的待解问题，使用某种计算机语言编制程序代码，来

驱动计算机正确完成该任务的过程。程序设计语言就是指编写程序时使用的“语言”，即计算机语言，是人与计算机交流的工具。

Python 语言中常用的运算有：算术运算、关系运算、赋值运算、逻辑运算等。

Python 语言中有三种控制流程：顺序、分支、循环。

Python 语言可使用内置函数、标准库函数和第三方库函数。input()、print()、range()函数都属于内置函数，在 Python 程序设计中可直接使用。turtle 库函数属于标准库函数，标准库函数需要使用 import 命令引入，方可使用。

通过学习人工智能、大数据、云计算等其他章节的 Python 实例，读者可以了解 Python 语言在诸多领域的广泛应用，了解 Python 计算生态，了解更大的 Python 世界。

习题 6

6.1　什么是计算机程序？什么是程序设计？

6.2　计算机语言分为哪几类？

6.3　程序的 3 种流程控制是什么？分别说明它们的作用。

6.4　Python 语言有哪些特点？

6.5　列举你所了解的 Python 应用。

6.6　编程实现：

输入一个实数，用分段函数 $y=\begin{cases} x^2+1 \\ 0 \\ x^2-1 \end{cases}$ 求解函数值。

6.7　编程计算：2+4+6+…+100 的和。

6.8　编程计算下式的值。

$$1+\frac{1}{4}+\frac{1}{7}+\frac{1}{10}+\frac{1}{13}+\cdots+\frac{1}{100}$$

6.9　自定义函数，判断一个数是否是水仙花数。

6.10　使用 turtle 库绘制图案。

07 第7章　数据库与大数据

随着计算机技术、通信技术、网络技术的飞速发展，人类社会已进入信息化时代。为了有效管理和使用信息化时代的海量信息，出现了数据管理技术。随着数据管理规模的不断扩大，产生了数据库技术。数据库技术是计算机科学的重要分支，也是现代计算机信息系统与应用系统的重要基础和核心技术。数据库技术也成为计算机技术中发展最快、应用最广的技术之一。近年来，随着移动互联网、物联网和 5G 等技术的迅猛发展，数据规模增长迅速，产生了大数据技术。

7.1　数据

随着社会信息化水平的不断提高，使用计算机管理数据已经成为人们首选的数据管理方式。在系统地介绍数据库技术和大数据技术之前，首先介绍数据库存储和处理的对象。

7.1.1　数据

1. 数据的概念

数据（Data）是数据库系统研究和处理的基本对象。早期的计算机系统主要用于科学计算领域，处理的数据基本都是数值型数据，其实数字只是数据的一种最简单形式。随着计算机的应用范围不断扩大，数据的种类也更加丰富，如文本（Text）、图形（Graph）、图像（Image）、音频（Audio）、视频（Video）等都属于数据的范畴。

较常见的一种数据定义是：数据是描述事物的符号记录。当然，描述事物的符号可以是数字，也可以是前面提到的文本、图形、图像、音频、视频等其他多种表现形式。

数据的表现形式不一定能完全表达其内容，有些需要经过解释才能明确其具体含义。比如数字 18，当其表示某个人的年龄时，代表的含义就是 18 岁；而当其表示某个楼层时，就是 18 层。因此数据和数据的解释密不可分。

2. 数据处理

数据处理（Data Processing）指的是对各种形式数据进行的收集、组织、存储、加工和传播等一系列工作。数据处理的实质就是从已有数据出发，经过一系列适当的加工，转换成所需要的信息的过程。也可用下式简单表示信息、数据与数据处理的关系：

信息=数据+数据处理

数据处理工作主要分为 3 类。

（1）数据管理

数据管理（Data Management）的主要任务是收集数据，并按照一定的组织结构来保存数据，为后期的处理快速、准确地提供所需的数据。

（2）数据加工

数据加工的主要任务是对数据进行变换、抽取和运算。数据加工可以得到更为有效的数据，以辅助人们获取知识。

（3）数据传播

数据传播的主要任务是使信息在空间或者时间上以各种形式进行传递，以便更多的人能够获取信息。

7.1.2　数据管理

在数据处理中，最基础的工作是数据管理，具体工作应包含 3 部分。第一，将收集到的数据按照合理的结构进行分类、组织和编码，并且存储在物理设备上，使得数据可以持久性地保存。第二，数据管理工作要能够根据需要进行数据的新增、修改和删除等操作。第三，数据管理工作要提供数据查询和基本的统计功能，以便使用者能够快速得到所需要的正确数据，进行各种后期处理。

在应用需求的推动和计算机硬件、软件的基础上，数据管理技术经历了人工管理、文件系统、数据库系统和大数据管理几个阶段。

1. 人工管理阶段

20 世纪 50 年代中期以前，计算机主要用于科学计算。计算机硬件的外存只有纸带、卡片、磁带等，还没有磁盘等可以直接存取的存储设备；软件上没有操作系统，更没有管理数据的专门软件；数据处理方式是批处理。

由于人工管理主要应用于科学计算，涉及的数据规模较小，软、硬件条件也较差，数据管理中涉及的数据基本不需要，也不允许长期保存，基本是需要时输入，用完就撤走。这个阶段，由于没有专门的数据管理软件，程序员需要在应用程序中自己设计、定义和管理数据。应用程序中不仅需要规定数据的逻辑结构，还需要设计数据的存储结构、存取方法、输入方式等物理结构，这给程序的设计和维护都带来很大负担。而一旦数据的逻辑结构或者物理结构发生变化，必须对相应的应用程序进行修改，数据完全依赖于程序，即数据和程序之间不具有独立性。此外，由于数据是面向应用程序的，即一组数据只能对应一个程序，即使多个应用程序涉及某些相同的数据，也只能各自设计和定义，无法互相使用，使得程序和程序之间存在大量的冗余数据。人工管理阶段，应用程序和数据之间的一一对应关系可用图 7.1 表示。

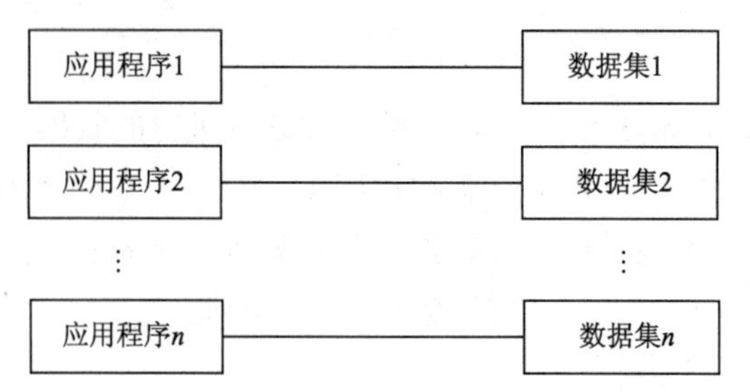

图 7.1　人工管理阶段应用程序与数据之间的一一对应关系

2. 文件系统阶段

从 20 世纪 50 年代后期到 60 年代中期，计算机的应用领域不断拓宽，不仅用于科学计算，还大量用于数据管理。计算机硬件外存储器有了磁盘、磁鼓等直接存取设备；软件的操作系统中有了专门的数据管理软件，即文件系统；数据处理方式不仅有批处理，还能够联机实时处理。

此时，数据管理的系统规模和管理技术比早期人工管理阶段都有了较大幅度的发展，数据可以长期保存在外存上反复进行查询、修改、插入和删除等操作。操作系统中的文件系统把数据组织成相互独立的数据文件，利用“按文件名访问，按记录存取”的管理技术，提供了对数据的存取、查询和修改等管理功能。由于文件系统可为程序和数据之间提供统一的存取方法，即数据的逻辑结构与存储结构之间的转换方法，程序员可以把更多的精力集中到应用程序的算法上，而不必过多考虑物理实现的细节。但是文件系统仍然存在一些缺点，如文件仍然是面向应用的，即一个（或一组）文件基本对应于一个应用程序。这种数据与应用程序的对应方式如同人工管理阶段一样，带来了数据共享性差、冗余度高、浪费存储空间等特点等，并且容易造成数据不一致，给数据的修改和维护带来困难。此外，文件系统中的文件仍然是为某一特定应用服务的，因此增加新的应用或者数据逻辑结构改变，必然要求应用程序中对数据文件结构的定义进行新增或者修改，即数据依赖于应用程序，缺乏独立性。可见，文件系统中的数据文件之间是相互孤立的，整体没有结构性，不能反映现实世界事物之间的内在联系。文件系统阶段应用程序与数据文件之间的对应关系如图 7.2 所示。

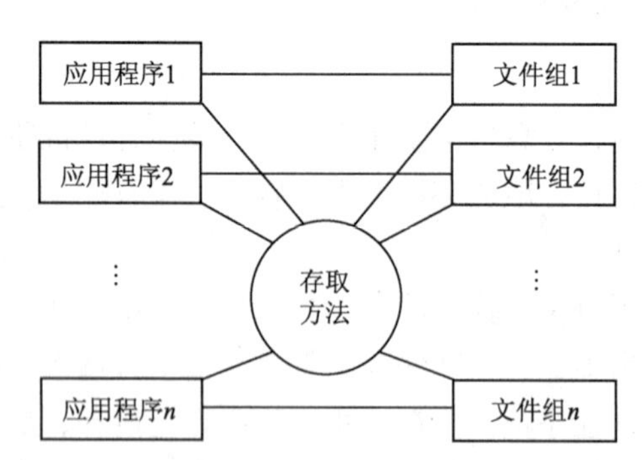

图 7.2　文件系统阶段应用程序与数据文件之间的对应关系

3. 数据库系统阶段

20 世纪 60 年代以后，计算机应用范围越来越广泛，管理的数据规模也越来越大，数据共享的要求也越来越强。计算机硬件上已有大容量的磁盘，其他设备也飞速发展，而且硬件的价格持续下降；而计算机软件的价格则上升，编制、维护系统软件和应用软件的成本相对增加；数据处理方式中联机实时处理不断增多，并开始出现分布式处理的需求。

以文件系统为主的数据管理方式已经不能满足应用的需求，为了解决多用户、多应用共享数据的需求，更加高效地管理和使用数据，数据库技术应运而生，出现了统一管理数据的专门软件系统——数据库管理系统。

数据库系统中应用程序与数据之间的对应关系如图 7.3 所示。数据库系统管理数据的特点如下。

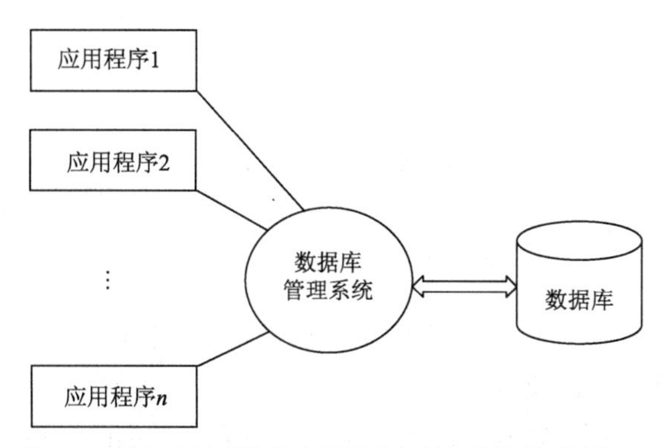

图 7.3　数据库管理阶段应用程序与数据之间的对应关系

（1）数据结构化

数据库系统的整体结构化是指数据库中的数据不再仅仅针对某一应用，而是面向整个组织或企业；不仅数据内部结构化，而且整体也是结构化的，数据之间是具有联系的。例如，一个学校的信息系统中不仅要考虑教务处的课程管理、学生选课管理、成绩管理，还要考虑学生处的学生学籍管理，同时还要考虑研究生院的研究生管理、人事处的教师管理、科研处的科研管理等。

如图 7.4 所示，数据库系统中的数据整体具有结构化的特点，数据库中不仅描述了数据本身，还描述了数据之间的联系。记录的结构和记录之间的联系由数据库管理系统维护，从而减轻了程序员的工作量。另外，数据库系统中存取数据的方式也很灵活，可以存取数据库中的某一个（组）数据项或记录。

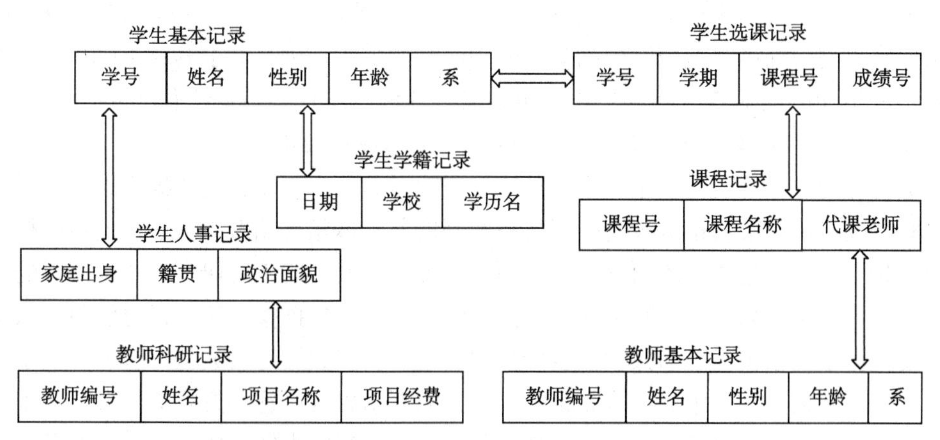

图 7.4　某学校信息管理系统部分数据记录简图

（2）数据的共享性高、冗余度低

数据库管理阶段数据被存储在数据库中，应用程序与数据之间的对应关系如图 7.3 所示。数据不再面向某个应用程序而是面向整个系统，因此数据可以被多个用户、多个应用程序共享使用。

数据冗余是指数据在数据库中重复存储。数据共享可以大大减少数据冗余，节约存储空间，还能够避免数据的不正确性。数据库能够最大限度减少数据冗余，确保较低的冗余度。

（3）数据独立性高

数据独立性是使用数据库管理数据的一个显著优点，包括数据的物理独立性和逻辑独立性。

数据与程序独立的目的是把数据的定义和描述从程序中分离出来，数据的存取和使用数据的程序彼此独立，数据库管理系统负责管理数据，数据存储结构的变化尽量不影响用户程序的使用，使得应用程序保持不变。

（4）数据安全性高

用户不一定有权力使用数据库中的全部数据，给访问数据库的用户设置访问权限来防止数据的非法使用，进一步保证数据安全。

4. 大数据管理阶段

传统的数据采集来源单一，且存储、管理和分析数据量也相对较小，采用关系型数据库即可处理。大数据从数据来源、处理方式、数据思维等方面都带来了革命性的变化，颠覆了传统的数据管理方式，继续采用数据库管理数据已经不适合了。

有一个形象的类比，可将“池塘捕鱼”代表传统数据库的数据管理方式，将“大海捕鱼”比作大数据时代的数据管理方式。环境条件的变化导致了“捕鱼”方式的根本性差异，主要表现在以下几个方面。

（1）数据规模。“池塘”和“大海”最明显的区别就是规模。“池塘”的处理对象通常以 MB 为基本单位，而“大海”则常常以 GB、TB 或者 PB 为基本处理单位。

（2）数据类型。过去的“池塘”中，数据种类较少，通常只有一种或几种，而且以结构性数据为主。而“大海”中数据种类繁多，且包含了各种结构化、半结构化、非结构化的数据，给数据的管理带来许多新的挑战。

（3）处理对象。在“池塘”中捕鱼，“鱼”仅仅是其捕捞对象，而在“大海”中捕鱼，还可以对“鱼”进行更多的管理，如通过某些“鱼”的存在来判断其他种类的“鱼”是否存在。也就是说传统数据库中数据仅作为处理对象，而在大数据中可将数据作为一种资源来辅助解决其他问题。

（4）处理工具。捕捞“池塘”中的鱼，一种渔网或少数几种基本工具就可以满足，也就是所谓的 one size fits all。但是在“大海”中捕鱼，需要各种各样的工具应对不同的应用环境和需求，不可能存在一种渔网能够捕获所有的鱼类，也就是 no size fits all。

大数据时代的数据管理完全不同于传统的数据管理模式，需要新的数据思维来应对。图灵奖获得者，著名数据库专家 Jim Gray 博士提出一种新的数据探索型研究方式，被他自己称为科学研究的“第 4 种”范式。这种新的研究方式不同于基于数学模型的传统研究方式，海量的数据丢进巨大的计算机集群中，只要有相互关联的数据，统计分析和数据挖掘等分析方法就可以发现传统分析方法发现不了的新模式、新知识甚至新规律。另外，大数据时代的数据管理实质是从以计算为中心转变到以数据处理为中心，也就是我们所说的数据思维。这种方式需要我们从根本上转变思维，在大数据时代，数据不再仅仅是“捕捞”的对象，而应当转变成一种基础资源，可用数据这种资源来协同解决其他诸多领域的问题。

7.2 数据库

数据库技术是数据管理的重要手段，是人们存储数据、管理信息、共享资源的常用技术，也是各种信息系统的基础和核心。掌握数据库技术，需要理解数据库、数据模型、数据库管理系统等概念。

7.2.1　数据库概述

1. 数据库

数据库（Database，DB）可简单理解为存放数据的仓库，是指长期存储在计算机内的、有组织、可共享的大量数据的集合。数据库本身可被看作一个电子文件柜，它是基于计算机存储设备、按照一定的格式存放持久性数据的“容器”。数据库中的数据都是按照一定的模式进行组织和存储的，具有较低的冗余度、较高的数据独立性和易扩展性，可被多个不同的用户同时共享使用，并可通过相应的管理系统进行统一管理。

2. 数据库管理系统

当数据库中的数据达到一定规模且结构复杂时，需要专门的软件系统进行科学的组织管理。数据库管理系统（Database Management System，DBMS）就是位于用户和操作系统之间的一层数据管理软件，它可以高效地组织、存储、管理和维护数据，为用户或应用程序提供访问数据库的方法。数据库的一切操作，都是通过 DBMS 进行的。

常用的 DBMS 有 Access、SQL Server、Oracle 等，一般来说，DBMS 的主要功能包括以下几个方面。

（1）数据定义功能

数据库管理系统提供数据定义语言（Data Definition Language，DDL）进行数据的模式定义和物理存取描述，即用户可通过 DDL 对数据库中数据对象的组成与结构进行定义。

（2）数据组织、存储和管理

数据库管理系统要分类组织、存储和管理各种数据。从物理意义来看，数据库中的数据实际存在两类：一类是原始数据，可以看作构成物理存在的数据，它们构成用户数据库；另一类是元数据，可以看作数据库中数据的描述，它们构成系统数据库。

（3）数据操作

数据库管理系统还提供数据操作语言（Data Manipulation Language，DML）进行数据的基本操作处理，如查询、插入、删除和修改等。

（4）数据控制

由于数据库的基本优点之一是支持多用户并发访问数据库，因此 DBMS 就需要及时发现和处理由于共享引发的各种问题，并提供并发控制机制、访问控制机制、安全性保护机制、数据完整性约束机制和发生故障后的系统恢复功能等。

（5）其他功能

数据库的功能还包括通过一些管理工具实现对数据库的转储、恢复、重组织、性能监视、分析等，还有与其他数据库之间的互访和互操作功能，以及数据库管理系统与其他软件系统的通信功能。

3. 数据库系统

数据库系统（Database System，DBS）是存储、管理、处理和维护数据的计算机系统，包含了计算机硬件、数据库、数据库管理系统（及其应用开发工具）、应用系统和所有数据库用户。数据库系统可以用图 7.5 表示，其中计算机硬件是保证整个系统正常运行的基本物理设备，数据库提供数据的结构性存储，数据库管理系统提供数据的组织、存取、管理和维护等基础功能，数据库应用系统根据应用需求使用数据库。

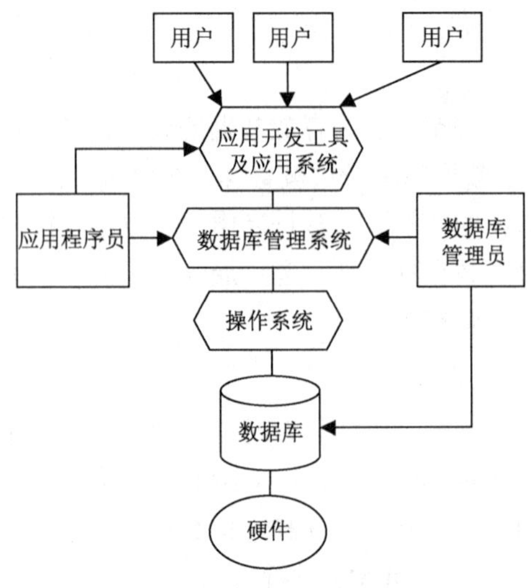

图 7.5　数据库系统

4. 数据库系统相关人员

数据库用户包含 3 类：第一类是数据库管理员（Database Administrator，DBA），负责全面管理数据库系统，如数据库的规划、设计、协调、维护和管理等工作，保证数据库正确和高效地运行；第二类是应用程序开发人员，负责在某种环境下使用某种程序设计语言编写数据库应用程序，这些程序通过向 DBMS 发送数据库操作语句来访问数据库，并将 DBMS 返回的结果通过程序返回给用户；第三类是最终用户，他们可以通过应用程序使用数据库，也可以直接使用 SQL 语句操作数据库。

5. 云数据库

云数据库是指被优化或部署到"云端"的数据库，可以实现按需付费、按需扩展，具有高可用性以及存储整合等优势。

云数据库的特性有：实例创建快速、支持只读实例、读写分离、故障自动切换、数据备份、Binlog 备份、SQL 审计、访问白名单、监控与消息通知等。

7.2.2　数据模型

数据模型是数据库系统的核心和基础，是数据库中数据的存储方式。数据库领域中，出现了三种重要的数据模型，分别是层次模型、网状模型、关系模型。

关系模型（Relational Model）是最重要的一种数据模型，它是目前流行的关系数据库的组织方式。1970 年，IBM 公司 San Jose 研究室的研究员 E.F.Codd 首次提出了数据库系统的关系模型，开创了数据库关系方法和关系数据理论的研究，由于他在数据库技术和理论方面的卓越贡献，他于 1981 年获得 ACM 图灵奖。自 20 世纪 80 年代以来，计算机厂商新推出的数据库管理系统几乎都支持关系模型。

每一种数据库管理系统都是基于某种数据模型的，例如，Microsoft Access、SQL Server 和

Oracle 是基于关系模型的数据库管理系统。

在关系模型里，用二维表表示数据之间的关系，如图 7.6 所示。本节和下一节中所用例子都是基于一个学生选课的数据库系统，里面包含学生信息表和学生选课表，其中涉及的数据有学生学号、姓名、年龄、性别、所在学院、选修课程的编号以及所选课程的成绩。

学号	姓名	性别	年龄	所在学院
20150001	张三	男	20	计算机
20150002	王倩	女	19	外语
20150003	张飞	男	19	体育
20150004	高军军	男	18	计算机
20150005	赵雪	女	18	软件

（a）学生信息表

学号	课程号	成绩
20150001	00003101	92
20150001	00003102	78
20150001	00003103	85
20150001	00003105	88
20150002	00003101	75
20150002	00003102	50
20150003	00003105	48

（b）学生选课表

图 7.6　关系模型

关系模型的常用概念如下。

（1）关系。一个关系对应一张二维表。如图 7.6 中两个表对应两个关系，分别是 Student（学生基本信息表）和 SC（学生选课表）。

（2）记录。也称为元组。在二维表中，一行内容称为一条记录。例如表 Student 中有 5 行，所以它有 5 条记录。

（3）属性。表中的一列为一个属性，也称字段。每个属性都要有一个属性名，如表 Student 有 5 个属性，它们的名称分别是学号、姓名、性别、年龄和所在学院。

（4）关键字。表中的一个属性或若干个属性的组合，它可以唯一确定一条记录。如表 Student 中的学号可以唯一确定一个学生，因为学号不会重复，但姓名会重名，因此学号是一个关键字。

（5）域。域是一个或多个属性允许的取值范围。例如，所在学院的域是学校所有学院的集合，可规定学生的年龄为 15～40 的整数。

关系模型要求关系必须规范化，即要求关系必须满足一定的规范条件，最基本的一条就是，关系的每一个分量必须是一个不可分割的数据项，即不允许表中还有表。

7.2.3　数据库的基本操作

SQL Server 是一种关系型数据库管理系统，它完整地支持了结构化查询语言（Structured Query Language，SQL）的功能。SQL 可靠性高、功能全面、效率高、界面友好、易学易用，是目前关系数据库的标准语言，在操作性和交互性方面独树一帜，在大中型企业或单位的数据库平台中得到广泛应用。

一个关系数据库系统可以创建多个数据库，每个数据库通常包含多个表、查询、视图、索引等数据库对象。表是数据库最基本的对象，存放着数据库中的全部数据信息。

1. 建立数据库

数据库的建立可以用菜单命令，也可以用 SQL 语句。

- 建立数据库语句的简化格式为：

```
CREATE DATABASE <数据库名> ;
```

- 删除数据库语句的一般格式为：

```
DROP DATABASE <数据库名>;
```

【例 7-1】 为学生选课管理系统建立名称为 School 的数据库。

```
CREATE DATABASE School;
```

2. 建立数据表

- 定义基本表语句的一般格式为：

```
CREATE TABLE <表名> (<列名><数据类型>[列级完整性约束条件]
[,<列名><数据类型>[列级完整性约束条件]]
…
[,<表级完整性约束条件>]);
```

【例 7-2】 在 School 数据库中创建“学生”表 Student，包含学号（Sno）、姓名（Sname）、性别（Ssex）、年龄（Sage）和所在学院（Sdept）属性。

```
CREATE TABLE Student
(  Sno CHAR(10) PRIMARY KEY,
Sname CHAR(20) UNIQUE,
Ssex CHAR(2),
Sage SMALLINT,
Sdept CHAR(30)
);
```

同样可以创建“课程”表 Course，包含课程号（Cno）、课程名（Cname）和学分（Ccredit）属性，其中课程号为该关系的主码，如图 7.7 所示。

课程信息表

课程号	课程名	学分
00003101	数据库系统	4
00003102	高等数学	8
00003103	大学英语	6
00003104	军事理论	3
00003105	程序设计技术	5

图 7.7　课程信息表

【例 7-3】 建立学生选课表 SC，包含学号（Sno）、课程号（Cno）和成绩（Grade）属性。

```
CREATE TABLE SC
(Sno CHAR(10),
Cno CHAR(8),
Grade SMALLINTCHECK (Grade BETWEEN 0 AND 100),
/*用户自定义列级完整性约束，Grade 取值在 0 至 100 之间*/
PRIMARY KEY (Sno,Cno),
                                   /*主码由两个属性组合，必须作为表级完整性进行定义*/
FOREIGN KEY(Sno) REFERENCES Student(Sno),
/*表级完整性约束条件，Sno 是外码，被参照表是 Student*/
FOREIGN KEY(Cno) REFERENCES Course(Cno)
/*表级完整性约束条件，Cno 是外码，被参照表是 Course*/
);
```

建立数据表的同时还可以定义该表有关的完整性约束条件，当该表建立后，有关的这些约束条件会被存入数据字典中，当用户操作表中数据时，DBMS 会自动检查该操作是否违背定义的完整性约束条件。选课表中的学号参照的是如果完整性约束条件仅涉及单个属性，则可以定义在列级或者表级，否则必须定义在表级。

- 删除基本表语句的一般格式为：

```
DROP TABLE <表名>;
```

说明：一个基本表一旦被删除，这个表的所有数据以及在此表基础上建立的索引、视图都会被删除。因此，执行表删除操作时，一定要格外小心。

3. 数据更新

数据库的管理和维护主要是表的管理与维护。选定基本表，可以对表中数据进行增加、修改、删除操作，对应着 SQL 中的命令分别是 INSERT、UPDATE 和 DELETE。

（1）插入数据（INSERT）

- 插入数据语句的一般格式为：

```
INSERT INTO <表名>[(列名 1)[,(列名 2)…]]
VALUES (常量 1[,常量 2…]);
```

说明：上述语句的功能是将新记录插入指定表中。其中，新记录的属性列 1 取值为常量 1，属性列 2 取值为常量 2，……INTO 子句没有出现的属性列，新记录在这些列上将取空值。但是需要注意，若该列在定义时说明了 NOT NULL 的话，会出错。INTO 子句若不指定列名，则需要给所有列都插入值，且必须一一对应。

【例 7-4】 向 Student 表中插入如图 7.6 所示的学生信息。

```
INSERT INTO Student VALUES ('20150001','张三','男',20,'计算机');
INSERT INTO Student VALUES ('20150002', '王倩', '女', 19, '外语');
INSERT INTO Student VALUES ('20150003', '张飞', '男', 19, '体育');
INSERT INTO Student VALUES ('20150004', '高军军', '男', 18, '计算机');
INSERT INTO Student VALUES ('20150005', '赵雪', '女', 18,'计算机');
```

（2）修改数据（UPDATE）

- 修改数据语句的一般格式为：

```
UPDATE <表名>
SET <列名 1>=<表达式 1>[,<列名 1>=<表达式 1>]…
[WHERE <条件>];
```

说明：该语句功能是修改指定表中满足 WHERE 子句条件的记录，其中 SET 子句给出表达式的值用于取代相应的属性列值。如果省略 WHERE 子句，则表示要修改表中所有记录。

【例 7-5】 将学号为 20150005 的学生所在学院改为“软件”。

```
UPDATE Student SET Sdept='软件'
WHERE Sno='20150005';
```

（3）删除数据（DELETE）

- 删除数据语句的一般格式为：

```
DELETE FROM <表名>
[WHERE <条件>];
```

说明：该语句功能是删除指定表中满足 WHERE 子句条件的记录，若省略 WHERE 子句，表示删除表中全部记录。

【例 7-6】 从 SC 表中删除学号为 20150001 的学生的选课记录。

```
DELETE FROM SC WHERE Sno='20150001';
```

【例 7-7】 删除 SC 表中的全部选课记录。

```
DELETE FROM SC;
```

4. 数据查询

数据查询（SELECT）操作是数据库最常用的操作，是指按照用户的需要从数据库中提取所需要的数据。SQL 提供了方式灵活、功能丰富的查询语句。

- 查询语句的一般格式为：

```
SELECT [ALL|DISTINCT] <目标列表达式>[,<目标列表达式>]…
FROM <表名或视图名>[,<表名或视图名>…]
[WHERE <条件表达式>]
[GROUP BY <列名> [HAVING<条件表达式>]]
[ORDER BY <列名>[ASC|DESC]];
```

说明：该语句功能是先根据 WHERE 子句的条件表达式从 FROM 子句指定的基本表中找出满足条件的记录，再按照 SELECT 子句的目标列表达式筛选出记录中所需要的属性列形成结果集。DISTINCT 表示消除相同的行，默认为 ALL 时保留结果表中取值重复的行。如果有 GROUP 子句，则按照指定的列名进行分组，值相同的记录为同一个组。如果 GROUP BY 子句带有 HAVING 短语，则只输出满足指定条件的分组。如果有 ORDER BY 子句，则结果表还要按照指定列的值进行升序或者降序排列。

条件表达式中常用的操作符如表 7.1 所示。

表 7.1　SQL 常见操作符

查询条件	操作符
比较运算符	=,>,<,>=,<=,!=,<>,!>,!<,NOT+上述比较运算符
确定范围	BETWEEN AND, NOT BETWEEN AND
逻辑运算符	AND, OR, NOT
集合运算符	UNION, INTERSECT, EXCEPT
确定集合	IN, NOT IN
字符匹配	LIKE, NOT LIKE
空值	IS NULL, IS NOT NULL
谓词	EXISTS ALL ANY UNIQUE

（1）单表查询

【例 7-8】 查询所有学生的姓名、学号和所在学院。

```
SELECT Sname, Sno, Sdept FROM Student;
```

查询结果如图 7.8 所示。

注：各列的输出顺序可以与表中顺序不同，根据用户需求可更改。

【例 7-9】 查询全体学生的姓名及其出生年份，出生年份的列名用 BIRTHDAY 表示，并在出生年份前加入一新列，新列的每行数据均为"出生年份"常量值。

```
SELECT Sname, '出生年份', 2015-Sage As BIRTHDAY FROM Student;
```

查询结果如图 7.9 所示。

	Sname	Sno	Sdept
1	张三	20150001	计算机
2	王倩	20150002	外语
3	张飞	20150003	体育
4	高军军	20150004	计算机
5	赵雪	20150005	软件

图 7.8　例 7-8 查询结果

	Sname	(无列名)	BIRTHDAY
1	张三	出生年份	1995
2	王倩	出生年份	1996
3	张飞	出生年份	1996
4	高军军	出生年份	1997
5	赵雪	出生年份	1997

图 7.9　例 7-9 查询结果

注：查询结果中目标列表达式可以是常量，也可以是表达式或函数。用户还可以通过指定别名来改变查询结果的列标题，格式为：

列名|表达式 [As]列别名

【例 7-10】 查询考试不及格学生的学号、课程号和成绩。

```
SELECT * FROM SC WHERE Grade<60;
```

查询结果如图 7.10 所示。

【例 7-11】 查询选课表中每门课程的课程号及其选修人数。

```
SELECT Cno, COUNT(Sno)  FROM SC  GROUP BY Cno
```

查询结果如图 7.11 所示。

注：利用 GROUP BY 将表中的记录按照 Cno 进行分组，然后利用聚集函数 COUNT 分别统计每个分组中的记录个数，即每门课程的选修人数。

	Sno	Cno	Grade
1	20150002	00003102	50
2	20150003	00003105	48

图 7.10　例 7-10 查询结果

	Cno	(无列名)
1	00003101	2
2	00003102	2
3	00003103	1
4	00003105	2

图 7.11　例 7-11 查询结果

（2）连接查询

FROM 子句后面的查询对象不仅局限于一个表，可以在一个查询中同时涉及两个或两个以上的表，称为连接查询。连接查询中的 WHERE 子句可用来表示两个表的连接条件，若有多个条件，可用逻辑运算符进行连接。

【例 7-12】 查询所有学生的学号、姓名、选修课程号、选修课程名、成绩，并且按照成绩降序排列。

```
SELECT Student.Sno, Sname,SC.Cno,Cname, Grade
FROM Student, SC
WHERE Student.Sno=SC.Sno AND SC.Cno=Course.Cno
ORDER BY Grade DESC;
```

查询结果如图 7.12 所示。

【例 7-13】 查询学号 20150001 的学生选修课中成绩大于 80 分课程的课程名、成绩及该学生学号。

```
SELECT Cname, Grade,Sno
FROM Course,SC
WHERE Course.Cno=SC.Cno AND Sno='20150001' AND Grade>80;
```

查询结果如图 7.13 所示。

	Sno	Sname	Cno	Cname	Grade
1	20150001	张三	00003101	数据库系统	92
2	20150001	张三	00003105	程序设计技术	88
3	20150001	张三	00003103	大学英语	85
4	20150001	张三	00003102	高等数学	78
5	20150002	王倩	00003101	数据库系统	75
6	20150002	王倩	00003102	高等数学	50
7	20150003	张飞	00003105	程序设计技术	48

图 7.12　例 7-12 查询结果

	Cname	Grade	Sno
1	数据库系统	92	20150001
2	大学英语	85	20150001
3	程序设计技术	88	20150001

图 7.13　例 7-13 查询结果

7.3 大数据

21 世纪以来，移动互联网、云计算、物联网等新兴技术和服务大量涌现，使得人类社会的数据规模和种类以前所未有的速度增长，大数据时代已经来到。数据从传统的简单处理对象正在转变为一种基础性资源，在此资源基础上进行的政府决策、商业策略和知识发现等逐步受到社会各界的关注和重视。下面介绍在大数据的规模效应下存储数据、管理数据和分析数据面临的新挑战。

7.3.1 大数据概述

1. 大数据起源和发展

大数据早在 1980 年的时候就出现了。著名未来学家托夫勒在其所著的《第三次浪潮》中就提出了“大数据”这个词，并把它称为“第三次浪潮的华彩乐章”。人们通常认为，大数据起源于谷歌的“三驾马车”：谷歌文件系统 GFS、MapReduce 和 BigTable。2006 年 1 月，“大数据之父”道格·卡丁（Doug Cutting）开始了一个项目，即 Hadoop。到了 2008 年，Hadoop 系统就比较稳定了。2011 年 2 月，IBM 的沃森超级计算机每秒可扫描分析 4TB 的数据量，并在美国电视节目上击败两名人类选手而夺冠。这一时刻被认为是“大数据计算的胜利”。

2015 年，国际电信联盟（International Telecommunication Union，ITU）公布了首个大数据标准——《基于云计算的大数据需求与能力标准》（编号 ITU-TY.3600），该标准是由中国电信牵头，法国电信、韩国电子技术研究院等机构联合制定的。

我国政府也高度重视大数据产业发展。早在 2011 年 12 月工信部发布的物联网十二五规划中，就提出了海量数据存储、数据挖掘、图像视频智能分析，这都是大数据的重要组成部分。

2014 年，“大数据”首次出现在当年的《政府工作报告》中。报告指出，要设立新兴产业创新平台，在大数据等方面赶超先进，引领未来产业发展。2015 年，国务院正式印发《促进大数据发展行动纲要》。2016 年，G20 杭州峰会发布了《二十国集团数字经济发展与合作倡议》，并提出了“数字经济”的新理念。这个理念一经提出便获得了高度认可，掀起了新一轮数字化建设热潮。2016—2019 年四年间，国家各部委及各地政府相继出台了一批文件，加大了支持大数据产业发展的力度，如图 7.14 所示。

截至 2020 年 12 月，我国网民数量达 9.89 亿，互联网普及率达 70.4%，大量网民享受着互联网提供的各种优质资源，从而产生了大量的网络数据。2020 年，面对突如其来的新冠肺炎疫情，互联网显示出强大力量。疫情期间，利用大数据技术，能够最大程度还原个人的日常生活轨迹，充分凸显了大数据在疫情防控和复工复产工作中的重要作用。

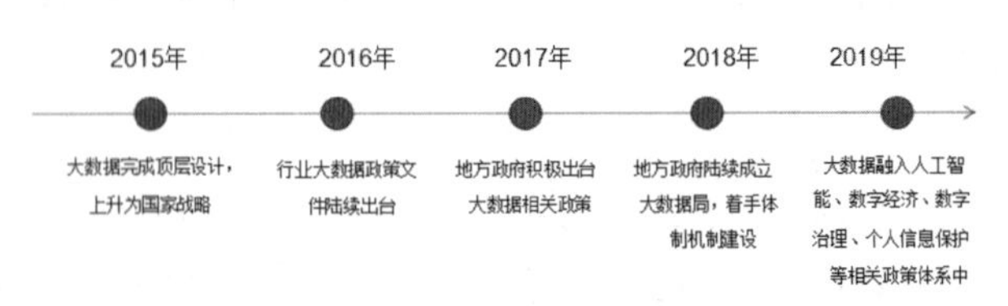

图 7.14　2015—2019 年大数据产业发展关键节点

2. 大数据的概念和特征

大数据（Big Data，BD）是一个抽象的概念，它不仅表示数据规模的庞大，还反映在数据的模态类型、传递速度、潜在价值等方面。对于大数据，目前尚无公认的定义，但是所有的定义基本都是从大数据的特征出发，通过对这些特征进行阐述和归纳试图给出定义。

大数据的特征可总结为以下 5 个 V。

（1）规模性（Volume）。各种仪器和各种通信工具的使用，使得大量的数据被人们所获取和交流。大数据通常指至少达到 10TB 规模以上的数据量。

（2）高速性（Velocity）。其主要强调数据是快速动态变化的，数据流动的速度快到难以用传统的系统进行处理，因此形成流式数据也是大数据的重要特征。

（3）多样性（Variety）。随着各种传感器、智能设备、社交网络的广泛应用，数据类型变得更加复杂，不仅包括传统的关系数据类型，也包括以网页、视频、音频、E-mail、文档等形式存在的未加工的、半结构化的和非结构化的数据。

（4）真实性（Veracity）。随着各种新的数据源的加入，数据的数量、速度和种类飞速增长，还必须确保数据库中数据的质量，即数据真实有效，没有或极少有误。

（5）价值性（Value）。大数据的数据量呈指数增长的同时，隐藏在海量数据中的有用信息却没有相应比例增长，反而极大提升了提取有用信息的难度。例如，连续的若干天视频中，有用的可能仅仅一两秒。所以准确来说，大数据还具有价值密度低的特性。

根据以上特征，我们可认为大数据是一个极其庞大而复杂的数据集，以致人们无法在一定时间内用传统的数据处理方式对其进行获取、管理、分析和传递等操作，需要设计新的处理模式，使其具有更强的洞察力和决策力。

7.3.2 大数据的处理过程

大数据的处理过程，其实就是利用合适的工具采集数据源，按照一定的标准对其存储，再利用相关的数据分析技术进行分析，从而提取出有价值的数据展示给客户。通常，大数据处理过程主要包括数据采集、数据管理、数据预处理、数据分析和数据可视化。

1. **数据采集**

在数据采集过程中，数据源主要来自商业、互联网和传感器（见图 7.15）。根据数据源的不同，数据的采集方法也不同，常用的数据采集方法如下。

图 7.15 传感器

（1）传感器采集方法

传感器是一种能把物理量或化学量转变成便于利用的电信号的器件，通常由敏感元件和转换元件组成，如可穿戴设备、摄像头等。如今的可穿戴技术并不会限制于仅仅满足消费的生活需求，而且可为社交媒体提供内容，它们还可应用于提高牲畜饲养的资产跟踪管理。例如，高价赛马可以穿戴上传感器垫片和配置传感器的马蹄铁，可以帮助驯马师监控马匹的健康，记录它们的步态，上传数据，让各种算法监控马匹的行为，诊断疾病，且有助于提升马匹的整体健康状况。

（2）系统日志采集方法

大型企业积累了大量的软、硬件资源，包括：交换机、路由器、防火墙、服务器、各类业务应用系统、中间件、数据库等。这些设备持续不断地记录了大量的日志文件。通过分析这些文件，可以获得很多信息。

大型企业网络中，日志源众多、格式不一、体量庞大，长期存储的数据量可达 TB 或 PB 级别。因此，很多企业都有自己的海量数据采集工具，多用于系统日志收集，如 Hadoop 的 Chukwa、Cloudera 的 Apache Flume、Facebook 的 Scribe 等，这些工具均采用分布式架构，能满足每秒数百 MB 的日志数据采集和传输需求。

（3）网络数据采集方法

对于 Web 数据，多采用网络爬虫方式进行采集，如图 7.16 所示。

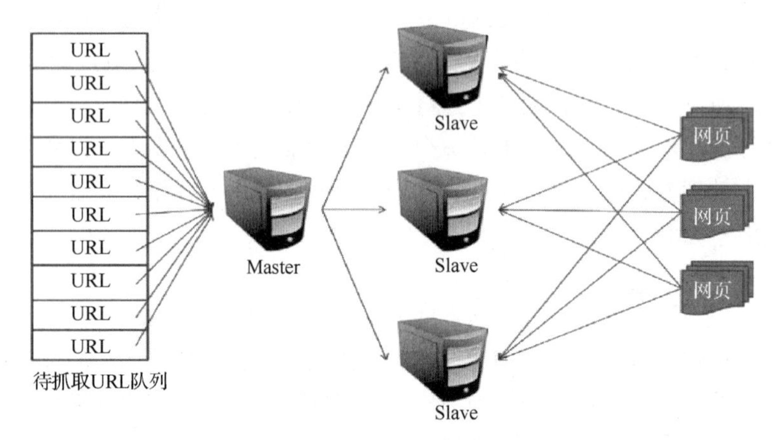

图 7.16　网络爬虫

网络爬虫（Web Crawler），是指按照一定的规则，自动地抓取万维网信息的程序或者脚本，它们被广泛用于互联网搜索引擎或其他类似网站，可以自动采集所有其能够访问到的页面内容，以获取或更新这些网站的内容。

爬虫程序从一个或若干初始网页统一资源定位器（Uniform Resource Locator，URL）开始，获得初始网页的 URL，在抓取网页的过程中，不断地从当前页面上抽取新的 URL 放入队列，直到满足系统的一定条件才停止。

2. 数据管理

数据管理主要是对数据进行分类、编码、存储、索引和查询。数据管理技术经历了人工管理、文件管理、数据库管理和大数据管理阶段。在大数据时代，由于处理的数据量激增，且数据类型多样，因此在进行大数据处理时，出现了很多新技术，如 Hadoop。

Hadoop 是一个分布式计算平台，用户可以在它上面轻松地开发和运行处理海量数据的程序。Hadoop 由很多部分组成，核心部分是 HDFS（Hadoop Distributed File System，分布式文件系统）和 MapReduce。Hadoop 的最底层是 HDFS，它是谷歌文件系统 GFS 的开源实现，它可以存储大规模的数据集，具有高容错性，并且支持 Hadoop 所有服务。

3. 数据预处理

大数据采集过程中通常有一个或多个数据源，这些数据源易受到噪声数据、数据值缺失、数据冲突等影响，通常是不完整的、有噪声的、不一致的，因此需要对采集到的大数据集合进行数据预处理。

大数据的预处理主要包括数据清洗、数据集成、数据变换和数据规约等环节。

数据清洗的主要功能是补充部分数据缺失的属性值，统一数据格式、编码和度量，还有检测和删除异常数据、无关数据。

数据集成是将多个数据源中的数据结合起来存储。

数据变换是把原始数据转换成适合进行数据挖掘的形式。

数据规约是指在尽量保持数据原貌的基础上，精简数据量。这样，在规约后的数据集上进行分析和数据挖掘更有效率。

4. 数据分析

数据分析的主要功能是进行一般的统计查询，从数据中挖掘特定的模式，还有进行预测性分析。针对大数据处理的主要计算模型有 MapReduce 分布式计算系统、分布式内存计算系统、分布式流计算系统等。

MapReduce 是一个批处理的分布式计算系统，是 Hadoop 的核心，最早是由谷歌公司研究提出的，可对海量数据进行并行分析与处理。MapReduce 来源于函数式语言中的内置函数 map 和 reduce，它利用函数式编程的思想，将数据的处理过程分为 Map 和 Reduce 两个阶段。MapReduce 处理过程通俗来说，就是把一堆杂乱无章的数据按照某种特征归纳起来，然后处理并得到最后的结果。

5. 数据可视化

数据可视化是指将大数据分析与预测的结果以计算机图形或图像的直观方式显示给用户，并与用户进行交互式处理。数据可视化技术有利于发现大量业务数据中隐含的规律性信息，可大大提高大数据分析结果的直观性，便于用户理解与使用，故数据可视化是影响大数据可用性和易于理解性的关键因素。

大数据可视化，除了可以使用 Python 的 Matplotlib 绘图库（见图 7.17）外，还可以使用高维数据可视化工具 Tableau，文本可视化工具 Wordle，网络可视化工具 Gephi 和可编程可视化工具 D3。

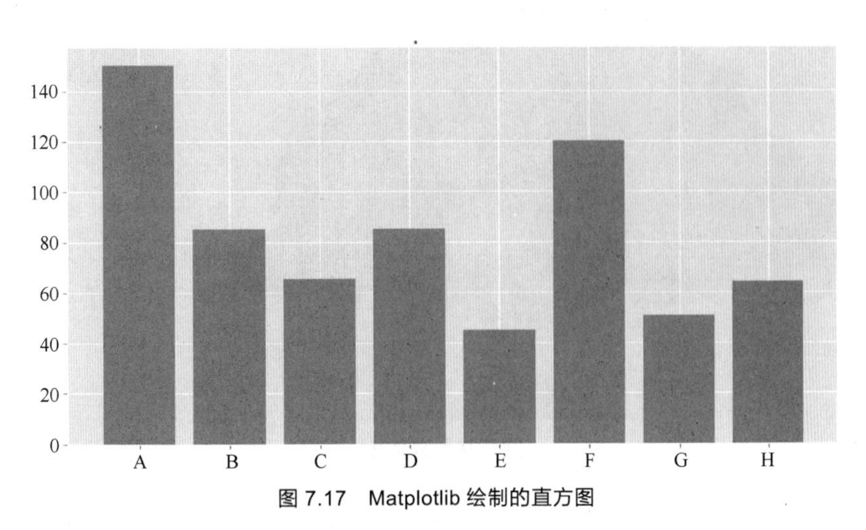

图 7.17　Matplotlib 绘制的直方图

7.3.3 大数据的典型应用

大数据的应用已经进入了蓬勃发展阶段，在我们日常生活的方方面面都能看到大数据的影子。目前较为典型的大数据应用主要包括以下领域。

1. 商业智能

商业智能指用现代数据仓库技术、线上分析技术、数据挖掘技术等进行数据分析来实现商业价值。商业智能是较早的大数据应用，可以在多个方面提升企业的生产效率和竞争力。

例如，在市场方面利用大数据关联分析，更准确了解消费者的使用行为，挖掘新的商业模式；销售规划方面利用大数据对比分析，优化商品定价；运营方面利用大数据分析优化人员配置，提高运营效率等。以阿里巴巴为例，每天数以万计的交易在淘宝平台上进行，与此同时相应的交易时间、商品价格、购买数量与卖家和买家的年龄、性别、地址、兴趣爱好等个人特征信息都会被匹配记录。消费者能够得到与自身需求接近的推荐，也能以更优惠的价格买到心仪的产品。商家可以了解自己品牌的市场状况、消费者行为等，制定合理的生产、销售决策。

利用数据挖掘技术，滑雪场可以追踪和锁定客户。如果你是一名狂热的滑雪者，想象一下，你会收到最喜欢的度假胜地的邀请；或者收到定制化服务的短信提醒；或者告知你最合适的滑行线路。同时提供互动平台（网站、手机 App）记录每天的数据——多少次滑坡，多少次翻越等，在社交媒体上分享这些信息，可以与家人和朋友相互评比和竞争。

2. 智慧城市

物联网不仅是大数据的重要来源，也是大数据应用的重要市场。例如，智慧城市就是一个典型的基于物联网技术的大数据应用热点。

智慧城市运用信息和通信技术手段感测、分析、整合城市运行核心系统的各项关键信息，从而对包括民生、环保、公共安全、城市服务、工商业活动在内的各种需求做出智能响应。其实质是利用先进的信息技术，实现城市智慧式管理和运行，进而为城市中的人创造更美好的生活，促进城市的和谐、可持续成长，如图 7.18 所示。

图 7.18 智慧城市

智慧城市包含智慧经济、智慧环境、智慧治理、精准营销、智慧居住、犯罪预警等方面。目前，我们较为熟悉并广泛使用的就是智慧交通。出门之前，通过智能手机里安装的地图软件查看准备要去的目的地距离自己有多远，可以查看不同出行方式所花费的时间，还可以实时查看路面交通的拥堵状况。到达目的地后，还可以查看目的地停车位实况。而这些功能的实现都依赖于智慧城市的建设，通过在城市各个角落安装的摄像头、雷达等传感器传递的各种数据，在后台进行数据处理，最后根据用户的需求将结果反馈给用户。

3. 在线社交网络

在线社交网络是一种在信息网络上由社会个体集合及个体之间的连接关系构成的社会性结构，其数据主要来源于即时消息、在线社交、微博和共享空间 4 大类应用。在线社交网络大数据分析是从网络结构、群体互动和信息传播 3 个维度通过基于数学、信息学、社会学、管理学等多个学科的融合理论和方法，为理解人类社会中存在的各种关系提供的一种可计算的分析方法。目前，在线社交网络大数据的应用包括网络舆情分析、网络情报搜集与分析、社会化营销、政府决策支持、在线教育等。

移动互联网时代，UGC（User Generated Content，用户产生内容）不断发展，社交网络（Social Network）不断普及并深入人心，用户可以随时随地在网络上分享内容，由此产生了海量的用户数据。面对大数据时代的来临，复杂多变的社交网络其实有很多实用价值。

先看一组数据：微信每分钟 395833 人登录，19444 人在进行视频或语音聊天；新浪微博每分钟发出（或转发）64814 篇微博；Facebook 用户每天共享的东西超 40 亿；Twitter 每天处理的数据量超 3.4 亿；Tumblebr 博客作者每分钟发布 2.7 万个新帖；Instagram 用户每天共享 3600 张新照片。这些虽然都是网络社交平台，但是交流的侧重点又不一样，因此产生了大量的社会学、传播学、行为学、心理学、人类学、舆论学等众多领域的社交数据。各行业的企业都倾注了大量的心血对这些数据进行挖掘分析，从而更加精确地把握事态的动向，找准营销对象。

4. 健康医疗

健康医疗大数据是指所有与医疗卫生和生命健康活动相关的数据集合，既包含个人从出生到死亡的全生命周期过程中，因免疫、体检、治疗、运动、饮食等健康相关活动所产生的大数据，又包含医疗服务、疾病防控服务、健康保障服务、养生保健服务等多方面的第三方服务数据。

大数据分析可以在几分钟内解码整个 DNA 序列，有助于我们找到新的治疗方法，更好地理解和预测疾病模式。试想一下，当来自所有智能手表、运动手环（见图 7.19）等可穿戴设备的数据，都可以应用于数百万人及其各种疾病时，未来的临床试验将不再局限于小样本，而是包括所有人！

某公司的一款健康 App ResearchKit 有效地将手机变成了医学研究设备。通过收集用户的相关数据，可以追踪你一天走了多少步，或者询问你化疗后感觉如何，帕金森病进展如何等问题。研究人员希望这一过程变得更容易、更自动化，吸引更多的参与者，并提高数据的准确度。

图 7.19　运动手环

大数据技术也开始用于监测早产儿和患病婴儿的身体状况。通过记录和分析每个婴儿的每一次心跳和呼吸模式，提前 24 小时预测出身体感染的症状，从而及早干预、拯救那些脆弱的随时可能有生命危险的婴儿。

更重要的是，大数据分析有助于我们监测和预测流行性或传染性疾病的暴发时期，可以将医疗记录的数据与有些社交媒体的数据结合起来分析。比如，谷歌基于搜索流量预测流感暴发，尽管该预测模型在当年并未奏效——因为搜索“流感症状”并不意味着真正生病了，但是这种大数据分析的影响力越来越为人所知。

除了以上这些应用之外，在提供个性化服务、提升科学研究、提升机械设备性能、改善安全和执法、提供体育运动技能和金融交易等生活的方方面面都可以看到大数据的身影。

7.3.4 大数据 Python 分析实例

如果我们手中有一篇文章，就像小说、书籍等，并且我们特别想快速了解文章的主要内容是什么，那么我们该如何做呢？我们可以借助 Python 绘制词云图，文章中出现次数较多的词就会在图中高频显示。如图 7.20 所示的图案，是不是感到很神奇呢？下面我们就来了解一下这种图是如何做出来的吧！

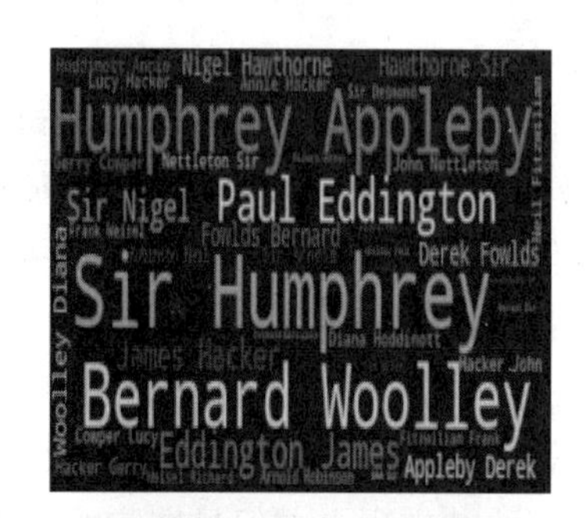

图 7.20　词云图示例

【例 7-14】 利用 Python 对下面一段文章制作词云图。原文如下。

鲁肃见了诸葛亮。诸葛亮说：“三天之内要造十万支箭，得请你帮帮我的忙。”鲁肃说：“都是你自找的，我怎么帮得了你的忙？”诸葛亮说：“你借给我二十条船，每条船上要三十多名军士。船用青布幔子遮起来，还要一千多个草把子，排在船的两边。我自有妙用。第三天管保有十万支箭。不过不能让都督知道。他要是知道了，我的计划就完了。”鲁肃答应了。他不知道诸葛亮借船有什么用，回来报告周瑜，果然不提借船的事，只说诸葛亮不用竹子、翎毛、胶漆这些材料。周瑜疑惑起来，说：“到了第三天，看他怎么办！”

制作步骤如下。

1. 搭建环境

本例中首先需要安装 Anaconda 软件，该软件是一个开源的 Python 环境，可以实现一键安装，简单好用，其包含了 conda、Python 等 180 多个科学包及其依赖项，其次需要下载中文字体包，最后安装工具包。

2. 编写代码

启动 Anaconda 软件，进入 Jupyter Notebook，如图 7.21 所示。

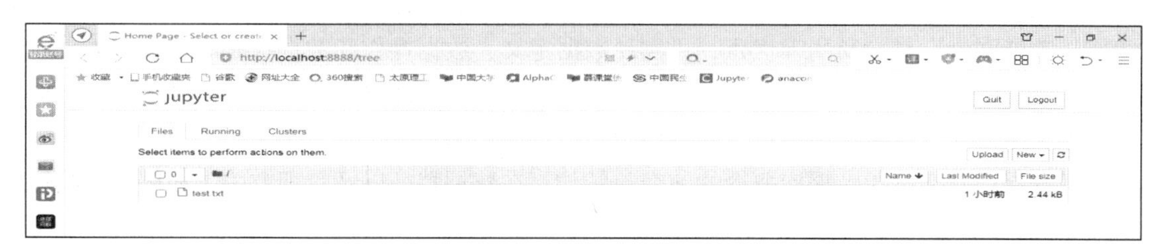

图 7.21　Jupyter Notebook 界面

新建一个 Python 文件，在窗口中输入下面的 Python 语言代码。

```
filename="test.txt"                        #读取文件
mytext=open(filename).read()               #把文件放在变量中
import jieba                               #导入 jieba 分词包
mytext=' '.join(jieba.cut(mytext))                  #对中文进行分词
from wordcloud import WordCloud                     #导入 wordcloud 包
mycloud=WordCloud(font_path="stxinwei.ttf).generate(mytext)   #/生成词云
import matplotlib.pyplot as plt                     #读入 Python 默认的绘图工具
plt.imshow(mycloud,interpolation='bilinear')
plt.axis("off")                                     #显示词云图，并且去掉图中的坐标轴
mycloud.to_file("mycloud.jpg")                      #保存图片
```

代码输入结束后，单击工具栏中的“运行”按钮，就会出现制作好的词云图，如图 7.22 所示。

图 7.22　词云图

Python 语言功能强大，可以应用于众多领域，如数据分析、组件集成、图像处理、数值计算等。我们举的只是一个很简单的例子，大家可以思考一下，如何把图 7.22 变化成一个不规则图形，期待大家的探索！

本章小结

数据是描述事物的符号记录，也是数据库研究和处理的基本对象。数据管理是数据处理的基

本核心工作，经历了人工管理、文件系统、数据库系统到现在的大数据管理的发展。

数据模型是数据库系统的核心和基础，用来描述数据的组织方式，是现实世界和计算机世界进行沟通的桥梁和通道。数据模型是从计算机的角度对数据进行建模，主要用于数据库系统实现阶段，目前主流的是关系模型。

基于关系模型的关系数据库管理系统是目前的主流数据库，其标准语言是 SQL。SQL 具有语言简洁、功能强大、易学易用等优点，可实现数据定义、数据操作和数据控制等操作。关系数据库管理系统有很多，如 Oracle、DB2、ASE 等，其中微软公司的 SQL Server 系列可以与 Windows 操作系统紧密集成，在中小型数据库系统中得到广泛应用。

大数据是信息化时代数据库概念的演变与延伸，在数据特征以及管理方式上和传统数据管理方式有着较大的区别。

习题 7

7.1 简述文件系统和数据库系统的区别与联系。

7.2 什么是数据库？数据库系统由哪些部分组成？

7.3 简述大数据的特征。

7.4 简述大数据的处理过程。

7.5 请说出目前大数据的主要应用领域。

08 第8章　云计算基础

过去曾经有人说过，计算机只需要640KB的内存就足够完成计算任务了。然而，随着技术的进步，我们迎来了信息爆炸的时代。今天，计算机要计算的信息量已经是TB这样的数量级了，通过个人计算机和大型主机为人们提供计算服务的技术已经逐渐不能满足要求。这迫使人们开始思考获取更为强大、便捷、经济的计算力的新方法。随着互联网技术的高速发展以及谷歌，亚马逊等公司利用网络获取计算力的探索性工作取得的成功，业界开始形成了基于网络的“云”计算概念。

云计算（Cloud Computing，CC）是继20世纪80年代大型计算机到客户端—服务器架构之后的又一次技术演化。同时，云计算也被看作继互联网变革之后的第三次IT浪潮。由于云计算代表了信息技术发展和服务模式创新的最新成就，也代表了信息化发展的必然趋势，所以我国已将其作为战略性新兴产业的重要组成部分。这必将极大地促进云计算在我国社会生产与生活当中发挥更加广泛与积极的作用。

8.1　云计算概述

目前，云计算在全世界，特别是我国蓬勃发展，被应用到了很多领域，解决了很多实际问题。例如，中国铁路12306系统是世界上规模最大的实时交易系统之一，被誉为“最繁忙的网站”。正因为该网站繁忙，所以过去其在购票高峰时常会出现卡滞。这种情况在2015年春运时发生了根本的改变，在当年火车票售卖量创下历年新高的情况下，12306却并没有出现明显的卡滞。之所以取得这样好的效果，是因为12306系统采用了云计算服务。

在云计算的支持下，12306把占访问量近九成流量的余票查询系统从自身后台分离出去，并将其独立部署在“云”上，从而减少了往年因查询而造成的网站拥堵现象。“云”化后的余票查询系统能够做到按需获取所需要的资源，可以动态调整网络带宽，利用这些可扩展资源就可以解决在高流量和高负载情况下，因系统无法快速、弹性扩展而导致的性能瓶颈甚至系统崩溃。

此外，由于系统采用了两地三中心的混合云模式，从而提高了 12306 的灾备能力。在子系统上云的一期改造之后，12306 开始利用 GemFire（Pivotal 企业级大数据 PaaS 平台的一部分）分布式内存数据平台改造订单查询系统。GemFire 通过云计算平台技术，将诸多 X86 服务器的内存集中起来，形成一个资源池，然后将全部数据加载到这个资源池之中，进行内存计算。同时，为了提高灾备能力，GemFire 还在集群中备份了多份数据，这样即便一个机器发生故障，也不会影响整个系统的运行，更不会造成数据的缺失。系统经过两地三中心混合云构建和 GemFire 平台的改造与应用之后，12306 具备了至少支持 10000 TP/s 以上的事务处理能力，基本满足高并发需求，确保了在高峰压力和系统异常的情况下的业务服务的稳定性。“云”化的 12306 服务如图 8.1 所示。

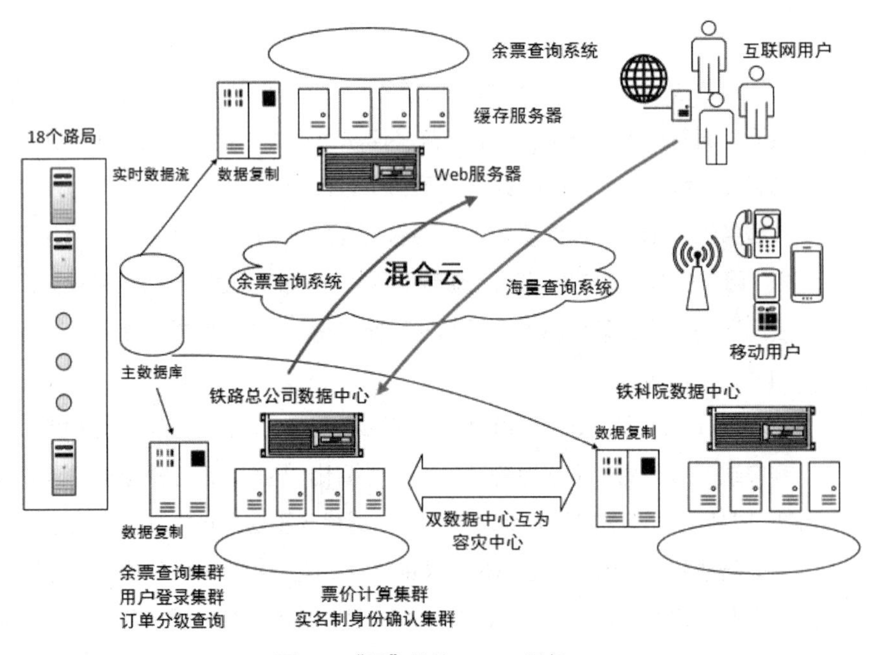

图 8.1 “云”化的 12306 服务

从以上的例子可以看出，这里用到的“云”如同水厂、电厂一样，可以为企业提供公共服务，企业只要购买相应的“云”服务即可。

8.1.1 云计算的概念

目前对云计算的定义还在发展中，其中普遍为人们所接受的是美国国家标准与技术研究所（National Institute of Standards and Technology，NIST）对云计算的定义。NIST 将云计算定义为一种模型，它可以实现随时随地地、便捷地、随需应变地从可配置的计算资源共享池中获取所需的资源（例如，网络、服务器、存储设备、应用程序以及服务），这些资源能够快速供应并释放，使管理资源的工作量和服务提供商的交互减小到最低限度。

需要指出的是云计算模型是以互联网为基础的，这种信息处理方式通过网络对各种信息、通讯与技术（Information and Communications Technology，ICT）资源进行统一的组织和灵活调配，从而实现强大高效的信息处理。与传统计算模型不同，云计算模型将计算能力和存储能力通过互联网从本地主机搬移到所谓云平台的资源服务结点上，然后再通过互联网将数据中心的计算能力和存储能力发布出去。人们形象地将云计算服务模式与技术称为“云”。“云”中大量的云基础单元由网络连接，并汇聚为巨量的资源池。从使用者的角度看，“云”是可以无限扩展的，并且可以随时获取、按需使用、随时扩展、按使用付费。

8.1.2　云计算的发展简史

云计算的出现历经了以下几个阶段。

在 20 世纪 60 年代初，计算机价格高、数量少，所以人工智能之父 John McCarthy 就提出了共享计算机资源的想法。1963 年，美国国防部高级研究计划局（Defense Advanced Research Projects Agency，DARPA）启动了著名的 MAC 项目。这个项目要求麻省理工学院开发一种“可多人同时使用的计算机系统”技术。当时麻省理工学院的专家们就构想了将计算机资源组织为一种“计算机公共事业”的想法，其核心就是借鉴了类似水、电厂等公共事业的模式，将分散在各地的服务器、存储系统以及应用程序整合起来共享给多个用户使用，让人们使用计算能力就像使用水、电资源一样方便。这个项目产生了“云”和“虚拟化”技术的雏形。

1983 年，SUN 公司推出了网格计算概念。然而，由于网格计算在商业模式、技术和安全性等方面存在不足，其并没有在工程界和商业界取得预期的成功。人们设想的“计算机公共事业”没有变为实现。直到 2006 年，“云计算”这一术语才出现在商业领域，谷歌、亚马逊和 IBM 先后提出了云端应用。

2006 年谷歌公司 CEO Eric Schmidt 在搜索引擎大会上首次提出“云计算”的概念。之后，亚马逊为了将自建的数据中心里多余的空间出租出去，推出了弹性云计算（Elastic Compute Cloud，EC2）服务。IBM 则是在从硬件制造商转型为企业级软、硬件整体解决方案供应商的过程中，逐渐形成云服务能力的。2007 年 IBM 公司推出了 Blue Cloud 服务。2008 年，微软在其举办的开发者大会上发布了自己的 PaaS 云计算平台——Azure Service Platform。

在这些公司相继取得成功后，经过短短 15 年的发展，“云计算”已经成了可有效驾驭庞大计算资源的成熟技术，形成了完整的产业。云计算从服务模式上可以分为 IaaS、PaaS 和 SaaS 三种类型，分别对应基础设施即服务、平台即服务以及软件即服务；从部署模式上可分为公共云、私有云、社区云和混合云 4 种类型。公有云一般是云计算提供商拥有的可公共访问的云环境，私有云是仅供一个单独客户使用而构建的，社区云是向社区内部或相关组织和公众提供有偿或无偿服务的云环境，混合云则是采用以上两种或多种部署模式组合而成的云环境。

8.1.3　云计算的主要特点

从云计算的定义可以看出，云计算后端具有非常庞大、可靠的云计算中心，对于云计算使用者而言，在付出少量成本的前提下，即可获得较高的用户体验。功能强大的云计算还具有以下的特点。

1. 大规模、分布式

“云”一般具有相当的规模。一些知名的云供应商具有上百万台的服务器规模。而依靠这些分布式的服务器所构建起来的“云”能够为使用者提供强大的计算能力。

2. 虚拟化

云计算都会采用虚拟化技术。用户并不需要关注具体的硬件实体，只需要选择一家云服务提供商，注册一个账号，登录它的云平台，去购买和选择用户需要的服务，然后为用户的应用做一些简单的配置之后，就可以让自己的应用对外服务了。这比传统上在企业的数据中心去部署一套应用要简单方便得多。而且用户可以随时随地通过用户的计算机或移动设备来控制用户的资源。

3. 高可靠性和扩展性

知名的云计算供应商一般都会采用数据多副本容错、计算结点同构、可互换等措施来保障服务的高可靠性。另外“云”的规模可以进行动态伸缩，来满足应用和用户规模变化的需要。

4. 按需服务

用户可以根据自己的需要来购买云计算服务，甚至可以按云服务的使用量来进行精确计费。这大大地节省了 IT 成本，具有很好的经济性，而其资源的整体利用率也将得到明显的提高。

5. 安全性

网络安全已经成为所有企业或个人创业者必须面对的问题，企业的 IT 团队或个人很难应对那些来自网络的恶意攻击，而使用云服务则可以借助更专业的安全团队来有效降低安全风险。

8.1.4 云平台的介绍

目前，云计算已经有了很多的平台，以下是有代表性的几个云平台。

1. 阿里云

从产品和服务上来看，阿里云服务目前主要覆盖 IaaS（基础设施即服务）、PaaS（平台即服务）、SaaS（软件即服务）三大云服务类型，产品涉及云计算基础、安全、大数据、人工智能、企业应用、物联网等众多领域。

在基础云计算服务器层面，阿里云目前从云服务器 ECS 衍生出了多个云服务器系列，包括适用于初级用户的轻量应用服务器、适合高性能场景的多种云服务器等。在产品安全及服务层面，阿里云在 2014 年就曾帮助一家游戏公司抵御了“全球互联网史上最大”的一次 DDoS 攻击，这表明了阿里云可以提供可靠的安全服务。阿里云还提供包括大数据计算、数据可视化、大数据搜索与分析、数据开发、大数据应用等在内的大数据系列产品，以及包括智能语音交互、图像搜索、自然语言处理、印刷文字识别、人脸识别、机器翻译、图像识别、视觉计算、内容安全、机器学习平台、城市大脑开放平台等在内的人工智能（AI）系列产品。

2. 腾讯云

目前，腾讯云已经参与了中国政务服务平台、成都智慧绿道、辽宁省人民政府、沈阳市人民政府、沈抚新区、数字广东、数智贵阳等大型服务平台项目。

相比于竞争对手，腾讯云目前还是聚焦在社交电商、游戏、物流和出行等腾讯“生态”优势领域。万达、蘑菇街、小红书等电商品牌都采用的是腾讯云的解决方案；腾讯云还向国内游戏业排行榜前 200 名的游戏厂商提供了服务；在物流领域，腾讯云的客户主要包括顺丰、中外运、货车帮等。

近年来，腾讯云也在积极应对阿里云的 AI+大数据+云计算并举的策略，并在为数众多的国内中小银行和金融机构里获得了大量的落地项目。

随着腾讯产业互联网战略的发布，腾讯云更是加快了自身发展的步伐。根据官方介绍，腾讯云已经成为中国第一家服务器总量超百万的企业，腾讯带宽峰值突破 100Tbit/s，腾讯在服务器、带宽能力上，率先进入了“双百”时代。

3. 微软 Microsoft Azure

微软 Microsoft Azure 在国内的业务目前是由世纪互联公司运营的。目前世纪互联公司运营的 Azure 已经上线了 32 种公有云服务，服务内容涵盖 IaaS、PaaS、SaaS。

SaaS 服务是微软的独享优势。与 AWS 等公司不同，微软除了提供底层基础设施服务，还提供订阅软件产品服务。Office 套件在 PC 时代已成为企业办公刚需，用户众多，具备转型 SaaS 的天然优势。传统软件只支持在一台 PC 设备上使用，而 Office 365 使用 OneDrive 云服务解决了其在多个平台和设备上工作的问题。这样该软件可以完成各种平台、设备、应用程序间的数据交换，大大提高了办公效率，提高了用户的生产力，显著增加了用户黏度。2020 年该软件的订阅数量达到 4270 万人。

目前，微软的企业软件即服务主要集中在 Office 365、Dynamics 365 和 LinkedIn，同时向开发者开放 SaaS 平台，从而进一步丰富了其产品。根据 Forrester 的数据，微软在全球 SaaS 市场中表现强劲。微软在企业级市场服务超过了 30 年，了解企业业务流程，具备坚实的大客户服务基础，因此，在大中型市场认可度高。国际研究机构 Gartner 发布的 2020 年全球云计算 IaaS 市场追踪数据显示，微软的市场份额为 19.7%，排名第二，仅次于排名第一的亚马逊公司。

除上述云平台外，还有亚马孙的 AWS 云、IBM“蓝天”云、华为云、百度云、京东云等。

8.2　云计算的基本模式

8.2.1　云计算的服务模式

从上面的介绍可以看出，云计算通过互联网向用户提供一些计算、存储或运营管理等服务。为了更好地实现这些功能，一般把云计算架构组织为云服务模式和云管理两部分，如图 8.2 所示。

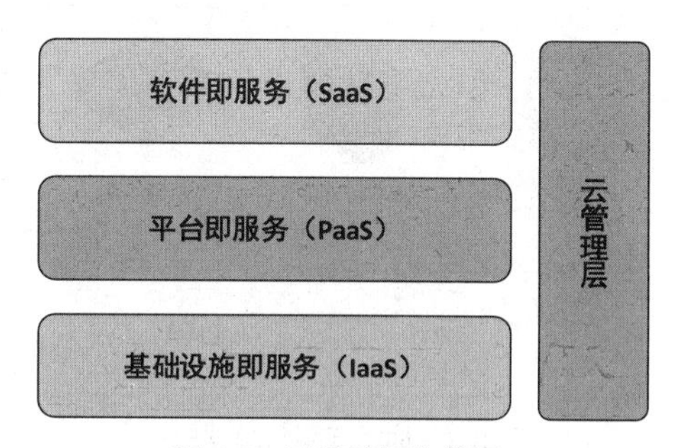

图 8.2　云计算架构简图

在服务方面，主要从用户的体验角度分层。主要包含三个模式：底层的模式是基础架构即服务（Infrastructure as a Service，IaaS）。其作用是将各种基础设施通过网络提供给用户。中间层是平台即服务（Platform as a Service，PaaS）。这层模式的作用是将一个应用的开发和部署平台作为服务提供给用户。顶层则是软件即服务（Software as a Service，SaaS）。这层模式的作用是将应用主要以基于 Web 的方式提供给客户。从用户体验的角度来看，因为这三层提供的服务是不同的，所以它们之间是相互独立的。但是从技术的角度来看，它们并不是相互独立的，也不是完全的继承关系。这是因为 SaaS 可以部署于 PaaS 之上，也可以直接部署于 IaaS 之上，而 PaaS 则可以部署于 IaaS 之上，也可以直接部署于物理资源之上。

在管理方面，主要以云的管理层为主，它的功能是确保整个云计算中心能够安全、稳定地运行，并且能够被有效地管理。

以云计算在地震中的预防与预测应用为例，来简要说明云计算的架构。地震是一种常见的自然灾害。强烈的地震会给人民的生命与财产造成重大的损失。因此对地震的准确预防与预测就成为亟待解决的问题。随着科学技术的进步，人们获取了大量的地震监测数据，而传统的地震处理平台对这样大规模的数据显得越来越力不从心。而云计算技术恰好可以为大数据的处理提供技术支持，因此，云计算在地震的预防与预测中有着关键性的作用。以某地震云处理平台为例，该平台主要包括地震云平台监测体系、控制体系、传输网络、地震数据中心、应用、服务对象、安全保障及推进机制等 8 大部分。通过云平台可以实现软、硬件资源共享以及将信息按需提供给用户。此外，通过云平台，用户不需要精通或控制“云”中的技术基础设施，不需要专门的 IT 团队，也不需要购买、安装、维护这些硬件资源。用户只需对所使用的资源付费，就可以获得高质量的服务，降低运维成本。该地震云的具体框架如图 8.3 所示。

图 8.3　地震云平台总体架构

1. 软件即服务 SaaS 模式

SaaS 通过网络提供软件服务。在这种模式下，用户不需要再花费大量投资用于硬件、软件和开发团队的建设，只需要支付一定的租赁费用，就可以通过互联网享受到相应的服务，而且整个系统的维护也由厂商负责。SaaS 的示例有很多，例如百度云盘，用户不需要投入硬盘来存储自己的文件，可能只需要支付一部分的租赁费用就可以将需要保存的文件交给百度云盘的厂商保存。此外还有 WebQQ、新浪微盘、Photoshop 等。移动应用程序市场中的很多应用也可以看作 SaaS 的一部分。

在地震云的总体架构中，通过 SaaS 提供服务，可部署地震体综合服务系统、地震应急联动指挥调度协同系统等系统。用户可以借助互联网，在任何时间、任何地点，通过个人手机或其他智能终端便可接入服务。在软件使用早期，可以大幅度降低硬件、带宽、安装和运营成本。与传统软件相比，用户通过互联网获得软件服务，降低了管理软件所带来的安全风险，方便进行快速部署，快速接入。由于不需要自行安装和部署软件，用户只需要向服务提供商注册信息，并为订阅的服务付费，便可获得软件服务。

2. 平台即服务 PaaS 模式

如果说 SaaS 是将软件作为一种服务，那么 PaaS 就是将服务器和开发环境作为一种服务。PaaS 层介于软件即服务与基础设施即服务之间。PaaS 提供用户将云端基础设施部署与创建至客户端，或者借此使用编程语言、程序库与服务。PaaS 将软件研发的平台作为一种服务，以软件即服务模式交付给用户。PaaS 提供软件部署平台，抽象掉了硬件和操作系统细节，可以无缝地扩展。开发者只需要关注自己的业务逻辑，不需要关注底层。即 PaaS 为生成、测试和部署软件应用程序提供一个环境。图 8.4 提供一张示意图以帮助理解这种关系。

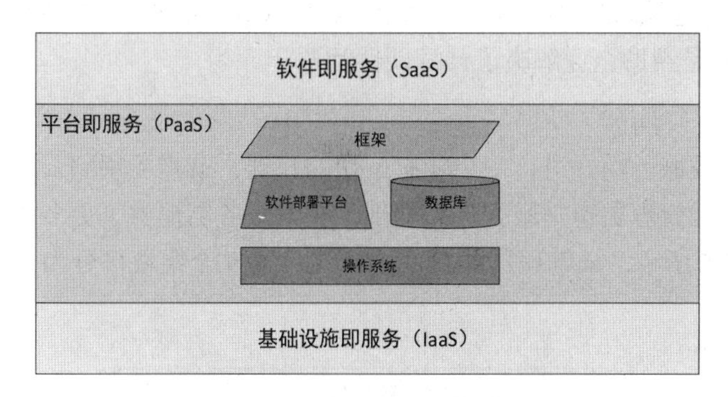

图 8.4　PaaS 元素之间关系的示意图

地震云中的 PaaS，提供控制体、监控体系、安全管理、安全保证等服务。用户不需要管理与控制云端基础设施（包含网络、服务器、操作系统或存储），可以通过 Paas 控制上层的应用程序部署与应用托管的环境。

和现有的基于本地的开发和部署环境相比，PaaS 平台具有一些更好的优势。

（1）开发环境友好。其能更轻松地针对多种平台进行开发，包括移动平台。 某些服务提供商提供了针对多种平台（例如计算机、移动设备和浏览器）的开发选项，让用户能够更快速、更轻松地开发跨平台应用。

（2）使用经济实惠的先进工具。即用即付模式让个人和企业能够使用他们没有能力整套购买的先进开发软件、商业智能和分析工具。

（3）多租户（Multi-Tenant）机制。许多 PaaS 平台都自带多租户机制，不仅能更经济地支撑庞大的用户规模，而且能提供一定的可定制性以满足用户的特殊需求。

（4）有效管理应用程序生命周期。PaaS 的同一集成环境中提供了支持 Web 应用程序完整生命周期（生成、测试、部署、管理和更新）所需的全部功能。

3. 基础设施即服务 IaaS 模式

IaaS 是通过互联网提供数据中心、基础架构硬件和软件资源，并根据用户对资源的实际使用量或占用量进行计费的一种服务模式。

在地震云中，基础设施即服务通过互联网提供了对服务器设备、网络设备以及存储设备等一些地震数据资源的管理。IaaS 能够按需提供计算能力和存储服务。用户可以利用租用范围内所有的计算基础设施，包括处理 CPU、内存、存储、网络和其他基本的计算资源，并能够部署和运行任意软件，包括操作系统和应用程序。用户也可以控制操作系统的选择、存储空间、部署的应用，也有可能获得有限制的网络组件（例如路由器、防火墙、负载均衡器等）的控制，但用户不管理或控制任何云计算基础设施。

虚拟化技术是实现 IaaS 的核心技术。我们知道云计算平台上的云主机其实都是虚拟机，但是我们在使用的时候，跟使用一台真实的机器没有任何区别，这就是使用了虚拟化技术的结果。除了虚拟化技术外，为了承载海量的数据，同时也要保证这些数据的可管理性还需要用到分布式存储技术。云平台通过虚拟化技术和分布式技术，可以把计算机资源池化，实现弹性调配。

IaaS 的特点包括：资源可作为服务提供、费用因消费而异、服务高度可扩展、通常在单个硬件上包括多个用户、动态灵活。对于企业来讲，IaaS 只是一个简单的基础设施服务，企业在这个层面一般只会得到一些基础的计算资源。例如亚马逊、OpenStack 等提供的虚拟计算资源。从某种层面上来说 IaaS 只是帮助企业解决了计算硬件问题。

4. 云管理层

要对地震云用户或服务模式进行一个较有条理的管理，就需要用到云管理层。云管理的优越性是云最大的优势。云管理层也是服务层的基础，它为服务层提供了更多的管理与维护等方面的技术和能力。如图 8.5 所示，云管理层共有 9 个模块，这 9 个模块可分为 3 层，它们分别是用户层、机制层和检测层。

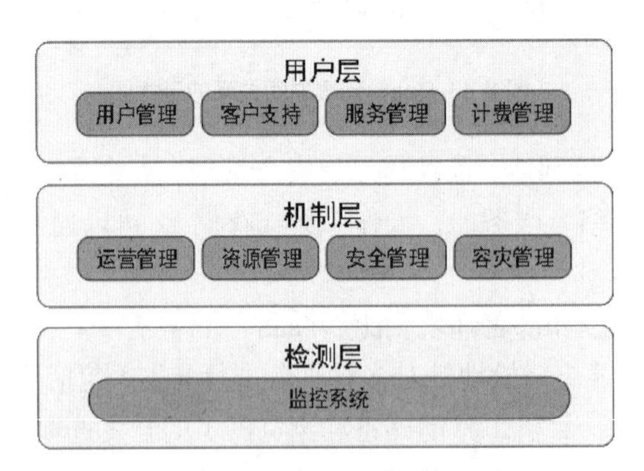

图 8.5　云管理层的架构

（1）用户层

顾名思义，这层主要面向使用云的用户，并通过多种功能来更好地为用户服务，该层共包括 4 个模块，分别是用户管理、客户支持、计费管理和服务管理。

① 用户管理。云对用户的管理主要通过 3 个功能实现。其一是账号管理，包括对用户身份及其访问权限进行有效地管理，还包括对用户组的管理；其二是单点登录，用户只需要登录一次就可以访问所有相互信任的应用系统，极大地方便了用户在云服务之间进行切换；其三是配置管理，对与用户相关的配置信息进行记录、管理和跟踪。配置信息包括虚拟机的部署、配置和应用的设置信息等。

② 客户支持。云有着一整套完善的客户支持系统，不但可以帮助用户解决使用中遇到的问题，还可以实现将问题按照其严重程度或者优先级来依次进行解决，以此来提升客户支持的效率和效果。

③ 计费管理。云通过其底层监控系统对每个用户所使用的资源（比如所消耗 CPU 的时间和网络带宽等）和服务（比如调用某个付费 API 的次数）进行采集与统计，从而准确地向用户收取费用，并提供完善和详细的报表。

④ 服务管理。目前，云在设计规范上大都遵守所谓的面向服务的体系架构（Service Oriented Architecture，SOA）。SOA 就是将应用不同的功能分解为多个服务，并通过定义良好的接口和契约来将这些服务连接起来。其优点是能使整个系统松耦合，从而达到整个系统能够通过不断演化来更好地为客户服务的目标。服务管理具有接口管理、自定义服务、服务调度、监控服务、流程管理等功能。

（2）机制层

这层主要提供各种用于管理云的机制。通过这些机制，可以实现云计算中心内部的管理自动化、高安全性和节能环保的目标。该层也包括 4 个模块，分别是运维管理、资源管理、安全管理和容灾支持。

① 运维管理。运维管理相关的功能主要包括 3 个方面。首先是自动维护。运维操作应尽可能地专业和自动化，从而降低云计算中心的运维成本。其次是能源管理。它包括自动关闭闲置的资源，根据负载智能降低功耗，并以数据中心整体功耗的统计图与机房温度的分布图等形式提高能源的管理效率，从而降低能源浪费。还有就是事件监控。它可以对数据中心发生的各项事件进行监控，从而确保在云中发生的任何异常事件都会被管理系统发现。

② 资源管理。这个模块可以对物理结点，比如服务器、存储设备和网络设备等进行管理。资源管理可以使用虚拟的资源池将大量的物理资源集中起来实施管理。资源管理可以实现资源从创建到使用资源的全流程自动化。资源管理可以根据流量情况，自动调整资源的使用从而达到负载均衡的目标。

③ 安全管理。安全管理对数据、应用和账号等 IT 资源进行全面保护，防止犯罪分子和恶意程序对其进行侵害，并保证云基础设施及其提供的资源能被合法地访问和使用。

④ 容灾支持。为了保障云在发生灾害时，服务最大限度不中断，就需要容灾支持。为了保护数据中心，一般会在异地建立一个备份数据中心来保证整个云服务持续运行。这个备份数据中心会实时或者异步地与主数据中心进行同步，当主数据中心发生问题的时候，备份数据中心会自动接管在主数据中心中运行的服务。此外，对物理结点也提供容灾支持。系统会检测物理结点，如果出现问题，系统会对其恢复或屏蔽。

（3）检测层

这层比较简单，主要监控这个云计算中心的方方面面，并采集相关数据，以供用户层和机制层使用。

监控系统全面监控云计算的运行，主要涉及 3 个层面。其一是对物理资源的监控，主要监控物理资源的运行状况，比如 CPU 使用率、内存利用率和网络带宽利用率等。其二是对虚拟资源的监控，主要监控虚拟机的 CPU 使用率和内存利用率等。其三是对应用的监控，主要记录应用每次请求的响应时间（Response Time）和吞吐量（Throughput），以判断它们是否满足预先设定的服务级别协议（Service Level Agreement，SLA）。

8.2.2 云计算的核心技术

无论云计算表现为怎样的服务模式，其核心是一种基于互联网的计算模式，现阶段的云计算是分布式计算、效用计算、负载均衡、并行计算、网络存储、热备份冗杂和虚拟化等计算机技术混合演进并跃升的结果。概括起来云计算包括虚拟化技术、海量数据的分布式存储技术、海量数据管理技术、编程模式、云计算平台管理技术、信息安全技术这六大核心技术。这里我们只介绍前三种技术。

1. **虚拟化技术**

虚拟化是云计算最重要的核心技术之一，它为云计算服务模式提供基础架构层面的支撑，是 ICT 服务快速走向云计算的最主要驱动力。可以说，没有虚拟化技术也就没有云计算服务的落地与成功。虚拟化技术可通过将资源划分为多个虚拟资源的分裂模式与将多个资源整合为一个虚拟资源的聚合模式将物理资源转换为逻辑上可管理的资源，克服物理结构之间的障碍。当所有的资源都透明地运行在各种物理平台上时，资源的管理将以逻辑的方式进行，充分实现资源的自动分配，而虚拟化技术是实现这一目标的理想工具。虚拟化技术可分为存储虚拟化、计算虚拟化以及网络虚拟化。

从技术上讲，虚拟化是一种在软件中仿真计算机硬件，以虚拟资源为用户提供服务的计算形式。旨在合理调配计算机资源，使其更高效地提供服务。它把应用系统各硬件间的物理划分打破，从而实现架构的动态化，实现物理资源的集中管理和使用。虚拟化的最大好处是增强系统的弹性和灵活性、降低成本、改进服务、提高资源利用效率。

从表现形式上看，虚拟化又分为两种应用模式。一是将一台性能强大的服务器虚拟成多个独立的小服务器，服务不同的用户。二是将多个服务器虚拟成一个强大的服务器，完成特定的功能。这两种模式的核心都是统一管理，动态分配资源，提高资源利用率。在云计算中，这两种模式都有比较多的应用。

2. **海量数据的分布式存储技术**

云计算的另一大优势就是能够快速、高效地处理海量数据。在数据爆炸的今天，众多应用场景落地，让生活充满想象，随之而来的是用户激增、应用众多、海量数据增长，海量数据的存储给本地存储带来了巨大的压力。随着计算机系统规模的增加，原本将所有业务单元集中部署的方案，显然已经无法满足当今计算系统。为了保证数据的高可靠性，云计算通常会采用分布式存储技术，将数据存储在不同的物理设备中。这种模式不仅摆脱了硬件设备的限制，同时扩展性更好，能够快速响应用户需求的变化。

分布式存储与传统的网络存储并不完全相同。传统的网络存储系统采用集中式存储服务器存储所有数据。存储服务器已经成为系统性能的瓶颈，无法满足大规模存储应用的需求。分布式网络存储系统采用可扩展的系统结构，通过多台存储服务器分担存储负载，通过位置服务器定位存储信息。它不仅提高了系统的可靠性、可用性和访问效率，而且具有更好的扩展性，能够更好地适应用户需求的变化。

在当前云计算领域，谷歌开发的谷歌文件系统（Google File System，GFS）和 Hadoop 开发的 Hadoop 分布式文件系统（Hadoop Distributed File System，HDFS）是两种流行的云计算分布式存储系统。目前，除谷歌之外的大多数 ICT 供应商，包括雅虎、英特尔等的“云”计划是基于 HDFS 数据存储技术的。未来的发展将集中于超大规模的数据存储、数据加密和安全保障，以及 I/O 速率的持续改进。

3. 海量数据管理技术

如果说有 10 条数据，那么大不了每条去逐一检查，人为处理；如果有上百条数据，也可以考虑逐一检查；如果数据到千万级别，甚至过亿，那就不是手工能解决的了，必须通过工具或者程序进行处理。尤其海量的数据中，什么情况都可能存在。海量数据处理是云计算的一大优势。那么如何处理则涉及很多层面的东西，因此高效的数据处理技术也是云计算不可或缺的核心技术之一。对于云计算来说，数据管理面临巨大的挑战。云计算不仅要保证数据的存储和访问，还要能够对海量数据进行特定的检索和分析。由于云计算需要对海量的分布式数据进行处理、分析，因此，数据管理技术必须能够高效地管理大量的数据。

谷歌的 Bigtable（BT）数据管理技术和 Hadoop 团队开发的开源数据管理模块 HBase 是业界典型的大规模数据管理技术。

BT 是一种关系数据库，是一种分布式、持久化存储的多维排序映射。BT 是基于 GFS、Scheduler、LockService 和 Graph 的技术，与传统的关系数据库不同，它把所有的数据都当作对象来处理，形成一个巨大的表，用来存储大量分布式的结构化数据。BT 被设计用于可靠地处理 PB 级数据，并可以部署到数千台机器上。

开源数据管理模块 HBase 是面向分布式、面向列的开源数据库。HBase 不同于一般的关系数据库，它是一个适合非结构化数据存储的数据库。另一个区别是 HBase 是基于列的，而不是基于行的。HBase 作为一个高可靠的分布式存储系统，具有良好的性能和可扩展性。HBase 技术可以在廉价的 PC 服务器上构建大规模的结构化存储集群。

8.2.3　云计算的部署模式

虽然从技术或者架构角度看，云计算都是比较单一的，但是在实际情况下，为了适应用户不同的需求，它会演变为不同的部署模式。在美国国家标准技术研究院（National Institute of Standards and Technology，NIST）的一篇名为“*The NIST Definition of Cloud Computing*”的关于云计算概念的著名文章中，共定义了云的 4 种部署模式，它们分别是：公有云、私有云、混合云和社区云。每种模式都有各自的优势与不足之处。表 8.1 对比了云计算的 4 种部署模式。

表 8.1　云计算的部署模式对比

类别	概念	优势	不足
公有云	公有云是指第三方提供商通过公共 Internet 提供的计算服务，面向希望使用或购买的任何人	规模大；价格低廉；对用户而言容量几乎是无限的；功能全面	由于其存储数据的地方并不是在企业本地，所以企业会不可避免地担忧数据的安全性；不支持遗留环境
私有云	私有云是指通过 Internet 或专用内部网络仅面向特选用户（而非一般公众）提供的计算服务	数据安全；服务质量非常稳定；充分利用现有硬件资源。支持定制和遗留应用	初始成本开支高；运营成本也高
混合云	混合云计算是一种环境，它通过允许在公有云和私有云之间共享数据和应用程序将两种云组合起来	企业可以享受接近私有云的私密性和接近公有云的成本，并且能快速接入大量位于公有云的计算能力，以备不时之需	可供选择的混合云产品较少；在私密性方面不如私有云好；在成本方面也不如公有云低；操作起来较复杂
社区云	云的基础设施被一些组织共享，并为一个有共同关注点的社区服务可以由该组织或某个第三方负责管理	社区内成员的高度参与性；和其他的云计算模式相比，这不仅能进一步方便用户，而且能进一步降低成本	支持的范围较小，只支持某个社区或行业，同时建设成本较高

8.2.4 云计算平台的常见服务

目前，云计算平台提供的服务很多，其中常见的一些服务有：云服务器（Elastic Compute Service，ECS）、GPU 云服务器、FPGA 加速云服务器、虚拟私有云（Virtual Private Cloud，VPC）、对象存储服务（Object Storage Service）。

云服务器具有广泛的应用，既可以作为 Web 服务器或者应用服务器单独使用，又可以与其他云服务集成提供丰富的解决方案。比如：企业官网或轻量的 Web 应用；多媒体以及高并发应用或网站；高 I/O 要求数据库等。

GPU 云服务器可以大幅提升图形图像处理和高性能计算能力，并具备弹性、低成本、易于使用等特性。有效提升图形处理、科学计算等领域的计算处理效率，降低 IT 成本投入。

FPGA 加速云服务器适用于视频处理、机器学习、基因组学研究、金融风险分析。例如在视频处理中的图片自动分类识别、图片搜索、视频转码、实时渲染、互联网直播和 AR/VR 等视频应用。

虚拟私有云的核心就是能让用户购买的一台或多台机器（或其他资源），能划分到一个私网中，与其他用户隔离。VPC 是随着云计算而产生的一种技术，是为了解决传统网络在云环境中无法满足的功能性、安全性、灵活性而生的。虚拟私有云适用于通用性 Web 应用、高安全性服务。

对象存储服务提供的大数据解决方案主要面向海量数据存储分析、历史数据明细查询、海量行为日志分析和公共事务分析统计等场景。比如历史数据明细查询的典型场景：流水审计、设备历史能耗分析、轨迹回放、车辆驾驶行为分析、精细化监控等。

8.3 云计算的典型应用案例

目前云计算的应用已经渗透入我们生产生活的点点滴滴之中了。云计算在金融领域可以为银行提供生活缴费、资讯查询、网上购物等“金融+非金融”服务；在游戏领域，解决了游戏厂商应对玩家数量激增和高并发、海量访问等带来的问题；在视频领域，为企业提供直播、点播、连线互动、云通信、短信、流量、X-P2P、游戏语音等产品；在网站建设领域，为创建个人博客、企业门户网站、电子商务网站提供便利；在大数据领域，帮助对数据进行收集、存储、处理、分析和可视化，有效提高企业数据资产管理效率等。在生活中我们经常会在手机或计算机上下载一个云盘来存储文件或者传输一些软件，这就是一种最简单的云计算应用案例。下面，我们就具体列举几个应用案例。

8.3.1 机场信息系统中的云计算

机场是国家交通运输体系的重要结点。机场建成后，有必要维护机场系统。随着机场运营时间的增加，机场系统的维护难度越来越大。机场严重依赖信息技术。在不同的业务中，机场系统所需的软、硬件设施不同。一般来说，随着使用频率的增加，IT 设备的性能会下降，设备的系统效率也会降低，给乘客带来很大的风险。此外，信息技术也在迅速发展。在 3 年至 5 年内，机场的 IT 系统需要更新或更改。对于关键业务，机场系统传统的处理方法是备份业务数据信息，甚至增加远程备份成本，从而提高安全性。然而，当灾难来临时，信息系统无法可靠地保护数据存储。通过引入云计算服务模式，机场集团或行业组织可以构建大规模服务器集群、海量存储和高效计算能力，大大降低设备维护成本，满足机场所有业务系统和对用户接入请求的高速响应。

1. 云计算在机场信息系统中的设计及应用

云计算技术在机场信息系统中的具体应用体现在以下方面：机场信息化管理、Web 服务器以及数据库服务器。

（1）机场信息化管理

将云计算应用于机场信息管理，可以优化机场系统，使其稳定运行、高效发展，从而有效提高机场的服务水平，提高运营效率，降低运营成本。机场系统有效管理的前提是机场基础设施完善，即机场服务到位。同时，逐步建立和完善机场信息管理系统。在这种情况下，云计算技术可以发挥其巨大的优势。

（2）Web 服务器

云计算技术是集数据计算、数据存储、数据处理、网络资源管理和资源共享于一体的新型信息技术。它可以大大方便系统的信息管理，具有高效、虚拟化的功能。同时，云计算技术可以充分利用资源，大大提高资源的利用率。Web 服务器可以为云计算技术的应用打下良好的基础。在机场 Web 服务器上配置相应的云计算软件，在机场管理信息服务器上安装配套的云计算软件，使云计算技术发挥其实用价值。

（3）数据库服务器

数据库服务器在机场信息系统的管理中起着重要的作用，是机场信息系统必不可少的核心环节。在机场数据库服务器中，通常采用集群系统技术来应用云计算。集群系统是一个集中式系统，它可以结合单个服务器的优点，充分发挥整体优势。在服务器集群的情况下，系统可以实现数据共享和信息共享，大大提高了云计算的效率。

2. 云计算在机场领域的应用优点

图 8.6 展现了智慧机场的发展过程、业务流程以及运营管理。智慧机场通过使用云计算可以为机场提供经济实惠的信息技术服务。采用云计算模式，机场系统的服务器规模得以扩展，服务器存储能力得以提高，系统的计算水平得以提升。在机场信息系统中应用云计算能够降低计算成本，使信息系统的寿命更长，极大降低了其维护成本。数据存储安全性高是云计算相较于传统信息技术的一个优点。云计算的数据存储不受某个结点限制，当发生灾难时，即使云计算中的某个结点出现问题甚至毁坏了，其他的结点依旧会对业务信息起到安全存储作用。

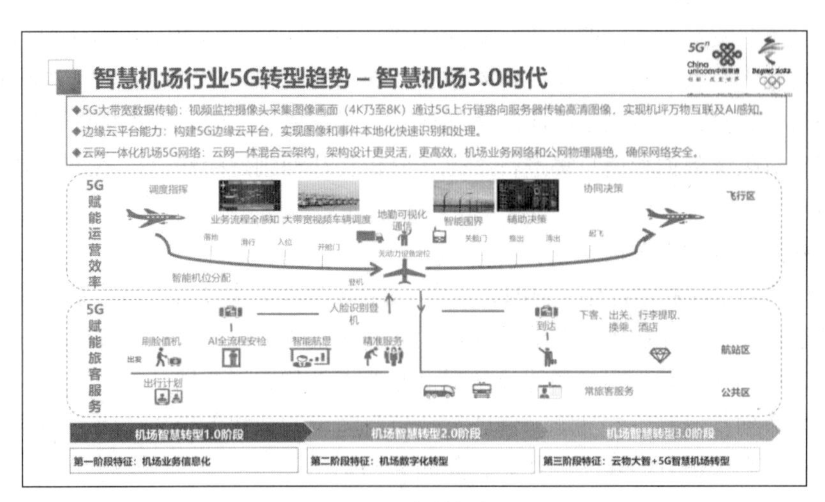

图 8.6　智慧机场

8.3.2 医院信息化建设的云计算

随着现代科学技术的发展，信息技术和医疗技术水平不断提高。20 世纪 80 年代以来，我国开展了医疗信息化建设，但许多与医院建设有关的卫生标准仍处于规范阶段，医院信息化建设中的信息表和信息编码十分混乱。这可能会对医院软件的开发、使用和推广产生很大的影响。此外，医院还存在系统接口标准不统一、文件格式不兼容等问题，也阻碍了医院整体信息化建设。在实践中，我国医院要全面规划和资源整合，如挂号、收费、药品征收等制度。此外，在医院数据库中，还存在关键字命名混乱的问题，这将导致整个系统的混乱。由于新旧体制严重不匹配，在很多情况下，新体制的发展往往代表着对旧体制的抛弃，资源消耗非常严重。随着云计算服务模式的引入，医院可以很好地管理信息资源，建立共享资源，合理配置资源，提高系统资源的利用效率，更好地保护用户数据的隐私和安全。

1. 在医院信息化建设中云计算技术的使用

（1）网上医疗服务系统的建立

中国有大量的医疗机构，为了给患者提供更高效便捷的服务，这些机构通常会建立相关的网上系统。然而，这些在线服务系统并不能为患者提供全面的服务。云计算系统有一个完善的虚拟化系统，而且非常灵活。医院利用云计算技术建立医疗系统，可以很好地管理这些信息资源。此外，该系统还可以提供远程操作，许多云计算模式还允许患者和医生直接通话，方便医生进行远程会诊。例如，医院在云平台上部署医疗服务系统，患者可以通过应用程序了解医生的信息并在线注册挂号，遇到问题可以通过远程医疗会诊邀请专家进行沟通和指导。

（2）构建多机构共享平台

从目前的发展来看，我国医疗机构大多采用云计算技术构建共享平台，其中最高一级是国家卫生平台，最低一级是乡镇卫生站。在这样一个多组织共享平台的建设中，云计算可以保证机制的完善，使资源配置更加合理，实现信息资源的统一管理，促进区域内信息和数据的共享。比如，医院可以利用互联网技术创建患者的电子病历，并将各种检查结果上传到平台上。当患者去其他医院需要相关病历数据时，可以直接在平台上浏览下载。此外，医院还应确保云计算机系统的完善，有效促进区域内的信息共享。

（3）疾病分析系统的建立

随着社会的不断发展和环境的变化，疾病的种类不断增加，疾病和不治之症的数量不断增加。医学研究通常是基于对大量病例、研究样本和实验数据的收集、整理和分析。传统的计算系统只能采集和整理医学数据，不能满足临床医生和科研人员的需求。云计算提供的计算分析服务可以根据医生的需求对医学数据和信息集进行细化和分析，从而创建疾病分析系统，提高医生的临床研究效果。

（4）存储和共享医学影像信息

如今，在疾病的诊断和治疗中，MRI、超声、CT 等医学成像设备不可或缺，存储医学图像信息的空间必然很大。云计算技术的存储功能可以通过分布式文件系统、集群使用、网格技术等实现。通过软件采集网络，有不同类型的设备提供业务接入和数据存储。只有这样，医院才能利用空间服务和远程数据备份服务的功能，创建符合自身情况的远程备份，从而利用云计算技术的存储服务，完成医学影像信息的存储和共享，如图 8.7 所示。

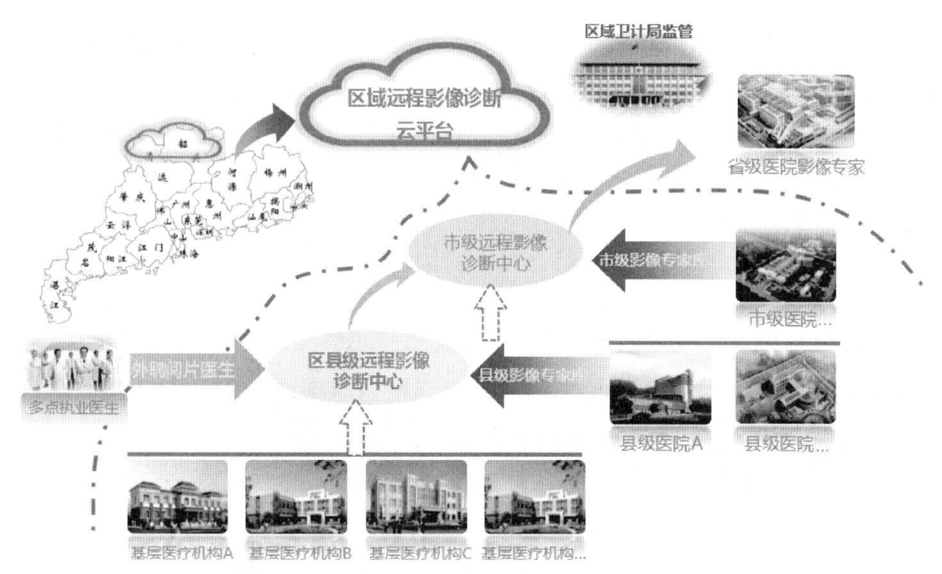

图 8.7　存储与共享医学影像信息

2. 云计算在医院信息化建设中的应用优点

近年来，我国积极推进医院信息化建设，医院信息化能力也是医院综合实力的重要组成部分。通过使用云计算技术可以提供更准确、详细的患者信息，帮助医务人员更全面地了解患者的病史、病情，医务人员也可以根据这些信息，更好地帮助患者，缩短患者的康复时间，提高患者的生活质量。因此，云计算在医院信息化建设过程中发挥着越来越重要的作用。

8.3.3　广电发展中的云计算

广电工程的发展已经逐步由原本的单一性业务直播彻底转变为多样性的视频业务和其他类型的业务。目前，公众已经改变了传统的信息获取习惯，人们热衷于使用移动设备获取各种信息。在传统的广播电视网络结构中，存在着信息孤岛的问题，对广播电视的发展和传统有线电视的发展产生了很大的影响。在整个广播系统中，前端服务器起着重要的数据存储作用，只有具备足够大的存储空间，才能满足光纤用户和各种信息的存储要求。在广电系统的更新维护中，由于数字电视终端设备的复杂性和集成系统的多样性，需要加大投入来完成更新维护工作，这给广电企业带来了巨大的资金压力。云计算服务模式的引入可以提高广电运营系统的稳定性，降低广电系统的维护升级成本，也可以利用云服务器存储数据信息。用户可以自行登录，改变了传统广播电视服务的局限性，使广播电视服务更加灵活。对于广电行业从业人员来说，要全面提升广电市场竞争力，在原有有线广电系统运营的基础上，整合云计算技术平台，充分考虑广电运营商的具体情况，才能实现智能平台建设。就广电运营商自身而言，必须依托自身的经济实力、技术水平和人力资源，制定云计算发展战略，引导智能广电发展，实现真正的智能服务平台。图 8.8 为广电云总体框架图。

1. 云计算在智慧广电发展中的应用

（1）在节目策划中的作用

对于智能广播电视的发展来说，节目内容的合理选择和规划直接影响广播电视的运营质量。通过引入云计算技术，结合网络媒体的信息资源，构建完善的信息数据库，利用大数据技术和人工智能技术，实现数据与信息的综合集成，从而为节目选择和策划提供更好的支持，保证电视内容的准确性。此外，云计算服务还可以跟踪用户的电视习惯，分析用户的收视倾向信息，从而更准确地了解每个用户的心理，提供服务。此外，通过云计算技术的应用，可以实现数据驱动和算法重组，为用户提供高质量的话题，满足他们的智能需求。结合用户的价值取向和习惯，为用户选择更好的节目内容。

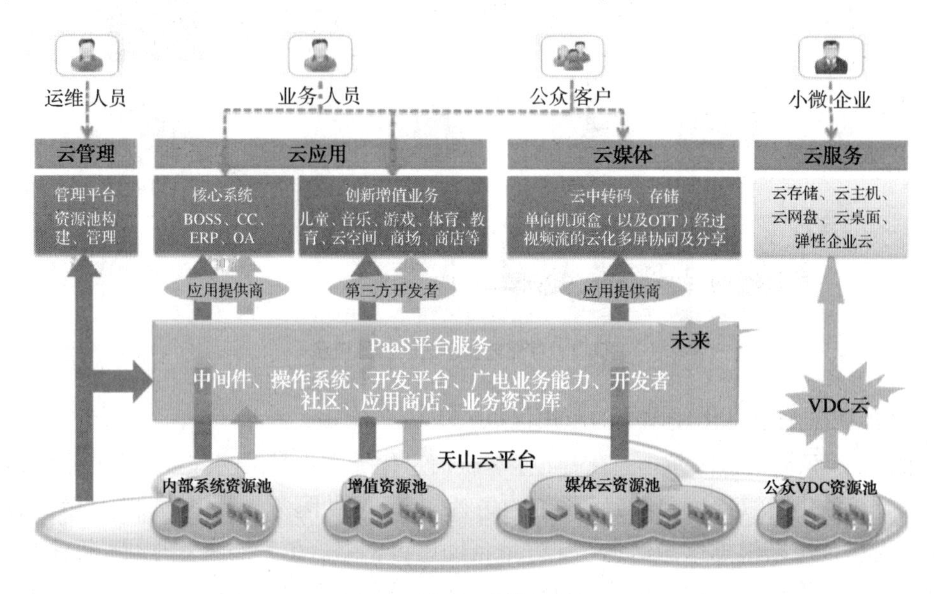

图 8.8　广电云总体框架图

（2）在内容制作中的应用

随着第五代通信技术的发展，视频图像清晰度提高到 8K，充分实现了超高清、多视点的终端场景。在智能广播电视节目内容制作中，要满足超高清的呈现形式，为用户提供更高质量的服务，摆脱有线电视的困境，把用户从智能终端设备的小屏幕拉回到电视的大屏幕。因此，通过引入云计算技术，全面整合数据资源，对电视内容进行可视化分析，制作出高质量的电视内容，为受众创造高质量的视听服务。图 8.9 为信号传输的系统框架图。

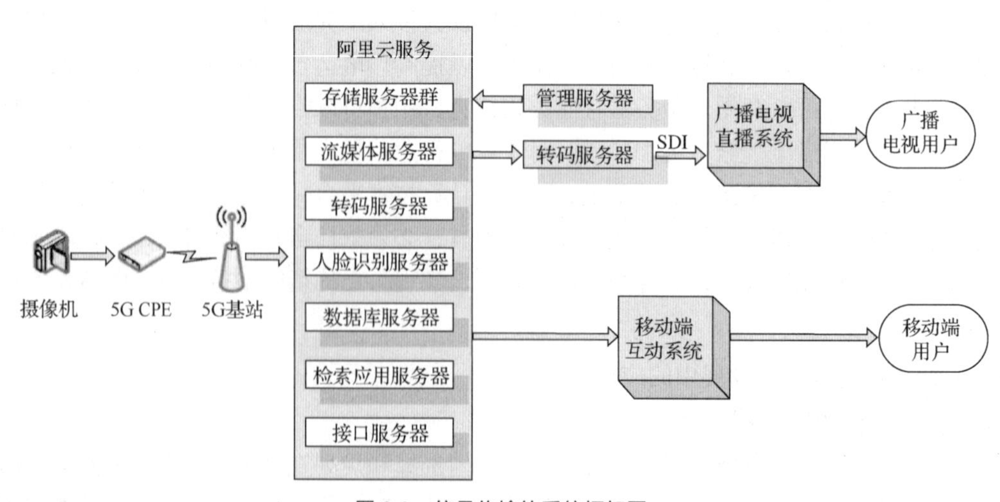

图 8.9　信号传输的系统框架图

（3）广播电视业务运营平台中的云计算构建

随着我国通信技术的不断提高，三网融合已经基本实现。广电企业实现了从单一广播机构向全业务综合应用服务体系的转变。通过云计算技术的应用，广电企业构建了核心业务运营平台，将传统广电平台、IPTV、互联网电视等服务与视频网站和移动电视平台进行有效整合，并且可以充分实现广电企业的资源共享。这不仅大大降低了运营成本，而且实现了多网、多频道、多终端的智能化发展。此外，云计算技术的应用可以实现对视频内容的有效管理，完成对内容版权的交易结算和维护，降低节目交易的发行成本，对广电行业的发展发挥了重要作用。

2. 云计算在智慧广电发展中的应用优势

在智能广电行业的应用中，云计算技术能够有效保障云服务器存储的数据安全，提高广电运营系统的稳定性。在广电系统的更新和维护中，云计算技术具有强大的计算能力，可以实现在不同终端间的迁移，大大简化了系统升级和维护的过程。在广播电视产业的发展中，未来必须朝着云计算的方向发展。云计算技术的应用给广大用户带来了全新的广电网络体验。用户不仅可以通过移动终端随时随地检索信息，还可以实时收看广电节目，满足了人民群众的文化需求。

本章小结

本章介绍了云计算的定义、发展历程、主要特点。对云计算的基本模式进行了介绍，描述了由云计算服务模式和管理层构成的云计算基本架构以及保证云计算服务的关键技术，介绍了云计算的 4 种部署模式以及云计算平台提供的常见服务。最后，本章通过对三个云计算案例的介绍，说明了云计算在各领域的设计与应用过程，充分说明了云计算是企业未来发展的方向，它将改变企业的业务运作方式，并影响我们的生活方式。

习题 8

8.1　简述云计算的概念。

8.2　简述云计算的主要特征。

8.3　简述云计算的核心技术。

8.4　简述云计算的 4 种部署模式的优势。

8.5　云计算的服务模式有哪些？

09 第9章 人工智能基础

你知道2016年年末2017年年初，有一个以“大师”(Master)为注册账号，在中国棋类网站上与中、日、韩数十位围棋高手进行快棋对决，连续60局无一败绩的围棋高手吗？它就是2016年人机大战中击败韩国棋手李世石的人工智能程序“阿尔法围棋(AlphaGo)”的新版本。你体验过在购物时，无须掏钱包付款，只需要刷脸便可在短短数秒内完成交易吗？这就是基于人工智能等技术实现的新型支付方式——刷脸支付。未来，人工智能应用场景将会渗透到人类生活的各个角落，传统领域也将与人工智能深度融为一体，人工智能正在迅速改变着我们的工作和生活方式。

本章将简单介绍人工智能的概念、主要研究领域及人工智能在日常生活中的应用。

9.1 人工智能概述

人工智能(Artificial Intelligence，AI)是20世纪50年代中期兴起的一门边缘学科，是计算机科学中涉及研究、设计和应用智能机器的一个分支，是在计算机科学、自动化、控制论、信息论、仿生学、神经心理学、生物学、哲学、语言学等多学科基础上研究发展起来的交叉学科。

尽管目前人工智能在其发展过程中还存在着诸多困难和挑战，但人工智能依然不断向前发展，并获得了惊人成就。有人认为人工智能是继三次工业革命后的又一次革命，其中前三次工业革命主要是扩展了人手的功能，将人类从繁重且重复的体力劳动中解放出来，而人工智能则是将人脑的功能进行了扩展，实现了脑力劳动的自动化。

9.1.1 人工智能的概念和判定

智能指学习、理解并用逻辑方法思考事物，以及应对新的或者困难环境的能力。智能分为自然智能和人工智能。自然智能指人类和一些动物所具有的智力和行为能力，人工智能则是相对于人的自然智能而言的。而“图灵测试”，形象地指出了什么是人工智能以及机器应该达到的智能标准。

1. 人工智能的概念

目前还未形成人工智能的公认、统一的定义，所以不同领域的学者从不同的角度给出了关于人工智能的不同描述。其中，A.Feigenbaum 认为，人工智能是一个知识信息处理系统；N.J.Nilsson 认为，人工智能是关于知识的科学，即怎样表示知识、怎样获取知识和怎样使用知识，并致力于让机器变得智能的科学。

尽管人们对人工智能的定义有所不同，但人工智能就其本质而言就是用人工的方法在机器（计算机）上实现的智能，也称为机器智能（Machine Intelligence），其主要是研究如何使机器能听、会说、能看、会写、能思维、会学习，并能在诸多变化情况下去解决面临的各种实际问题的一门学科。

2. 人工智能的判定——图灵测试

现在许多人仍把图灵测试作为衡量机器智能的准则。英国数学家和计算机学家艾伦 • 图灵（见图 9.1）在 1950 年发表了题为《计算机与智能》的论文，文章以“机器能思维吗？”开始，论述并提出了著名的“图灵测试”。“图灵测试”由计算机、被测试者和提问者组成。测试过程如下。

（1）计算机与被测试者分开回答提问者提出的同一问题。

（2）将计算机和被测试者的答案告诉提问者。

（3）若提问者无法区别出答案是由计算机给出的还是由被测试者给出的，那么就认为计算机与人的智力相当。

图 9.1　艾伦 • 图灵

9.1.2　人工智能的发展历程

自从在 1956 年的达特茅斯夏季研讨会上提出了“人工智能”这一术语后，研究者们发展了众多理论和原理，同时也拓展了人工智能的概念。虽然人工智能的发展比预想要慢，但它一直在前进，并且带动了其他技术的发展。人工智能的发展大致可归纳为形成及第一个高峰、第一个低谷、第二个高峰、第二个低谷、稳步发展期和蓬勃发展期等阶段（见图 9.2）。

1. 人工智能形成及第一个高峰

这一阶段是指 1956 年至 20 世纪 60 年代末。1956 年夏，在美国达特茅斯学院（Dartmouth College）召开了一次关于机器智能问题的学术研讨会（见图 9.3），会上经麦卡锡提议正式采用了“人工智能”这一术语，这次会议标志着人工智能作为一门新兴学科正式诞生了。在之后的十余年里，计算机被广泛应用于数学和自然语言领域，这一现象让众多研究学者看到了机器向人工智能发展的希望，人工智能的研究在诸多方面也都取得了引人注目的成就，例如：在机器学习方面，Rosenblatt 于 1957 年研制成功了感知机，推动了连接机制的研究；在模式识别方面，Roberts 于 1965 年编制出了可分辨积木构造的程序；在人工智能语言方面，麦卡锡于 1960 年研制出了人工智能语言 LISP，成为构建专家系统的重要工具。而于 1969 年成立的国际人工智能联合会议（International Joint Conferences on Artificial Intelligence，IJCAI）则是人工智能发展史上的重要里程碑，标志着人工智能这门学科已经得到了世界的认可，掀起了人工智能发展的第一个高峰。

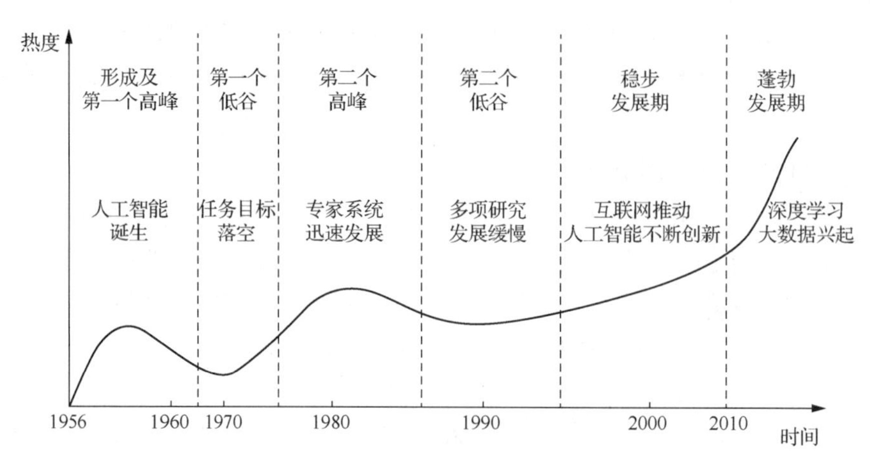

图 9.2　人工智能的发展历程

图 9.3　1956 年达特茅斯会议参会者

2. 人工智能第一个低谷

这一阶段是指 20 世纪 60 年代中至 70 年代中。人工智能如其他新兴学科一样，其发展也并非一路平坦。在形成及第一个高峰期和后面的第二个高峰期之间，存在着一个人工智能的暗淡期。当时对人工智能的未来做出过高的预言，而这些预言的失败，最终给人工智能的声誉造成了重大伤害。比如对于机器翻译的研究就比原先想象的要困难，若缺乏足够的专业知识，就会无法正确处理语言，以致产生错误的翻译。因此，当时多个国家就中断了对大部分机器翻译项目的资助。

同样，连在人工智能研究方面颇有影响的 IBM 也被迫取消了该公司的所有人工智能研究项目。接二连三的失败和预期目标的落空，使人工智能的发展走入第一个低谷。

3. 人工智能第二个高峰

这一阶段是指 20 世纪 70 年代初至 80 年代中。在此期间许多国家相继展开了人工智能的研究，并获得大量的研究成果。费根鲍姆研究小组从 1965 年起开始研究专家系统，并于 1968 年成功研究出第一个专家系统 DENDRAL（用于帮助化学家判断某待定物质的分子结构），随后又开发出 MYCIN 医疗专家系统。费根鲍姆于 1977 年在第五届国际人工智能联合会议上提出了“知识工程”的概念，人工智能的研究又迎来了以知识为中心的发展新时期。在此期间，建立了多种不同类型、不同功能的专家系统，同时产生了巨大的社会和经济效益，并使人们更加清晰地认识到对人工智能的研究必须以知识为中心来进行。而对知识的表示、利用及获取等的研究也取得了进展，尤其是对不确定性知识的表示与推理取得了突破，解决了许多理论与技术上的问题。专家系统在全世界得到迅速发展，也为企业等用户带来了巨大的经济效益。专家系统在化学、医疗等领域取得成功，推动人工智能进入第二个黄金期。

4. 人工智能第二个低谷

这一阶段是指 20 世纪 80 年代中至 90 年代中。随着人工智能的应用规模不断扩大，专家系统存在的应用领域狭窄、缺乏常识性、知识获取困难、推理方法单一等问题逐渐显露出来。人工智能研究进入第二个低谷。

5. 稳步发展期

这一阶段是指 20 世纪 90 年代中至 2010 年。随着 AI 技术尤其是神经网络技术的逐步发展，人工智能技术开始进入稳步发展期。这一阶段的标志性事件是 IBM 的计算机系统“深蓝”与国际象棋世界冠军卡斯帕罗夫之间的对决。美国 IBM 公司于 1996 年 2 月邀请国际象棋世界冠军卡斯帕罗夫（见图 9.4）与一台运算速度达每秒 1 亿次的超级计算机——深蓝计算机（见图 9.5）进行了 6 局的“人机大战”。这场比赛的双方分别代表着人脑和计算机的世界第一水平。最终，卡斯帕罗夫以总比分 4∶2 获胜。一年后，即 1997 年 5 月，已拥有 32 个处理器、运算速度达每秒 2 亿次的深蓝再次挑战卡斯帕罗夫，此时计算机里已存储了百余年里顶尖世界棋手的棋局，最终深蓝以 3.5∶2.5 的总比分赢得“人机大战”的胜利，成为世界瞩目的焦点。之后十年内，机器与人类在国际象棋比赛中各有胜负，直至世界冠军卡拉姆尼克在 2006 年被国际象棋软件深弗里茨（Deep Fritz）击败后，人类再没有战胜过计算机。

图 9.4　与深蓝对弈中的卡斯帕罗夫

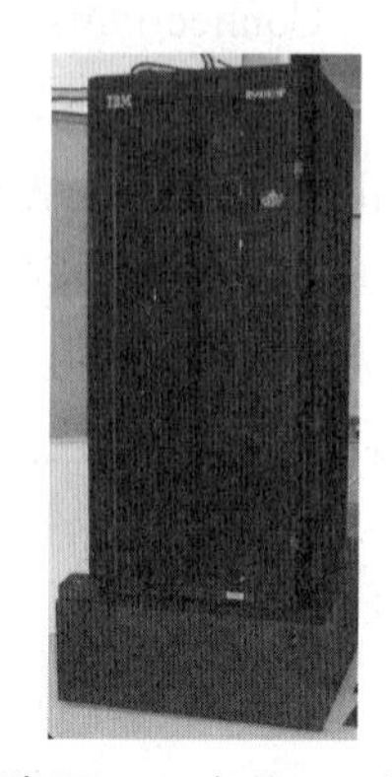

图 9.5　诞生于 1997 年的 IBM 深蓝计算机

6. 人工智能蓬勃发展期

这一阶段是指 2011 年至今。随着大数据、云计算等信息技术的发展，以深度神经网络为代表的人工智能技术取得了巨大成就。由谷歌 DeepMind 开发的人工智能围棋程序 AlphaGo 具有自我学习能力，可搜集大量名人棋谱及围棋对弈数据，并可自主学习并模仿人类下棋，于 2016—2017 年，战胜围棋冠军。之后，AlphaGo Zero（第四代 AlphaGo）在无任何数据输入的情况下，自学围棋 3 天后，便以 100：0 的成绩横扫了 AlphaGo 第二版本“旧狗”（旧版 AlphaGo），学习 40 天后，便战胜了 AlphaGo 第三版本“大师”（Master）。人工智能技术不断突破并进入了蓬勃发展期。

9.1.3 人工智能的主流研究学派

在对人工智能的研究过程中，人们对“智能”本质有着不同认识理解，形成了人工智能研究的不同途径，进而产生不同的研究方法，最终主要形成了符号主义、连接主义和行为主义三大学派。当下，三大学派已由早期的分立争论逐渐走向优势互补的研究方向。

1. 符号主义

符号主义（Symbolicism），也称为逻辑主义、心理学派或计算机学派，它是基于物理符号系统假设和有限合理性原理的人工智能学派。符号主义研究者认为，人工智能源于数理逻辑，符号（Symbol）是人类认知（智能）的基本元素，认知过程是符号表示上的一种运算，而知识是信息的一种形式，它是构成智能的基础。人工智能的核心问题为知识表示、知识推理和知识运用。知识既可用符号表示，也可用符号进行推理，因此有可能建立起基于知识的人类智能和机器智能的统一理论体系。鉴于以上认识，符号主义学派的研究方法是以符号处理为核心，且通过符号处理来模拟人类求解问题的心理过程。

符号主义的代表性成果是 1957 年纽厄尔和西蒙等人研制的称为逻辑理论机的数学定理证明程序（Logic Theorist，LT），它成功地说明了可以用计算机来研究人类的思维过程，模拟人类的智能活动。符号主义诞生的标志是 1956 年夏的那次历史性会议，符号主义者最先正式采用了“人工智能”这一术语。几十年来，符号主义走过了“启发式算法→专家系统→知识工程”的发展道路，且一直处于人工智能领域的主导地位，即使在其他研究学派涌现后，也依旧是人工智能的主流学派。符号主义学派的主要代表人物有纽厄尔、西蒙、尼尔森等。

2. 连接主义

连接主义（Connectionism）又称为自下而上方法，是在人脑神经元及其相互连接成网的启示下，通过许多人工神经元间的并行协同作用来实现对人类智能的模拟，它属于非符号处理范畴，是近年较为热门的一种人工智能学派。这一学派的研究者认为，人类一切智能活动的基础是大脑，因此搞清楚大脑神经元及其连接机制和信息处理的过程，方可揭示人类智能的奥秘，进而真正实现人类智能在机器上的模拟。

连接主义的代表性成果是 1943 年由生理学家麦卡洛克和数理逻辑学家皮茨创立的脑模型（MP 模型），其开创了用电子装置模仿人脑结构和功能的新途径。从 1982 年约翰·霍普菲尔德提出用硬件模拟神经网络和 1986 年鲁梅尔哈特等人提出多层网络中的反向传播算法开始，神经网络理论和技术研究不断发展，并在图像处理、模式识别等领域取得重要突破，为实现连接主义的智能模拟创造了条件。

3. 行为主义

行为主义（Actionism），又称为控制论学派或进化主义，是基于控制论和“动作-感知”控制系统的人工智能学派。行为主义研究者认为，在动态环境中的行走能力、对外界事物的感知能力及维持生命和繁衍生息的能力是人类的本质能力，而这些能力为智能的发展提供了基础。所以，智能行为只有在与环境的交互下才能表现出来。

波士顿动力公司是行为主义在工业界的主要代表，其制造的 Atlas 人形机器人（见图 9.6）已经可以非常接近人类的运动状态了。Atlas 体重近 75 千克，身高近 1.5 米，跟人一样有头部、躯干和四肢，“双眼”是两个立体传感器。它可以连贯地跳过一段障碍物，紧接着在高低不同的三个箱体上完成“三连跳”，跳跃期间均由单脚完成且中间未停顿，控制软件使用了包括腿部、手臂和躯干在内的整个身体来调整能量和力量，展现出良好的协调性。

图 9.6 谷歌旗下的波士顿动力公司的 Atlas 跨过障碍

9.2 人工智能的研究领域

虽然当前人工智能的理论体系尚未完全形成，不同研究学派在理论基础、研究方法等诸多方面也存在一定差别，但这些情况并未影响到人工智能的发展，反而促使人工智能研究更加全面深入。目前，人工智能的研究是与具体领域相结合进行的，其主要研究领域包含知识表示、搜索技术、机器学习、专家系统、自然语言处理、语音处理、智能机器人和群智能等。

9.2.1 知识表示

知识表示是人工智能学科中一个非常重要的研究领域。由于知识是人工智能的基础，若要使计算机具备智能，则需要让其具备知识。在有了符号化的概念表示后，知识表示解决的主要问题是如何使用适当形式表示知识并在计算机系统中存储和应用知识。

1. 知识表示的概念

知识表示（Knowledge Representation）是把人类知识形式化或模型化，本质上就是对知识的一种描述或约定，是一种计算机可以接受的用于描述知识的数据结构。无论是对问题或任务的描述，还是对经验的表示以及推理决策，都离不开知识，但知识需要用适当的模式表示出来才可存储到计算机中。所以，研究知识表示方式是人工智能研究的一个重要任务。

2. 知识表示的方法

目前的知识表示方法绝大多数是在某项具体研究过程中提出的，具有一定的局限性和针对性，因此在知识表示时要根据实际情况作适当改变。最终在一个具体的智能系统中采用何种表示模式，目前尚无统一标准，也不存在万能的知识表示模式。同一问题的表述会有多种不同的表示方法，现将一些常用的知识表示方法简要介绍如下。

（1）一阶谓词逻辑表示法

谓词逻辑是当前能够表示人类思维活动规律的一种最精确的形式语言，是在命题逻辑的基础上发展起来的。而命题就是具有真假意义的陈述句，如“今天是星期六”“3+3=6”等。命题的值称为真值，真值只有“真”“假”两种，常用符号 T 和 F 表示。命题逻辑则是研究命题和命题之间关系的符号逻辑系统。一般用大写字母 P、Q、R 等来表示命题，如：

P：今天是星期六

P 表示“今天是星期六”这个命题。表示命题的符号称为命题标识符，P 是命题标识符。

【例 9-1】 用谓词逻辑表示下列知识。

太原是一个现代都市，也是一个历史名城。

第一步：定义谓词如下。

MCity(x)：x 是一个现代都市。

HCity(x)：x 是一个历史名城。

涉及的个体为：太原（taiyuan）。

第二步：将个体代入谓词中，得到

MCity(taiyuan)，HCity(taiyuan)

第三步：根据语义，用逻辑连接符将其连接起来，得到表示上述知识的谓词公式。

MCity(taiyuan)∧HCity(taiyuan)

（2）产生式表示法

产生式表示法常用于表示事实知识、规则知识以及它们之间的不确定性度量，是已有专家系统中知识表示的主要手段之一，其中事实知识产生式表示法如下。

① 确定性事实知识的产生式表示

事实知识的表示形式一般使用三元组来表示：

(对象，属性，值)

或者

(关系，对象 1，对象 2)

其中，对象是语言变量。

如事实“小华年龄是 20 岁”则可表示成：

(Hua, Age, 20)

其中，Hua 为事实知识的对象，Age 为对象属性，20 为属性值。

如事实“小明与小刚是同学”则可表示成：

(Classmate, Ming, Gang)

其中，Ming 和 Gang 为事实知识的对象，Classmate 为两个对象间的关系。

② 不确定性事实知识的产生式表示

不确定性事实知识的表示形式一般使用四元组来表示：

```
(对象，属性，值，可信度值)
```

或者

```
(关系，对象 1，对象 2，可信度值)
```

如“小华的年龄很可能是 20 岁”可表示为：

```
(Hua, Age, 20, 0.8)
```

如“小明和小鹏是同学的可能性不大”可表示为：

```
(Classmate, Ming, Peng, 0.1)
```

（3）框架表示法

框架（Frame）是一种描述所论对象（一个事物、事件或概念）属性的数据结构，由框架名、槽名、侧面、值组成。框架表示法是以框架理论为基础发展起来的一种结构化的知识表示，适合表达多种类型的知识。如：

框架名：<学生>
姓名：单位（姓、名）
年龄：单位（岁）
性别：范围（男、女）（默认：男）
专业：单位（系）
入学时间：单位（年、月）

该框架共有 5 个槽，描述了“学生”5 个方面的状况，或者 5 个属性。每个槽里都有说明性的信息，这对槽的填值给出了限制；“范围”指槽值只能在指定的范围内选择，如“性别”槽值只能是“男”“女”中的一个；“默认”表示当该槽不填入槽值时，以默认值作为槽值。例如，“性别”槽在不填入“男”或“女”时，默认为“男”。对于上述框架，若把具体信息填入槽或侧面后，可得到相应的一个事例框架。

框架名：<学生-1>
姓名：李芳
年龄：19
性别：女
专业：英语系
入学时间：2020.9.1

9.2.2　搜索技术

当求解问题时，需要考虑两方面：一方面是如何表示问题，另一方面是如何找到一种相对合适的求解方法。在人工智能中，问题求解的基本方法有归结法、推理法、归约法、产生式法及搜索法等。目前，搜索技术已渗透到各种人工智能系统中，如在模式识别、机器学习、信息检索和专家系统等领域都已广泛使用搜索技术。

根据在问题求解过程中是否运用启发性知识，搜索可分为盲目搜索和启发式搜索。

1. 盲目搜索

盲目搜索又称为非启发式搜索，是指在问题求解的过程中，不运用启发性知识，而按照一般逻辑法则或控制性知识，在预定控制策略下进行搜索，在搜索过程中获得的中间信息不用来改进控制策略。由于搜索总是按预先规定的路线进行，没有考虑到问题本身的特性，这种方法缺乏对求解问题的针对性，需要进行全方位的搜索，而没有选择最优搜索途径。因此，这种搜索具有盲目性且效率较低，容易出现“组合爆炸”问题。典型的盲目搜索有宽度优先搜索和深度优先搜索。如考虑一个问题的状态空间为一棵树的形式，若根结点先扩展，再扩展根结点生成的所有结点，然后是这些结点的后继，如此反复，就是宽度优先搜索（见图 9.7）；若在树的最深一层的结点中扩展一个结点，只有当搜索遇到一个“死亡结点”（非目标结点且无法扩展）的时候，才返回到上一层，选择其他结点搜索，就是深度优先搜索（见图 9.8）。无论是宽度优先搜索还是深度优先搜索，结点遍历的顺序一般是固定的，即一旦搜索空间给定，结点遍历的顺序就固定了。

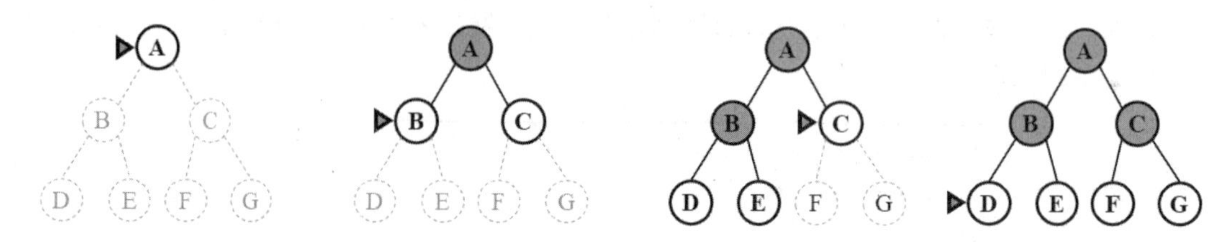

图 9.7　一颗简单二叉树上的宽度优先搜索，在每个阶段用一个记号指出下一个将要扩展的结点

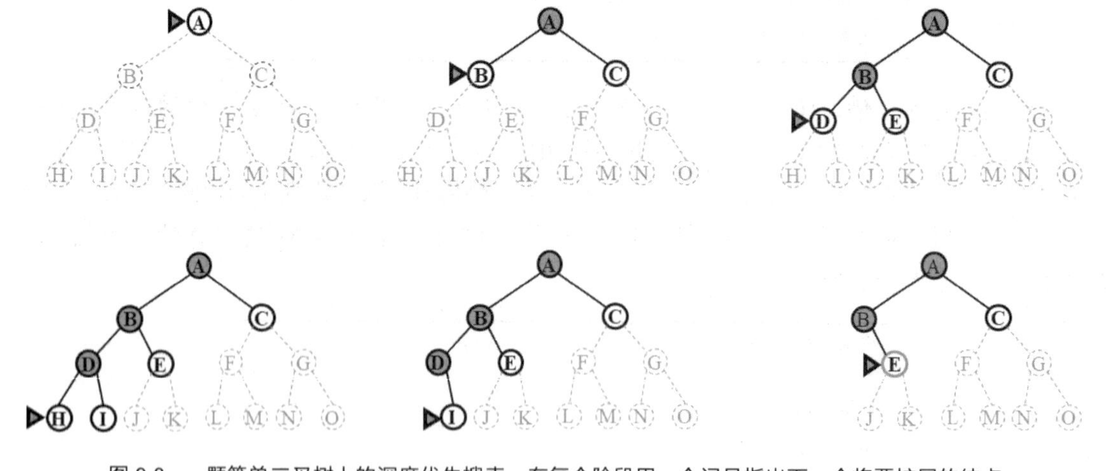

图 9.8　一颗简单二叉树上的深度优先搜索，在每个阶段用一个记号指出下一个将要扩展的结点

2. 启发式搜索

启发式搜索是指在问题的求解过程中，为了提高搜索效率，运用与问题有关的启发性知识，即解决问题的策略、技巧等实践经验，来指导搜索向着最有希望的方向前进，加速问题求解过程并找到最优解。典型的启发式搜索有 A 算法和 A*算法。

在面对实际问题时，我们一般或多或少会知道一些提示信息：例如在玩数独时，我们会选择先填周围数字较多的那个格子，因为对它的信息掌握较多，就可较快筛选出更可能满足要求的数字。

在生活中我们经常会碰到道路路径选择的问题，如图 9.9 所示，我们需要从起点火车站到达目的地学校，若按照宽度优先搜索或深度优先搜索的思想，我们需要依次探索每一条从火车站出发的道路，由于市区道路四通八达且数目庞大，如果从火车站出发逐条检索路径，可能会花费大量的时间在并不是通往学校方向的道路上，这种“南辕北辙”的探索方法显然是不合适的。在实际探索过程中，我们会先考虑火车站和学校的相对位置：学校在火车站的西北方向，我们会优先选择火车站往西北方向的道路进行探索；当遇到岔路口时，我们将考虑当前所处位置到学校的距离和相对方向，以此来选择是否转向。这样，我们就用到了“学校在火车站西北方向”这一信息，和基于此信息得到的“应该优先选择通往西北方向道路”的经验，这样就可以排除大量从火车站出发的通向其他场所的道路，从而避免了在盲目搜索中可能出现的“绕路”“走死胡同”等情况。

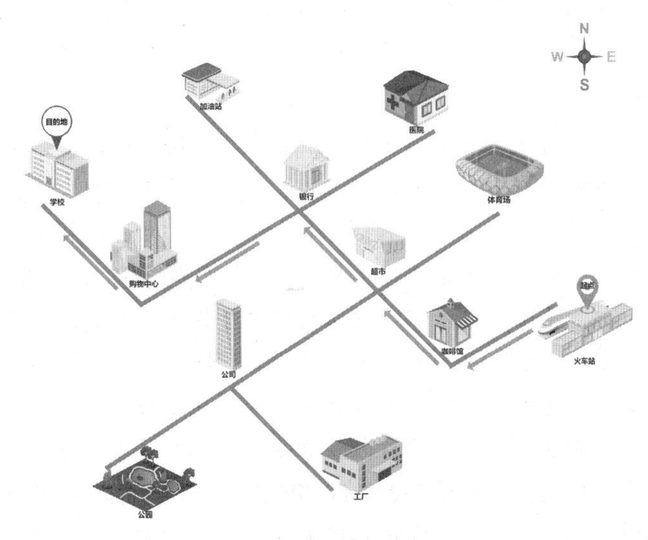

图 9.9　道路路径地图

9.2.3　机器学习

学习是人类获取知识的重要途径，也是人类智能的重要标志，而机器学习则是计算机获取知识的重要途径，也是人工智能的重要标志。在人工智能研究中，知识获取一直是一个“瓶颈”问题，那么解决这个问题的关键就在于如何提高计算机的学习能力。因此，机器学习是人工智能的核心研究课题之一。

1. 机器学习的概念

学习是一个有目的的知识获取过程，其内在行为是获取知识、发现规律；外部表现是改进性能、自我完善。机器学习（Machine Learning）使计算机能模拟人类的学习行为，通过自动学习来获取知识技能，不断自我完善。作为人工智能的一个研究领域，机器学习主要研究的问题如下。

（1）学习机理：对人类学习机制的研究，从根本上解决机器学习中存在的各种问题。

（2）学习方法：对人类学习过程的研究，探索各种可能的学习方法，建立起具体应用领域的学习算法。

（3）学习系统：根据特定任务的要求，进而建立相对应的学习系统。

2. 机器学习的分类

根据学习模式、学习方法以及算法的不同，机器学习存在不同的分类方法。其中按学习模式可将机器学习分为以下 3 类。

（1）监督学习：以概率函数、代数函数或人工神经网络为基函数模型，采用迭代计算方法，学习结果为函数。典型的有监督学习包括神经学习、分类学习等。

（2）非监督学习：采用聚类方法，学习结果为类别。典型的无监督学习包括发现学习、聚类、竞争学习等。

（3）强化学习：以统计和动态规划技术为指导的一种学习方法。

9.2.4 专家系统

专家系统是目前人工智能中最活跃、最有成效的一个研究领域，广泛地应用于地质勘探、石油化工、教学、医疗诊断等多个领域，产生了巨大的社会效益和经济效益。

1. 专家系统的概念

专家系统是一种在特定领域内具有专家解决问题能力的程序系统，能有效地运用专家多年积累的经验和专业知识，并模拟专家解决问题时的思维过程，进而解决专家才能解决的问题。专家系统利用专家知识来求解领域内的具体问题，须有一个推理机构，能根据用户提供的已知事实，通过运用知识库中的知识，进行有效的推理，从而实现问题的求解。其核心是知识库和推理机，二者既相互联系又相互独立，这样既保证了推理机可利用知识库中的知识进行推理以实现对问题的求解，同时还保证了知识库发生适当更新变化时，只要推理方式不变，推理机部分就可以不变，这样便于系统扩充，具有一定的灵活性。专家系统一般采用交互式系统，拥有较好的人机界面。它不仅要与知识工程师和领域专家进行对话以获取知识，还需要不断地从用户那里获得所需的事实，并回答用户的问题。斯坦福大学研制的 MYCIN 系统是用于细菌感染性疾病的诊断和治疗的专家系统，可对细菌性疾病做出专家水平的诊断和治疗。MYCIN 系统第一次使用了知识库的概念，引入了可信度的方法进行不精确推理，能够给出推理过程的解释，其可用英语与用户进行交互，是第一个功能较全面、结构较完整的专家系统。

2. 专家系统的结构

一般情况下，不同应用领域和不同类型的专家系统的结构会存在一些差异，但它们的基本结构是大同小异的。专家系统的基本结构由知识库、综合数据库、推理机、解释器、知识获取模块和人机交互界面 6 部分组成（见图 9.10）。

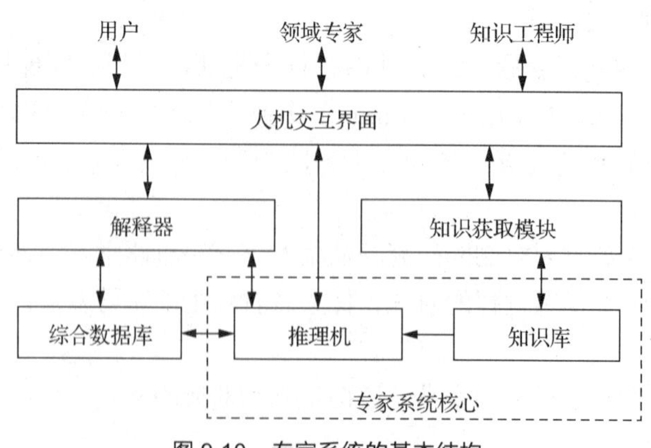

图 9.10 专家系统的基本结构

知识库和推理机是专家系统的核心，其工作流程是根据知识库中的知识和用户提供的事实进行推理，进而不断地由已知的事实推出未知的结论，即中间结果，并将中间结果放到数据库中，作为已知的新事实进行推理，最终把求解的问题由未知状态转换为已知状态。在专家系统的运行过程中，会不断地通过人机接口与用户进行交互，向用户提问，并向用户做出解释。

9.2.5　人工神经网络和深度学习

早期的神经科学家受人脑神经系统的启发，构建了一种模仿人脑神经系统的数学模型，即人工神经网络，简称神经网络。深度学习采用的模型主要是神经网络模型。

1. 人工神经网络

人脑神经系统是一个由神经元（见图 9.11）组成的高度复杂网络，是一个并行的非线性信息处理系统。自图灵提出“机器与智能”起，有学者认为如果能够模拟人类大脑里的神经网络制造出一台机器，那这台机器就有智能了。

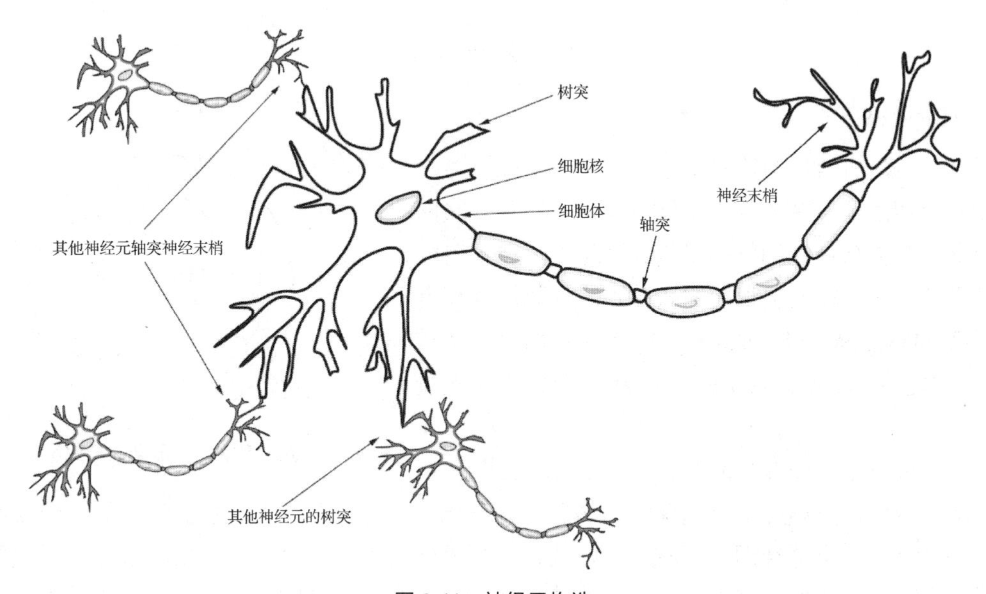

图 9.11　神经元构造

人工神经网络是为了模拟人脑神经网络而设计的一种计算模型，它从结构、实现机理和功能上模拟人脑神经网络。人工神经网络与生物神经元类似，是由多个结点（即人工神经元）相互连接而成，可用于对数据之间的复杂关系进行建模。不同结点之间的连接被赋予了不同权重，每个权重代表了一个结点对另一个结点的影响大小。

早期的神经网络模型不具备学习能力，赫布网络是第一个可学习的人工神经网络。感知器是最早的具有机器学习思想的神经网络，但其学习方法无法扩展到多层的神经网络上。直至 1980 年左右，反向传播算法有效地解决了多层神经网络的学习问题，且成为最为流行的神经网络学习算法。反向传播（Back-Propagation，BP）学习算法简称 BP 算法，采用 BP 算法的前馈型神经网络即为 BP 网络。BP 网络是一个多层感知器，因此具有类似多层感知器的体系结构。图 9.12 是一个具有两个隐层和一个输出层的 BP 网络，此网络是全连接的，即在任意层上的一个神经元与它之前层上的所有结点都是连接起来的。

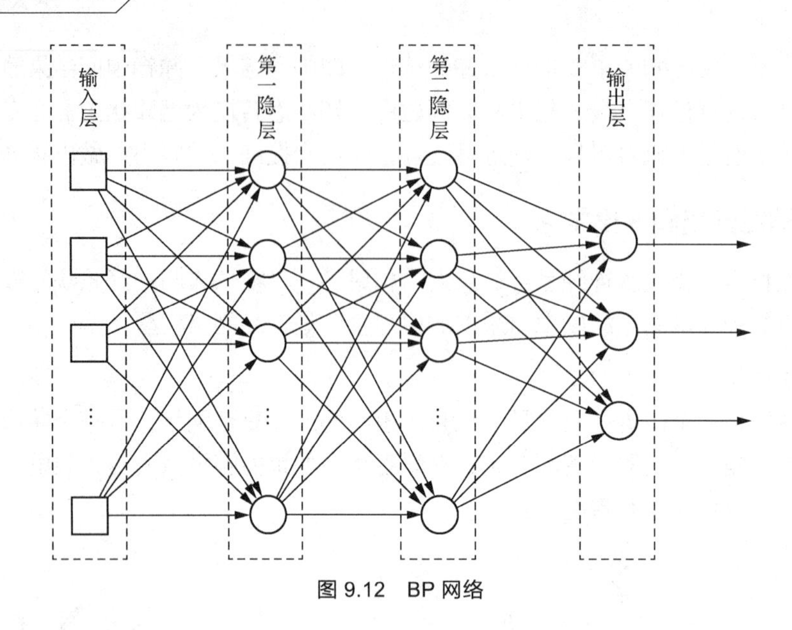

图 9.12　BP 网络

2. 深度学习

深度学习是机器学习诸多算法中的一种，而机器学习又是人工智能的一个子集（见图 9.13）。随着互联网产生的海量数据与神经网络的结合，深度学习技术得以诞生，引发了新一轮人工智能的研究和应用热潮。深度神经网络（Deep Neural Network，DNN）将数学和工程技巧与大数据结合来增加 BP 神经网络隐含层的数量（深度）。

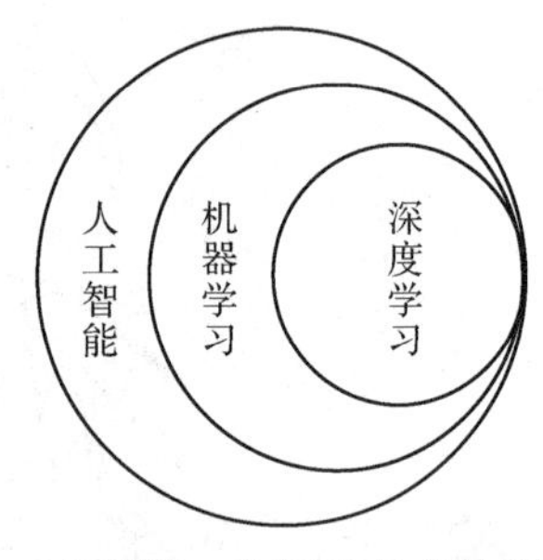

图 9.13　人工智能、机器学习与深度学习的关系

深度神经网络是由多层的神经元构成的，如图 9.14 所示，层次越多，网络层次就越深。用多层神经元构成神经网络来实现机器学习的功能就是深度学习。理论上，一层神经网络对应一个函数，多层网络实质上就是多个函数的嵌套，网络层次越深，最终函数的表达能力就越强，可以近似地认为这种深度神经网络能够表达现实世界中所有问题的数学函数。

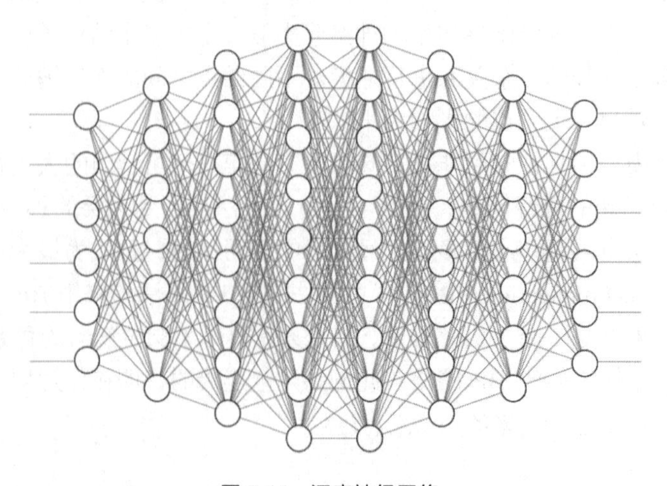

图 9.14　深度神经网络

深度神经网络（DNN）采用全连接结构，输入是向量形式，并未考虑其他结构信息，易导致参数数量的膨胀。依据核心假设的不同，DNN 之后又产生了卷积神经网络（Convolutional Neural Network，CNN）和循环神经网络（Recurrent Neural Network，RNN）两种实现方式。CNN 神经网络特别适用于存在固有局部模式（如人类面部的眼、耳、口、鼻、眉等）的图像识别领域。考查数据在时间序列上的变化而后建模，是 RNN 神经网络的实现方式。数据出现的时间顺序在自然语言处理、语音识别、手写体识别等应用中非常重要，因此这些也是 RNN 神经网络的主要应用领域，尤其是语音识别领域。

9.3 人工智能的典型应用案例

在生活中我们常常见到这样的场景：食堂里，餐费结算是通过摄像头拍摄餐盘并由计算机自动计算菜价并收费；拍照时，手机相机会在画面中自动框选出人脸出现的位置；解锁手机时，可无须输入密码，通过人脸识别即可便捷解锁。这些采用机器学习等人工智能算法来实现的各式各样人工智能的应用，现已渗透到我们衣食住行的方方面面。

9.3.1 语音识别

现如今我们出行基本都会用到地图 App，尤其在驾车外出时经常会查地点、用导航、查路况等。若我们驾车时低头看手机进行操作，那是相当危险且存在安全隐患的。智能语音助手的出现及普及帮我们解决了此难题，它无须用户手动输入，只要用户说出要执行操作的语音，即可通过语音助手完成目的地的输入、路线设定等相应操作。那么，语音助手是如何将语音识别为对应文字的呢？

我们试看下面这幅图（见图 9.15），待识别语音波形 C 应当对应语音波形 A、B 中哪一个呢？

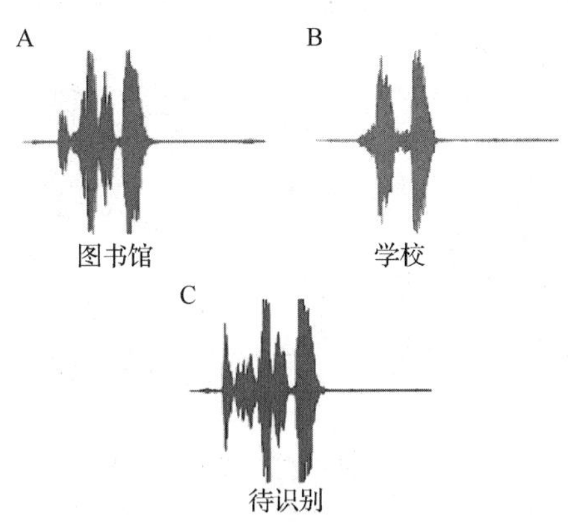

图 9.15 语音识别波形

将待识别波形与“图书馆”和“学校”的语音波形进行对比，可以发现其与“图书馆”语音波形的相似度更高。对于语音识别技术而言，其基本原理及流程也与此类似，接下来，我们将通过一种语音识别的系统架构来简单了解语音识别系统的工作流程。如图 9.16 所示，此架构主要由前端和后端两个部分组成，前端主要负责语音信号的特征提取，进而得到语音特征序列，后端主要通过声学模型及语言模型等从特征序列中识别出相应的文字，最终将语音信号识别为对应语言的文字输出。

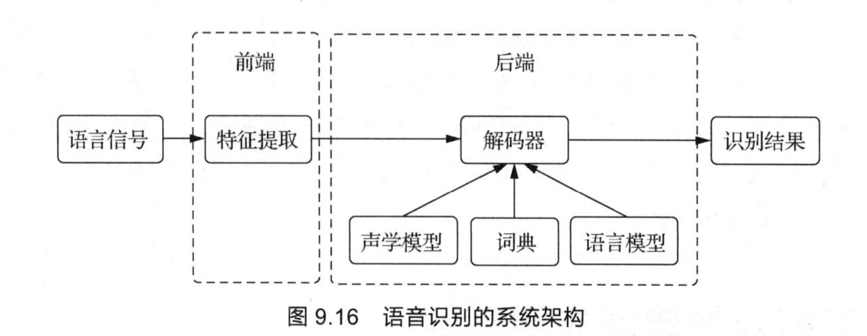

图 9.16　语音识别的系统架构

此外，语音识别技术还可应用到许多大家熟悉的场景中，如智能客服、智能音响、语音输入等。

9.3.2　智能无人车

你是否在一些城市见过无人驾驶车或已乘坐过无人驾驶车在道路上安全行驶？随着人工智能的发展，无人驾驶车已是未来汽车发展的新趋势。无人驾驶车，即智能无人车，其涉及人工智能、机器人技术和车辆工程等学科知识，是当下前沿科技的重要发展方向之一。智能无人车的研制及其所衍生的道路检测、障碍物检测、危险预警、车联网等技术产品，对道路交通安全具有非常重要的现实意义。

智能无人车自动驾驶系统主要含有以下几部分（见图 9.17）：环境感知系统、中央决策系统、控制系统，这些系统的发展都离不开以人工智能为基础的算法和数据的支持。

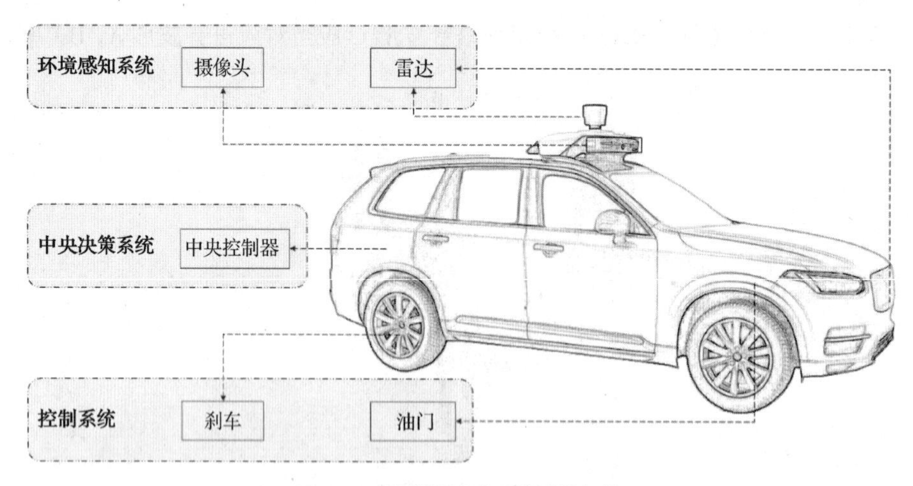

图 9.17　智能无人车硬件系统架构

（1）人工智能在环境感知中的应用：环境感知类似人类驾驶员的“眼睛”和“耳朵”，在智能无人车与外界环境信息交互过程中起着至关重要的作用，是实现自动驾驶的前提条件。环境感知技术是利用摄像机、激光雷达等车载传感器获得智能无人车所处的交通环境信息及车辆状态信息等。而人工智能的深度学习技术可实现高精度的视觉感知，可使智能无人车获得近似于人的感知能力。

（2）人工智能在决策与规划中的应用：决策与规划类似于人类驾驶员的“大脑”。人工智能中的深度卷积神经网络与深度强化学习，可通过大量学习实现对复杂状况的决策。

（3）人工智能在车辆控制中的应用：与传统的车辆控制方法相比，智能控制方法主要体现在对控制对象模型的运用和综合信息的学习和运用上，包括神经网络控制和深度学习方法等，这些算法已在车辆控制中得到广泛应用。

9.3.3　机器翻译

机器翻译是自然语言处理的一个重要分支，是指利用程序进行不同语言之间的自动转换，为人们日常工作生活中的各种跨语言需求提供了便利。比如我们在出国旅游时，由于对别国语言不熟悉，我们一般会在手机中安装翻译软件，以便帮助我们进行语言翻译（见图 9.18）。

图 9.18　机器翻译

如何实现机器翻译呢？机器翻译技术会自动对语言进行组织，简化翻译流程，其过程为：①将输入文本转换成数值化表示；②对文本整体信息进行分析整理；③计算出对应的翻译结果，如图 9.19 所示。

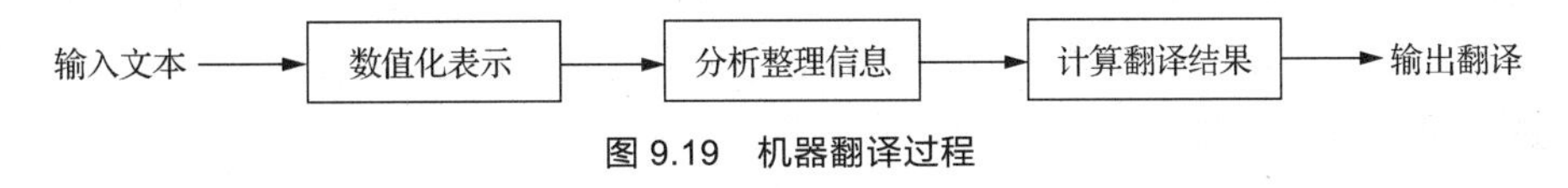

图 9.19　机器翻译过程

9.3.4　图像风格迁移

我们日常使用的各种拍照应用多数都有“滤镜”功能，通过它可便捷地将所拍摄的照片转变为动漫等各种风格的图片，这就是所谓的图像风格迁移。图像风格迁移的目标是将某一张图像 A，或者某一类图像的“风格”迁移到图像 B 上，同时保留图像 B 的内容（见图 9.20）。图像风格迁移包括迁移某一张图像的风格，或迁移某一类图像的风格。

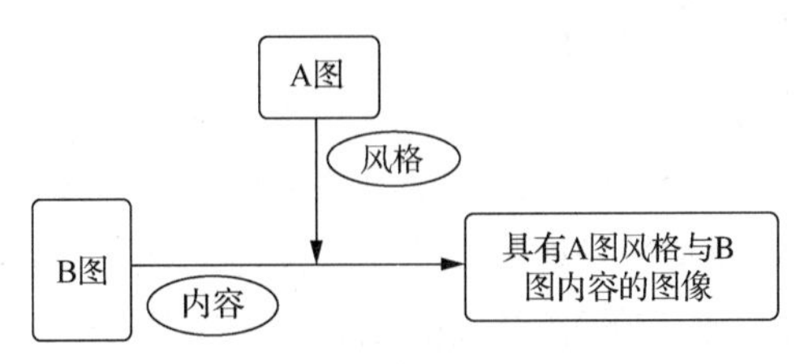

图 9.20　图像风格迁移示意图

图像风格迁移是找到能反映两个数据集合之间映射关系的模型，人工智能可利用深层神经网络解决图像问题上的有效性来建模一个映射关系。如图 9.21 所示，该模型的输入是一张图片 B，输出则是一张保留了图片 B 内容和图片 A 风格的图片 C，这样就实现了图像风格迁移的功能。

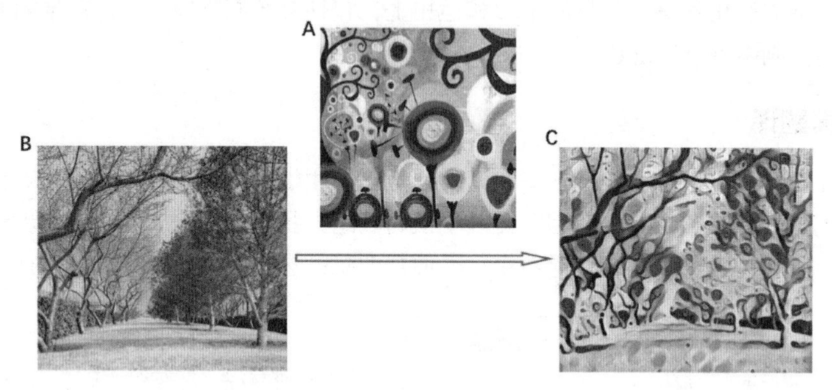

图 9.21　图像风格迁移

9.3.5　人脸识别

过去我们购物付款时，收银员会问“刷卡还是现金？”，而后这句则变成了“微信还是支付宝？”，时至今日，提起刷脸支付，相信大家也都不陌生，刷脸支付已经来到我们身边了。刷脸支付的实现离不开人工智能中人脸识别这一技术的日渐成熟。

人脸识别技术是基于人的脸部特征，对输入的人脸图像进行身份确认的一种生物识别技术，它是计算机视觉技术中应用较为成熟的一种技术，被广泛地应用在安防、支付等领域，如人脸解锁、刷脸过门禁、刷脸支付等。其识别过程为：首先对图像进行处理，包括人脸检测、关键点对齐、人脸编码等，得到人脸的编码；然后，对于有身份信息的不需要识别的人脸编码，将其存储到数据库中以备身份识别使用；对于没有身份信息的需要识别的人脸编码，利用数据库进行身份识别得到对应的身份信息。

1. 人脸检测

人脸识别的第一步需要在采集的照片中找到人脸并确定出人脸的位置。手机拍照在人们日常生活中的使用率越来越高，我们发现在拍照过程中相机可以比较精准地对焦在所有人脸上，这就是相机的人脸检测功能。那么这一功能是如何实现的呢？一般情况照片多为彩色，但从中检测人脸时并不需要颜色信息，因此需先将彩色图片变为黑白图片，然后通过方向梯度直方图（HOG）的方法从黑白图片上提取特征进而得到 HOG 图，最终便可在 HOG 图中寻找人脸。从图 9.22 中我们可以看到人脸图片及其对应的 HOG 图，在 HOG 图中我们可以比较清晰地看到人脸五官等信息。通过这一过程，就可以实现人脸检测。

2. 面部关键点检测与对齐

若数据库中一人只有一张人脸照片，那么计算机如何把同一人在不同角度所拍摄照片判断为同一人呢？面部特征点估计的算法很好地解决了这一问题，其基本思路是找出人脸中普遍存在的 68 个特征点，如眉毛的内部轮廓、眼睛的外部轮廓、下巴的顶部等，如图 9.23 所示。通过在大量人脸数据上的训练，这一算法已可在任意的人脸中找出这 68 个特征点。而后可根据这些特征点对不同角度拍到的人脸图片进行平移、缩放、旋转等相应操作，进而解决同一个人不同角度的人脸识别问题。

图 9.22　人脸图片和对应的 HOG 图

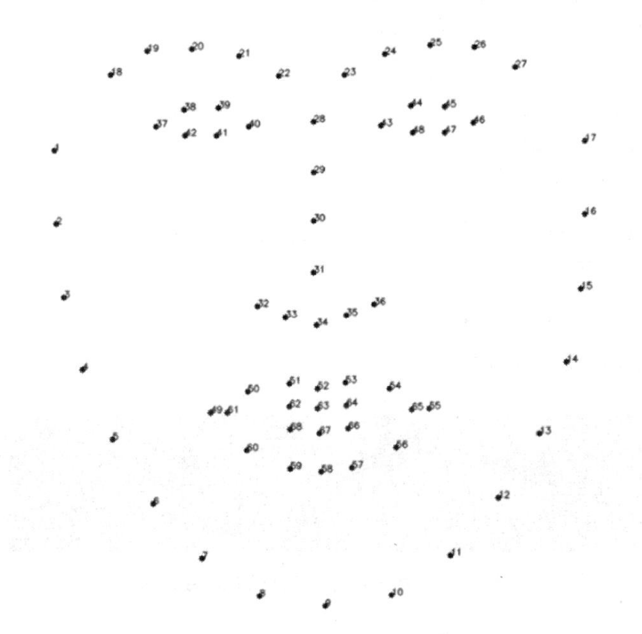

图 9.23　人面部 68 个特征点

3. 人脸编码

对于计算机来说，所有的信息都必须使用数字来表示，这样信息才能够被计算机读取、存储与计算。信息转化成用数字表示的过程称为编码。人脸编码通常使用一种固定的方法从一张人脸上提取一些基本特征来表示这张人脸，如眼睛间距、鼻子长度、耳朵大小等。而后，以相同方法检测被测人脸，最终通过比对找到数据库中与被测人脸最相似的那张已知的脸。在计算机视觉领域中，人们通常使用人工智能中的卷积神经网络来对图片进行特征提取，卷积神经网络可提取到更加精细的人脸特征，进而提高人脸识别的准确率。

4. 身份识别

经过人脸编码后，如果有对应身份信息的人脸编码，则将其存储到数据库中以备使用；如果没有对应身份信息的人脸编码，则应通过编码从数据库中找出最相似的人脸。

目前，人脸识别技术相关的工具包数量众多，其中 Face Recognition 是一个简洁的人脸识别库，可使用 Python 和命令行工具提取、识别、操作人脸；OpenCV 是一个基于 BSD 许可（开源）发行的跨平台计算机视觉和机器学习软件库。下面我们用它演示对人脸的标识和面部特征点的绘制。

【例 9-2】 检测出给定图像中的人脸数并在图像中将人脸标识出。

示例程序：

```
import face_recognition
import cv2
image = face_recognition.load_image_file("Test1.jpg")
face_locations_CNN = face_recognition.face_locations(image, model='cnn')
face_number = len(face_locations_CNN)
print("从图片中找到 {} 张人脸.".format(face_number))
img = cv2.imread("Test1.jpg")
for i in range(0, face_number):
     top = face_locations_CNN[i][0]
     right = face_locations_CNN[i][1]
     bottom = face_locations_CNN[i][2]
     left = face_locations_CNN[i][3]
     start = (left, top)
     end = (right, bottom)
     color = (255, 0, 255)
     thickness = 2
     cv2.rectangle(img, start, end, color, thickness)
cv2.imshow("CNN", img)
cv2.waitKey(0)
cv2.destroyAllWindows()
```

程序运行结果如图 9.24、图 9.25 所示。

图 9.24　例 9-2 找到的人脸数目结果图

图 9.25　例 9-2 人脸标识结果

【例 9-3】 绘制出给定图像中人脸的面部特征点。

示例程序：

```
import face_recognition
import cv2
```

```
image = face_recognition.load_image_file("Test2.jpg")
face_landmarks_list = face_recognition.face_landmarks(image)
for face_landmarks in face_landmarks_list:
      for facial_feature in face_landmarks.keys():
            for pt_pos in face_landmarks[facial_feature]:
                  cv2.circle(image, pt_pos, 3, (0, 0, 255), 1)
image_rgb = cv2.cvtColor(image, cv2.COLOR_BGR2RGB)
cv2.imshow("markimage", image_rgb)
cv2.waitKey(0)
cv2.destroyAllWindows()
```

程序运行结果如图 9.26 所示。

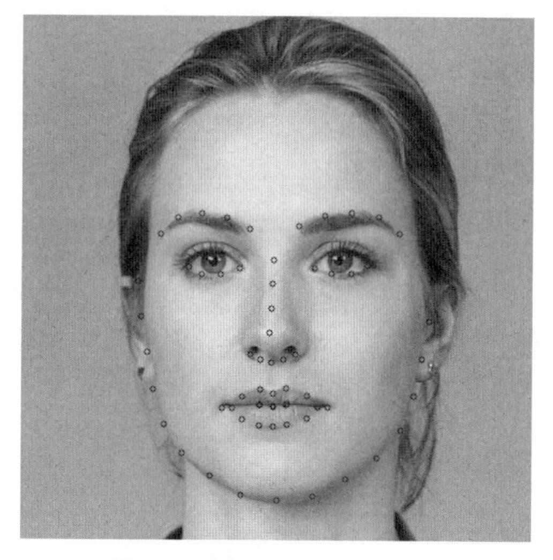

图 9.26　例 9-3 人脸面部特征点

微课：植物识别技术体验

本章小结

本章介绍了人工智能的概念、判定、主流研究学派及相关研究领域，同时对其在日常生活中的应用做了简单概述。

人工智能是计算机科学中涉及研究、设计和应用智能机器的一个分支，是在计算机科学、自动化、生物学等多学科基础上研究发展起来的交叉学科。在人工智能的研究过程中形成了多种学派，不同学派的研究方法和研究内容各不相同。此外，人工智能又有许多研究领域，各研究领域的研究重点也各有差异。

目前，人工智能的研究是与具体领域相结合进行的，其主要研究领域包含知识表示、搜索技术、机器学习、专家系统、自然语言处理、语音处理、智能机器人和群智能等众多领域。现阶段人工智能的研究已从学术牵引阶段快速过渡为需求牵引阶段。

人脸识别技术由人脸检测、面部关键点检测与对齐、人脸编码和身份识别等 4 部分组成，是基于人的脸部特征，对输入的人脸图像进行身份确认的一种生物识别技术。

习题 9

9.1 什么是人工智能？

9.2 人工智能的发展经历了哪几个阶段？

9.3 人工智能研究有哪几个主要学派？其特点是什么？

9.4 人工智能的主要研究领域有哪些？

9.5 什么是知识表示？知识表示的方法有哪些？

9.6 对比深度优先搜索方法和宽度优先搜索方法，为何说它们都是盲目搜索方法？

9.7 什么是机器学习？按学习模式可将机器学习分为哪几类？

9.8 什么是专家系统？专家系统的基本结构是什么？

9.9 什么是人工神经网络？什么是深度学习？

9.10 什么是人脸识别？人脸识别的过程是什么？

10

第10章　物联网

早在 1995 年，比尔·盖茨在他的《未来之路》一书中写到对未来的描述时，有这样一段话："你不会忘记带走遗留在办公室或教室里的网络连接用品，它将不仅仅是你随身携带的一个小物件，或是购买的一个用具，而且是你进入一个新的媒介生活方式的通行证。"今天，物联网已经不仅仅停留在物联网概念的层面上，它正在走入万物互联（Internet of Everything，IoE）的智能时代。在物联网时代，每一件物体均可寻址，每一件物体均可通信，每一件物体均可控制。一个物物互联的世界如图 10.1 所示。国际电信联盟（International Telecommunication Union，ITU）2005 年的一份报告曾描绘物联网时代的图景：当司机出现操作失误时汽车会自动报警，公文包会"提醒"主人忘带了什么东西，衣服会"告诉"洗衣机对颜色和水温的要求等。毫无疑问，物联网时代的来临将会使人们的日常生活发生翻天覆地的变化。

图 10.1　物物互联：沟通物理世界与信息世界

10.1　物联网概述

10.1.1　身边的物联网

物联网可应用于农业生产、管理和农产品加工，打造信息化农业产业链，从而实现农业的现代化。物联网的工业应用可以持续提升工业控制能力与管理水平，实现柔性制造、绿色制造、智能制造和精益生产，推动工业转型升级。物联网应用于零售、物流、金融等服务业，将大大促进服务产品、服务模式和产业形态的创新和现代化，成为服务业发展创新和现代化升级的强大动力。物联网在电网、交通、公共安全、气象、遥感勘测和环境保护等国家基础设施领域中的应用，将有力地推动基础设施的智能化升级，实现能源资源环境的科学利用和科学管理。物联网应用于教育、医疗卫生、生活家居、旅游等社会生活领域，可扩展服务范围、创新服务形式、提升服务水平，有力推进基本公共服务的均等化，不断提高人民生活质量和水平。物联网的这几方面应用实际上是实现智慧城市的主要技术手段。物联网应用于国防和战争中的监视、侦察、定位、通信、计算、指挥等方面，将有效提升信息化条件下的国防与军事斗争能力，适应全球性的新军事变革。

1. 智能家居

智能家居就是物联网在家庭中的基础应用，随着宽带业务的普及，智能家居产品涉及方方面面。例如，当你早晨睡醒，床头的电子提示器会告诉你昨天的睡眠质量和各项身体指标，并将这些信息发送给你的私人医生。在你穿衣服的时候，洗漱间的水已经调节到你设定的温度。智能牙刷会对你刷牙的位置和时间做出提醒，并告诉你口腔健康状况。当你出门工作时，你选择了离开模式，家门会自动运行“主人离家模式”，带有智能传感器的手表一路跟踪显示你一天的运动量和脉搏等信息。你出门在外时，智能摄像头、窗户传感器、智能门铃、烟雾探测器、智能报警器会告诉你家中的每一个地方的实时情况，让你在外安心。当你回家时，依靠指纹识别系统开门，启动回家模式等，这些看似烦琐的种种家居生活因为物联网变得更加轻松、美好。

2. 智能交通

物联网技术在道路交通方面的应用也比较成熟。例如驾驶人在确认好目的地后，汽车会提供行驶的参考路线，行车过程中不断与道路通话，感知拥堵并不断变化最佳行车路线，汽车同时与其他车辆进行对话，感知车距以免发生事故。注意不得超速，否则移动卡口系统会捕获驾驶人和车辆信息。行驶在高速公路上时，不必再像以前那样停车收取费用，ETC 会告诉驾驶人费用是多少。公交车上的定位系统能让大家及时了解公交车行驶路线及到站时间，大家可以以此来确定搭乘路线。当驾驶人想要停车的时候，汽车会告诉他停车位的信息，提高了车位利用率，也为驾驶人提供便利（见图 10.2）。

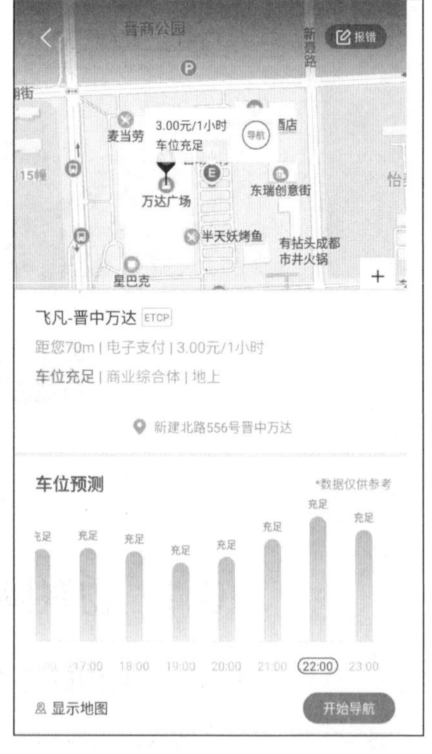

图 10.2　ETCP 停车 App 显示车位信息

3. 智能建筑

应用物联网技术，智能建筑可以知道这座建筑有多少个人并进行实时管理。人员通过人脸识别系统进入该建筑，同时建筑会非常智能地把该员工所在的办公室的空调打开，照明灯打开，根据办公室的人员数量相应地调节室温、湿度等，在给人员提供舒适的环境的同时进行节能控制。智能建筑会实时进行结构健康监测，当遇到风险时，建筑会发出警示并采取相应的措施。当人员离开这个建筑物时，办公室的空调和灯又会自动关闭。智能建筑的真正魅力在于“智能互联”，所实现的并非一个房间电器设备的智能管理，而是在整个建筑或者多个建筑中，对所有房间中的电器设备的协调统一和智能管理。

10.1.2 物联网的概念

物联网（Internet of Things，IoT）即“万物相连的互联网”，是在互联网基础上延伸和扩展的网络，是将各种信息传感设备与网络结合起来而形成的一个巨大网络，可以实现在任何时间、任何地点，人、机、物的互联互通。

物联网是新一代信息技术的重要组成部分，IT 行业又称其为“泛互联”，意指物物相连，万物万连。“物联网就是物物相连的互联网”有两层意思：第一，物联网的核心和基础仍然是互联网，是在互联网基础上的延伸和扩展的网络；第二，其用户端延伸和扩展到了任何物品与物品之间，进行信息交换和通信。因此，物联网的定义是通过射频识别、红外感应器、全球定位系统、激光扫描器等信息传感设备，按约定的协议，把任何物品与互联网相连接，进行信息交换和通信，以实现对物品的智能化识别、定位、跟踪、监控和管理的一种网络。

物联网被称为继计算机、互联网之后，世界信息产业发展的第三次浪潮。IBM 前首席执行官郭士纳曾经提出一个重要观点，认为世界计算模式每隔 15 年发生一次变革，1980 年前后发生的变革以个人计算机为标志，1995 年前后发生的变革以互联网为标志，这次则是物联网变革。

物联网概念的问世，打破了此前的传统思维。过去的思维一直是将物理基础设施和 IT 基础设施分开，一方面是机场、公路和建筑物等物理基础设施，另一方面是数据中心、个人计算机和宽带等 IT 基础设施。而在物联网时代，混凝土、电缆将与芯片、宽带整合为统一的基础设施，在把感应器嵌入到电网、铁路、桥梁和大坝等真实的物体上之后，人类梦寐以求的“赋予物体智能”这一梦想，在物联网时代将成为现实。物联网能够实现物品的自动识别，能够让物品“开口说话”，实现人与物的信息网络的无缝整合，进而通过开放性的计算机网络实现信息的交换与共享，从而达到对物体的透明管理。物联网描绘的是智能化的世界，在物联网的世界里万物都将互联，信息技术已经上升到让整个物理世界更加智能的智慧地球新阶段。

10.1.3 物联网的起源和发展

物联网理念最早可追溯到比尔 • 盖茨 1995 年《未来之路》一书。在《未来之路》中，比尔 • 盖茨已经提及物物互联，只是当时受限于无线网络、硬件及传感设备的发展，并未引起重视。1998 年，美国麻省理工学院（MIT）创造性地提出了当时被称作 EPC 系统的物联网构想。1999 年，建立在物品编码、RFID 技术和互联网的基础上，美国 Auto-ID 中心再次提出物联网概念。

物联网的基本思想出现于 20 世纪 90 年代，但近年来才真正引起人们的关注。2005 年 11 月 17 日，在信息社会世界峰会（WSIS）上，国际电信联盟发布了《ITU 互联网报告 2005：物联网》。报告指出，无所不在的“物联网”通信时代即将来临，世界上所有的物体从轮胎到牙刷，从房屋到纸巾都可以通过互联网主动进行信息交换。射频识别技术（RFID）、传感器技术、纳米技术、智能嵌入技术将得到更加广泛的应用。欧洲智能系统集成技术平台（EPoSS）于 2008 年在《物联网 2020》（*Internet of Things in* 2020）报告中分析预测了未来物联网的发展阶段。

2009 年，美国国际商业机器公司（即 IBM），提出“智慧的地球”概念，其认为，信息产业下一阶段的任务是把新一代信息技术充分运用在各行各业之中，具体就是把传感器嵌入和装备到电网、铁路、桥梁、隧道、公路、建筑、供水系统、大坝、油气管道等各种物体中，并且被普遍连接，形成物联网。

同一时期，欧盟执委会发表题为 *Internet of Things-An action plan for Europe* 的物联网行动方案，其目的是希望欧洲通过构建新型物联网管理框架来引领世界“物联网”发展。韩国通信委员会出台了《物联网基础设施构建基本规划》，该规划目标是要在已有的 RFID/USN 应用和实验网条件下构建世界最先进的物联网基础设施，发展物联网服务，研发物联网技术，营造物联网推广环境等。日本政府 IT 战略本部制定了日本新一代的信息化战略《i-Japan 战略 2015》，该战略旨在到 2015 年让数字信息技术如同空气和水一般融入每一个角落，聚焦电子政务、医疗保健和教育人才三大核心领域，激活产业和地域的活性并培育新产业，以及整顿数字化基础设施。

我国政府也高度重视物联网的研究和发展。2009 年，我国提出“感知中国”的战略构想，表示中国要抓住机遇，大力发展物联网技术。2010 年，中国开启物联网元年。2012 年，工业和信息化部、科技部、住房和城乡建设部再次加大了支持物联网和智慧城市方面的力度。此外，我国政府高层一系列的重要讲话、报告和相关政策措施表明：大力发展物联网产业将成为今后一项具有国家战略意义的重要决策。

我们还可以将目光放得更远一些，立足于物联网出现之前的几十年来探讨物联网的起源。自计算机问世以来，计算技术的发展大约经历了三个阶段。第一阶段人们解决的主要问题是“让人和计算机对话”，即操作计算机的人输入指令，计算机按照操作人的意图执行指令完成任务。计算机大规模普及后，人们又开始考虑“让计算机和计算机对话”，即让处在不同地点的计算机可以协同工作，计算机网络应运而生，成为计算技术发展第二阶段的重要标志。互联网的飞速发展实现了世界范围内的人之间、计算机之间的互联互通，构建了一个以人和计算机为基础的虚拟的数字世界。如果我们将联网终端从任何计算机扩展到“物”——物体、环境等，那么整个物理世界都可以在数字世界中得到反映。从这个角度看，物联网是将物理世界数字化并形成数字世界的一个途径，在第三阶段中，人们开始努力通过网络化的计算能力与物理世界对话。

10.1.4 物联网的特征

物联网的基本特征，从通信对象和过程来看，物与物、人与物之间的信息交互是物联网的核心。物联网的基本特征可概括为整体感知、可靠传输和智能处理。

（1）整体感知指可以利用射频识别、二维码、智能传感器等感知设备感知获取物体的各类信息。

（2）可靠传输指通过对互联网、无线网络的融合，将物体的信息实时、准确地传送，以便信息交流、分享。

（3）智能处理指使用各种智能技术，对感知和传送到的数据、信息进行分析处理，实现监测与控制的智能化。

根据物联网的以上特征，结合信息科学的观点，围绕信息的流动过程，可将物联网处理信息的功能归纳如下。

（1）获取信息的功能。主要是信息的感知、识别，信息的感知指对事物属性状态及其变化方式的知觉和敏感；信息的识别指能把所感受到的事物状态用一定方式表示出来。

（2）传送信息的功能。主要是信息发送、传输、接收等环节，把获取的事物状态信息及其变化的方式从时间（或空间）上的一点传送到另一点，就是常说的通信过程。

（3）处理信息的功能。主要是指信息的加工过程，利用已有的信息或感知的信息产生新的信息，实际是制定决策的过程。

（4）施效信息的功能。主要是指信息最终发挥效用的过程，有很多的表现形式，比较重要的是通过调节对象事物的状态及其变换方式，始终使对象处于预先设计的状态。

10.2　物联网的体系结构

物联网是在互联网和移动通信网等网络通信基础上，针对不同领域的需求，利用具有感知、通讯和计算功能的智能物体自动获取现实世界的信息，将这些对象互联，实现全面感知、可靠传输、智能处理，构建人与物、物与物互联的智能信息服务系统。

物联网体系结构主要由三个层次组成：感知层、网络层和应用层。图 10.3 展示了物联网三层模型以及相关技术。

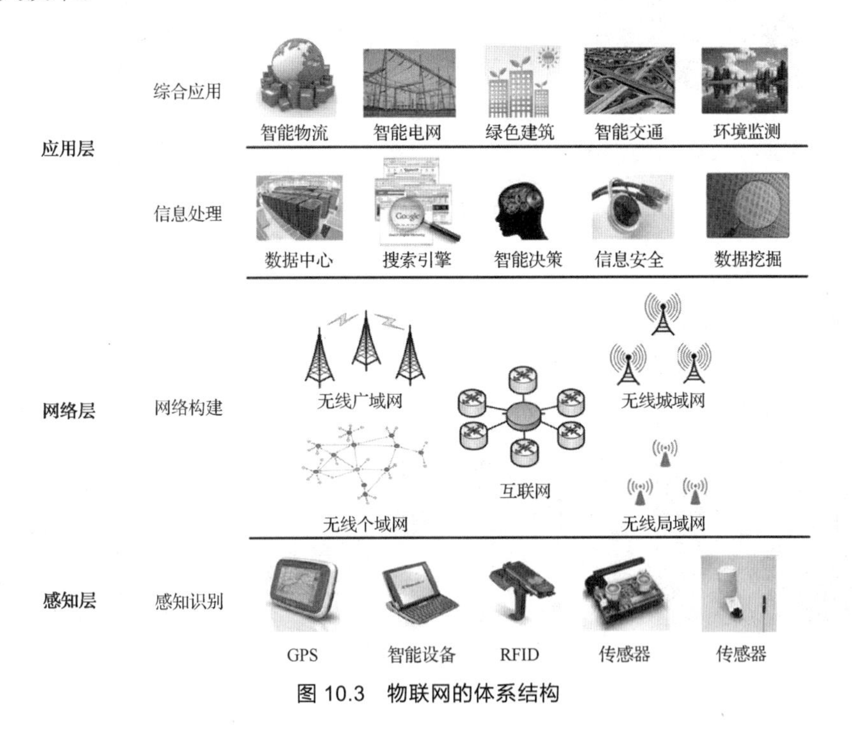

图 10.3　物联网的体系结构

10.2.1　物联网的技术体系

物联网形式多样、技术复杂、牵涉面广。物联网涉及感知、控制、网络通信、微电子、软件、嵌入式系统、微机电等技术领域，因此物联网涵盖的关键技术也非常多。为了系统分析物联网技术体系，根据信息生成、传输、处理和应用的原则，可以将物联网的技术体系划分为三层：感知层技术、网络层技术、应用层技术。

1. 感知层

感知识别是物联网的核心技术，是联系物理世界和信息世界的纽带。感知层既包括射频识别

（Radio Frequency Identification，RFID）、无线传感器等信息自动生成设备，也包括各种智能电子产品用来人工生成信息。RFID 是能够让物品"开口说话"的技术：RFID 标签中存储着规范且具有互用性的信息，通过无线通信网络把它们自动采集到中央信息系统，实现物品的识别和管理。另外，作为一种新兴技术，无线传感器网络主要通过各种类型的传感器对物质性质、环境状态、行为模式等信息开展大规模、长期、实时的获取。近些年来，各类可联网电子产品层出不穷，智能手机、个人数字助理、多媒体播放器、上网本、笔记本电脑等迅速普及，人们可以随时随地连入互联网，分享信息。信息生成方式多样化是物联网区别于其他网络的重要特征。

（1）传感器技术

在物联网的感知层中，传感器技术是信息的获取与数据的采集的主要方式之一。传感器是一种能把物理量、化学量或生物量转变成便于利用的电信号等的器件，可以感知周围的温度、速度、电磁辐射或气体成分等，主要用来采集传感器周围的各种信息，如图 10.4 所示。

图 10.4　各种传感器

（2）射频识别技术

无线射频识别即射频识别技术，是自动识别技术的一种，通过无线射频方式进行非接触双向数据通信，利用无线射频方式对记录媒体（电子标签或射频卡）进行读写，从而达到识别目标和数据交换的目的，其被认为是 21 世纪最具发展潜力的信息技术之一，如图 10.5 所示。

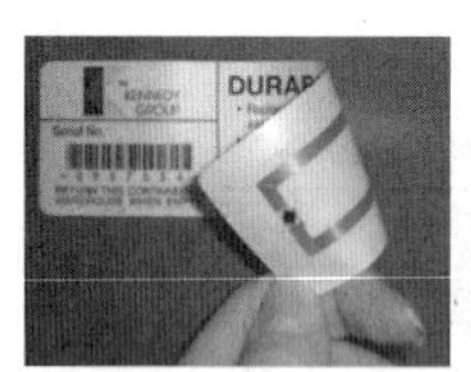

图 10.5　RFID

RFID 技术的基本工作原理并不复杂：标签进入阅读器后，接收阅读器发出的射频信号，凭借感应电流所获得的能量发送出存储在芯片中的产品信息（Passive Tag，无源标签或被动标签），或者由标签主动发送某一频率的信号（Active Tag，有源标签或主动标签），阅读器读取信息并解码后，送至中央信息系统进行相关数据处理。

（3）微机电系统（MEMS）

微机电系统（Micro-Electro-Mechanical System，MEMS），也叫作微电子机械系统、微系统、微机械等，指尺寸在几毫米乃至更小的高科技装置，如图 10.6 所示。

图 10.6　MEMS 传感器

微机电系统是集微传感器、微执行器、微机械结构、微电源、微能源、信号处理和控制电路、高性能电子集成器件、接口、通信等于一体的微型器件或系统。MEMS 是一项革命性的新技术，广泛应用于高新技术产业，是一项关系到国家的科技发展、经济繁荣和国防安全的关键技术。

常见的产品包括 MEMS 加速度计、MEMS 麦克风、微马达、微泵、微振子、MEMS 光学传感器、MEMS 压力传感器、MEMS 陀螺仪、MEMS 湿度传感器、MEMS 气体传感器等以及它们的集成产品。

（4）GPS 技术

GPS 技术一般指卫星导航系统（卫星通信设备），是一个高精度、全天候和全球性的无线电导航、定位和定时的多功能系统。GPS 技术已经发展成为多领域、多模式、多用途、多机型的国际性高新技术产业，如图 10.7 所示。GPS 系统由空间部分、地面测控部分和用户设备三部分组成。

图 10.7　GPS

（5）无线传感器网络（WSN）技术

无线传感器网络（Wireless Sensor Networks, WSN）是一种分布式传感网络，它的末梢是可以感知和检查外部世界的传感器。WSN 中的传感器通过无线方式通信，因此网络设置灵活，设备位置可以随时更改，还可以跟互联网进行有线或无线方式的连接，通过无线通信方式形成一个多跳自组织网络，如图 10.8 所示。

图 10.8　无线传感器网络

无线传感器网络具有众多类型的传感器，可探测包括地震、电磁、温度、湿度、噪声、光强度、压力、土壤成分、移动物体的大小、速度和方向等周边环境中多种多样的现象。潜在的应用领域可以归纳为军事、航空、防爆、救灾、环境、医疗、保健、家居、工业、商业等。

（6）二维码技术

二维码是利用在平面的二维方向上按一定规律分布的黑白相间的几何图形来记录数据、信息的条码，也被称为“二维条码”“二维条形码”。它使用若干个与二进制相对应的几何形体来表示文字数值信息，通过图像输入设备或光电扫描设备自动识读以实现信息自动处理。

二维码是自动识别中的一项重要技术，也是物联网产业的关键、核心技术之一。二维码技术能建立物品与网络的关联，对物品进行二维码编译，实现对物品的数字化、信息化管理，搭建物联网基础信息中心平台。作为一种及时、准确、可靠、经济的数据输入手段，二维码已在工业、商业、国防、交通、金融、医疗卫生、办公自动化等许多领域得到了广泛应用。可以说，二维码是当今信息化发展的基础，是我们进入物联网时代的先锋。二维码示例如图 10.9 所示。

图 10.9　二维码示例

2. 网络层

网络层的功能是把下层（感知层）的设备接入互联网，供上层（应用层）使用。这一层次主要包括互联网、无线广域网（3G/4G/5G）、无线城域网（WiMax）、无线局域网（Wi-Fi）、无线个域网（Bluetooth、ZigBee）等各种网络，如图 10.10 所示。

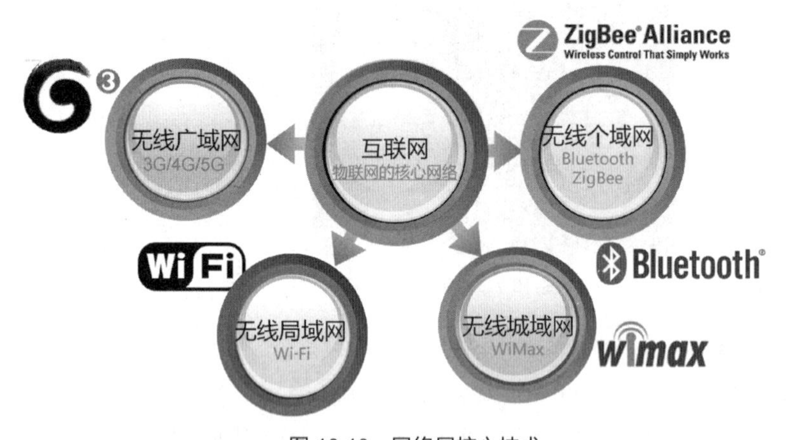

图 10.10　网络层核心技术

（1）Internet（因特网）

互联网以及下一代互联网是物联网的核心网络，为处在边缘的各种无线网络则提供随时随地的网络接入服务。Internet 是一组全球信息资源的总汇。普遍认为 Internet 是由许多小的网络（子网）互联而成的一个逻辑网，每个子网中连接着若干台计算机（主机）。Internet 以相互交流信息资源为目的，基于一些共同的协议，并通过许多路由器和公共互联网组成，它是一个信息资源和资源共享的集合，如图 10.11 所示。

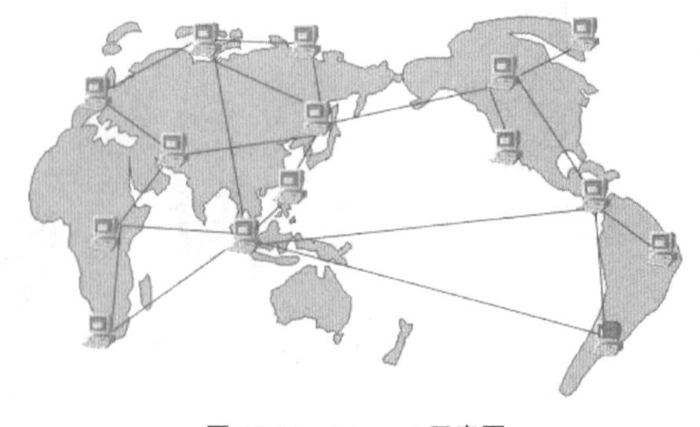

图 10.11　Internet 示意图

（2）无线广域网（3G/4G/5G）

无线广域网（Wireless Wide Area Network，WWAN）包括现有的移动通信网络及其演进技术（包括3G、4G、5G通信技术），提供广阔范围内连续的网络接入服务。以移动联通为代表的无线网络，其特点是传输距离小于15km，传输速率大概3Mbit/s，发展速度更快。WWAN是采用无线网络，把物理距离极为分散的局域网（LAN）连接起来的通信方式。WWAN的地理范围较大，常常是一个国家或是一个洲。其目的是为了让分布较远的各局域网相互连接在一起，它的结构分为末端系统（两端的用户集合）和通信系统（中间链路）两部分，如图10.12所示。

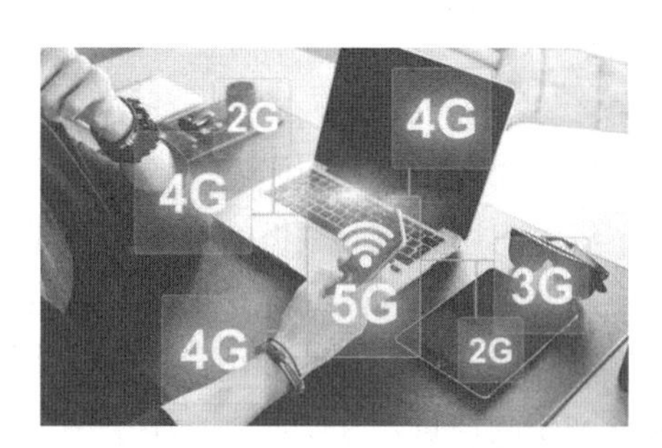

图10.12 无线广域网概述图

（3）无线城域网（WMAN）

无线城域网（Wireless Metropolitan Area Network，WMAN）是指在地域上覆盖城市及其郊区范围的分布结点之间传输信息的本地分配无线网络。能实现语音、数据、图像、多媒体、IP等多业务的接入服务。其覆盖范围的典型值为3～5km，点到点链路的覆盖可以高达几十千米，可以具有支持QoS的能力和一定范围移动性的共享接入能力。MMDS、LMDS和WiMAX等技术属于城域网范畴。

（4）无线局域网（Wi-Fi）

无线局域网指应用无线通信技术，将计算机设备互联起来，构成可以互相通信和资源共享的网络体系，包括现在广为流行的Wi-Fi。无线局域是利用射频（Radio Frequency，RF）技术，使用电磁波，取代旧式碍手碍脚的双绞铜线（Coaxial）所构成的局域网络，从而使网络的构建和终端的移动更加灵活。无线局域网络能利用简单的存取架构，让用户透过它达到“信息随身化、便利走天下”的理想境界。

（5）无线个域网

无线个域网络包括蓝牙、ZigBee、近场通信（NFC）等通信技术。这类网络的特点是低功耗、低传输速率（相比于上述无线宽带网络）、短距离（一般小于10m），一般用于个人电子产品互联、工业设备控制等领域。各种不同类型的无线网络适用于不同的环境，合力提供便捷的网络接入，是实现物物互联的重要基础设施。

① 蓝牙技术（Bluetooth）

蓝牙技术是固定和移动设备建立通信环境的一种特殊的近距离无线技术，是一种无线数据和语音通信开放的全球规范。它是一种小范围无线连接技术，能在设备间实现方便快捷、灵活安全、低成本、低功耗的数据和语音通信。它是实现无线个域网通信的主流技术之一。与其他网络相连接可以带来更广泛的应用，如图10.13所示。

图10.13 Bluetooth

② ZigBee 无线接入技术

ZigBee 是一项新型的无线通信技术，本质上是一种速率比较低的双向无线网络技术，拥有低复杂度、短距离、低成本、低功耗等优点。ZigBee 无线接入技术适用于传输距离短、数据传输速率低的一系列电子元器件设备之间。ZigBee 无线通信技术可用于数以千计的微小传感器互联，依托专门的无线电标准达成相互协调通信，因而该项技术常被称为 Home RF Lite 无线技术、FireFly 无线技术。ZigBee 无线通信技术还可应用于小范围的基于无线通信的控制及自动化等领域，可省去计算机设备和一系列数字设备间的有线电缆，更能够实现多种不同数字设备间的无线组网，使它们实现相互通信，或者接入 Internet。

3. 应用层

物联网应用层解决的是信息处理和人机交互的问题。感知和传输而来的数据在应用层进入各行各业、各种类型的信息处理系统，应用层完成数据的管理和处理，做出正确的控制和决策，并通过各种设备与人进行交互。应用层涵盖了国民经济和社会生活的每一个领域，包括高效农业、环境监测、食品安全、智能家居、智能交通和智能城市等。在应用层中，各种各样的物联网应用场景通过物联网中间件接入互联网。其中中间件是一种独立的系统软件，处于操作系统与应用程序之间，总的作用是为处于上层的应用软件提供运行和开发的环境，屏蔽底层操作系统的复杂性，使程序设计者面对简单而统一的开发环境，减轻应用软件开发者的负担。

（1）M2M

M2M（Machine to Machine）是指数据从一台终端传送到另一台终端，也就是机器与机器的对话。M2M 应用系统由智能化机器、M2M 硬件、通信网络、中间件等构成，如图 10.14 所示。

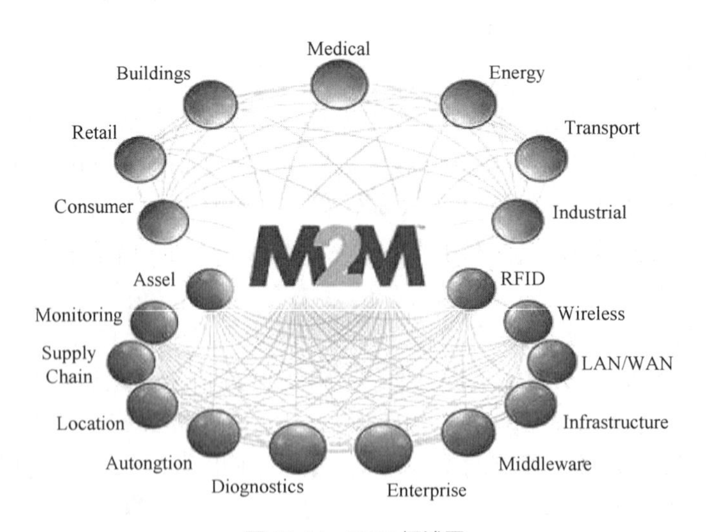

图 10.14 M2M 概述图

（2）云计算

云计算（Cloud Computing）是分布式计算的一种，指的是通过网络“云”将巨大的数据计算处理程序分解成无数个小程序，然后，多部服务器组成的系统对这些小程序进行处理和分析，得到结果并返回给用户，如图 10.15 所示。

图 10.15　云计算概述图

随着物联网技术的不断变革，产生了海量数据信息，因此需要较大规模的数据处理能力和存储能力。物联网与云计算都是根据互联网的发展而衍生出来的新时代产物，互联网是二者的连接纽带。物联网把实物上的信息数据化，目标是将实物进行智能化的管理。为了实现对海量数据的管理和分析，需要一个大规模的计算平台作为支撑。云计算具有规模大、标准化和较高的安全性等优势，能够满足物联网的发展需求。云计算通过利用其较大规模的计算集群和较高的传输能力，能有效地促进物联网基层传感数据的传输和计算。云计算的标准化技术接口能使物联网的应用更容易被建设和推广。云计算技术的高可靠性和高扩展性为物联网提供了更为可靠的服务。

（3）人工智能

物联网改变人们生活的深层次原因不仅是“互联”，更关键的是智能。具备高级智能的物联网应用会变得更智慧和更人性化，可以极大地拓宽应用领域。近年来，人工智能技术快速发展，使得物联网应用从传感器到数据处理平台发生了深刻变化，极大拓宽了物联网的应用范围和规模程度。

人工智能对物联网产生的推动作用：一是深度学习等技术使物联网应用显得更智能、更人性化，极大拓宽了物联网的应用范围、应用深度和智能程度（脑更智慧）；二是在工业生产上通过将机器人、深度学习等技术结合，实现产品生产过程精准化控制，减小产品缺陷，提高产品精度，有助于高精度、小型化、智能化的芯片和感应器件的研发生产（手更灵活），如图 10.16 所示。

图 10.16　人工智能

（4）数据挖掘

数据挖掘是指从数据库的大量数据中揭示出隐含的、先前未知的并有潜在价值的信息的过程，是一种决策支持过程。它主要基于人工智能、机器学习、模式识别、统计学、数据库、可视化技术等，从海量原始数据中获取业务潜在的知识、规律并反过来指导生产，推动生产方式的优化调整或业务的变革，在节能减排、农业生产、智慧医疗、自动驾驶等领域得到广泛应用。知识发现过程由以下三个阶段组成：①数据准备；②数据挖掘；③结果表达和解释。数据挖掘可以与用户或知识库交互，如图 10.17 所示。

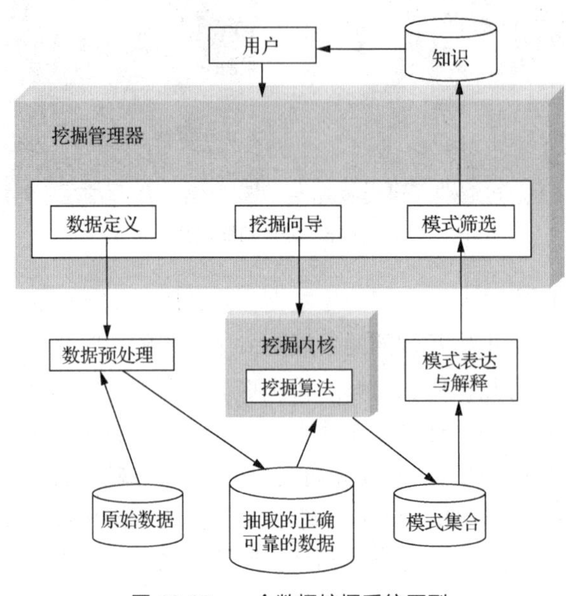

图 10.17　一个数据挖掘系统原型

物联网各层之间既相对独立又联系紧密。在综合应用层以下，同一层次上的不同技术互为补充，适用于不同环境，构成该层次技术的全套应对策略。而不同层次提供各种技术的配置和组合，根据应用需求，构成完整的解决方案。

10.2.2　物联网的工作流程

物联网生态系统由支持 Web 的智能设备组成，这些设备使用嵌入式处理器、传感器和通信硬件来收集、发送和处理从环境中获取的数据。物联网设备通过连接到物联网网关来共享它们收集的传感器数据，将数据发送到云以进行本地分析。有时，这些设备与其他相关设备通信，并根据彼此获得的信息进行操作。尽管人们可以与设备进行交互，但设备可以完成大部分工作而无须人工干预。简而言之，物联网的工作方式为：设备具有诸如传感器之类的硬件来收集数据，然后将由传感器收集的数据通过云共享并与软件集成，最后通过应用程序或网站分析数据并将数据传输给用户。物联网工作流程的步骤如图 10.18 所示。

图 10.18　物联网工作流程

一个完整的物联网解决方案通常包括4个基本要素：传感器/设备、网络连接、数据处理和用户界面。下面将分别进行简要解释。

1. **物联网工作流程的基本要素**

（1）传感器/感知层设备（见图10.19）。首先，传感器从环境中收集数据。这可以像温度读数一样简单，也可以像完整的视频提要一样复杂。多个传感器可以捆绑在一起，或者传感器可以是设备的一部分。例如，你的手机是一个有多个传感器（相机、加速度计、GPS等）的设备，但你的手机不仅仅是一个传感器。具体的输入可能是光、热、运动、水分、压力，或者许多其他环境现象中的任何一种；输出通常在传感器上直接转换为人类可读的信息，或通过网络以电子方式传输可以进行读取或进一步处理的信息。

图10.19　传感器

（2）网络连接（见图10.20）。来自传感器设备的数据被发送到云，但是它需要一种方法来到达那里。它可以通过多种方式连接到云端，包括：蜂窝、卫星、Wi-Fi、蓝牙、低功耗广域网（LPWAN），或者直接通过以太网连接到互联网。每个选项都在功耗、范围和带宽之间进行权衡。选择哪个连接选项取决于具体的物联网应用程序，但它们都完成相同的任务——将数据传输到云。

图10.20　网络连接

网络连接是物联网难题的一部分，它使“事物”能够相互交流和交换数据。网络连接可以通过有线或无线网络实现。然而，有线网络不适合大多数物联网应用，因为其覆盖范围仅限于网线可到达的区域。

（3）数据处理（见图10.21）。一旦数据到达云端，软件就会对其进行某种处理。这可以是非常简单的处理，例如检查温度读数是否在可接受的范围内；也可以是非常复杂的，例如使用计算机视觉在视频上识别对象（比如你家的入侵者）。

到目前为止，我们已经通过传感器收集数据，然后使用网络解决方案将数据发送到云服务平台，并将数据转换为有用的信息。接下来，是时候向最终用户展示结果了。

图 10.21　数据处理

（4）用户界面是用户与计算机进行交互的界面，包括按钮、图标、表单等。例如，计算机和智能手机屏幕上的显示界面就是常见的用户界面，用于用户与计算机或者手机进行交互（见图 10.22）。接下来，以某种方式将信息传达给最终用户。这可以通过向用户发出警告（电子邮件、短信、通知等）来实现。例如，当公司的冷库温度过高时，会发出文本警告。另外，用户可能有一个允许他们主动进入的界面。例如，用户可能希望通过手机应用程序或 Web 浏览器查看家中的视频提要。然而，这并不总是一条单行道。根据物联网应用程序的不同，用户还可以执行某个操作并影响解决方案。例如，用户可以通过手机上的应用程序远程调节冷库中的温度。解决方案可以通过预定义的规则自动完成，而不是等待用户调整温度。而且，物联网解决方案也可以自动通知相关部门，而不仅仅是打电话通知用户。

图 10.22　用户界面

2. 物联网工作流程实例

本节基于 Super Cola Inc.公司的产品实例来具体分析物联网的工作流程。

产品在生产完成时，贴上存储有 EPC 标识的 RFID 标签，此后在产品的整个生命周期，该 EPC 代码称为产品的唯一标识，以此 EPC 编码为索引能实时在 EPC 网络上查询和更新产品相关信息，也能以它为线索，在各个流通环节对产品进行定位追踪。

在运输、销售、使用、回收等任何环节，当某个阅读器在读取范围内监测到标签的存在，就会将标签所含 EPC 数据传往与其相连的 Savant，Savant 首先以该 EPC 数据为键值，在本地 ONS 服务器获取包含该产品信息的 EPC 信息服务器的网络地址，然后 Savant 根据该地址查询 EPC 信息服务器，获得产品的特定信息，进行必要的处理后，触发后端企业应用做更深层次的计算。

（1）给产品加上射频识别标签

Super Cola Inc.给它生产的每一罐可乐加上一个射频识别（RFID）标签，标签很便宜，每个大约 5 美分，它含有一个独一无二的产品电子代码（EPC），存储在标签的微电脑里，这个微电脑只有 $0.16mm^2$，比一粒沙还小，标签带一个微型的射频天线。

（2）给包装箱加上识别标签

有了这些标签，公司可以用全自动、成本效益高的方式，对可乐罐进行识别、计数和跟踪，可乐罐装箱（箱子本身也有自己的 RFID 标签）后，装进带标签的货盘。

（3）解读器对标签进行识读

可乐货盘出厂时，装货站门楣上的 RFID 解读器发出的射频波射向智能标签，启动这些标签同时供其电源。标签“苏醒”过来，开始发射各自的 EPC，如同一位良好的幼儿园老师，解读器每次只让一个标签“发言”。它快速地轮流开关这些标签，直到阅读完所有标签为止。

（4）Savant 软件

解读器与运行 Savant 软件的电脑系统相连接，它将收集的 EPC 传给 Savant，随后 Savant 软件进入工作状态。系统通过 Internet 向对象名解析服务（ONS）数据库发出询问，而该数据库就像倒序式电话查号服务一样，根据收到的号码提供对应的名称。

（5）ONS 对象名解析服务

ONS 服务器将 EPC 号码（即 RFID 标签上存储的唯一数据）与存有大量关于该产品信息的服务器的地址相匹配，世界各地的 Savant 系统都可以读取并增加这个数据。

（6）PML 实体标识语言

这第二台服务器采用 PML（实体标记语言），存储有关该厂产品的完整数据。它辨认出收到的 EPC 属于 Super Cola Inc.生产的罐装可乐。由于该系统知道发出询问的解读器的所在位置，因此它现在也知道哪个工厂生产了这罐可乐。如果发生缺陷或不合格事件，有了这个信息就可以很容易地找到问题的来源，便于回收有问题的产品。

（7）高效的产品分销体系

可乐货盘抵达装运公司的集散中心。由于在卸货区有 RFID 解读器，因此不需要开包检查里面的货。Savant 提供货物说明，这样这批可乐就可以很快地上卡车进行运输。

（8）零成本存货盘点

送货车抵达 SpeedyMart，而 SpeedyMart 一直在通过自己 Savant 的连接跟踪这批货的运送。SpeedyMart 也有装货站解读器，可乐一送到，SpeedyMart 的零售系统马上自动更新，将送到的每一罐可乐记录下来。这样，SpeedyMart 可以自动确认它的可乐存货量，精确可靠，无成本出现。

（9）消除库存积压情形

除此之外，SpeedyMart 的零售货架装有集成式解读器。灌装可乐进货时，货架能“认识”新添的货物。此时，若一位顾客拿走 6 罐可乐时，该货架就会向 SpeedyMart 的自动补货系统发出一个讯息，该系统就向 Super Cola Inc.订购可乐，有了这样的系统，就不需要在外面的仓库高成本维持“安全存货量”。

（10）对顾客的便利

自动识别技术还能方便顾客，顾客不需要长时间排队等候付款，只需要推着所需物品出门就行了。装在门上的解读器可以通过货物的 EPC，辨认购物车里的货物，她只要刷一下付款卡或信用卡就可离去。

通过以上案例分析，我们可以大致了解物联网的工作流程。物联网生态系统由支持 Web 的智能设备组成，这些设备使用嵌入式处理器、传感器和通信硬件来收集，发送和处理从环境中获取的数据。物联网设备通过连接到物联网网关共享它们收集的传感器数据，将数据发送到云以进行本地分析。有时，这些设备与其他相关设备通信，并根据彼此获得的信息进行操作。尽管人们可以与设备进行交互，但设备可以完成大部分工作而无须人工干预。

10.3 物联网的典型应用

物联网是互联网未来的发展方向，具有很强的整合性，对整个国家的经济和信息化水平都有重要的提升作用。从国内外物联网的应用情况来看，物联网在智能交通、公共安全、物流管理、环境保护等多个领域发挥重要作用。在相关协议的支持下，借助各种信息传感设备和技术，物体之间互为连通且各自具有很强的主体性，实现自动识别、追踪、定位、监控以及信息共享，给人们的工作、生活和学习带来了很大的影响和改变。本节就物联网应用及其相关技术进行探讨和研究。

10.3.1 智能交通

交通是整个国家的战略基础之一，关系政治、经济、军事、环境等各个方面，也影响着每一个人的日常生活。由于汽车工业的迅速发展、城市化进程的加快、人口的高速增长等诸多原因，交通堵塞问题已经越来越严重（见图 10.23）。除了影响城市的运转效率和人们的正常生活外，频发的交通事故也严重危害到人们的生命安全，全球每年约有 120 万人死于道路交通事故。严峻的道路拥堵和交通安全现状都对智能交通系统的发展提出了迫切的需求，此外智能交通也提高了现代驾驶出行的舒适度。

1. 智能交通概述

智能交通系统（Intelligent Transportation Systems，ITS）通过在基础设施和交通工具当中广泛应用先进的感知技术、识别技术、定位技术、网络技术、计算技术、控制技术、智能技术对道路和交通进行全面感知，对交通工具进行全程控制，对每一条道路进行全时空控制，以提高交通运输系统的效率和安全，同时降低能源消耗和对地球环境的负面影响。智能交通系统是一种实时的、准确的、高效的交通运输综合管理和控制系统。

图 10.23 交通堵塞时的车辆

2. 智能交通中的物联网技术

（1）感知识别

使用智能交通技术的车辆通常部署了温度、湿度、氧气、速度、加速度、红外、胎压、质流等多种车载传感器。在路面和路旁设施中也嵌入了雷达、弱磁、重量、摄像头等各种传感器。单一的传感器无法满足智能交通系统的需求，因此需要多类别传感器互补融合。这些传感器被广泛用于车辆状态监测、道路与天气状况监测、交通情况监测、车辆巡航控制、倒车监控、自动泊车、停车位管理、车辆动态称重等。

（2）计算决策

智能交通需要大量的信息处理和计算决策，综合当前的车辆和道路情况为驾驶人员提供辅助信息甚至替代驾驶人员对车辆进行智能控制。因此，除了传统的数据分析处理，智能交通也对数据和逻辑处理提出了新的挑战：对传感器信号进行处理，如需要区分危险的和善意的障碍物，预测其他车辆未来的行为；对驾驶过程中存在的威胁进行评估；在模棱两可的威胁情况下做出决策。

（3）定位技术

在智能驾驶的车辆中配备嵌入式 GPS 接收器，能够接收多个不同卫星的信号并计算出车辆当前所在的位置，定位的误差一般是几米。同时，智能驾驶需要对车辆行驶的车道、前后车的间距等进行精确到厘米级的测量，因此还产生了各种基于道旁基础设施和车辆相对位置的定位方式，对车辆进行更加精准的定位。车辆定位是大部分智能交通服务（如车辆导航、按行驶实际情况收费等）的基础，强烈的需求极大地推动了定位技术的快速发展。

（4）视频检测识别

在智能交通中，使用视频摄像设备（见图 10.24）进行车辆监测，如交通流量计量和事故检测。当有车辆经过的时候，视频摄像设备将捕捉到的视频输入到视频监测识别系统中进行分析以找出视频图像特性的变化。最后，视频监测系统输出每条车道的车辆速度、车辆数量和车道占用情况。和其他感知技术相比，视频监测识别系统（如自动车牌号码识别）具有很大优势，它们并不需要在路面或者路基中部署任何设备，因此也被称为“非植入式”交通监控。

图 10.24　视频摄像设备

（5）探测车辆设备

在智能交通中部署的探测车辆通常是出租车或者政府的车辆。这些车辆配备了 DSRC 或其他无线通信技术，并向交通运营管理中心汇报它们的速度和位置，管理中心对这些数据进行整合分析得到大范围内的交通流量情况以检测交通堵塞的位置。例如，北京已经有超过 10000 辆出租车和商务车辆安装了 GPS 设备并发送它们的行驶速度信息到一个卫星。这些信息将最终传送到北京交通信息中心，在那里这些信息经过汇总处理后得到了北京各条道路上的平均车流速度状况。

3. 智能交通的应用

随着物联网技术的日益发展和完善，其在智能交通中的应用也越来越广泛深入，在世界各地都出现了很多成功应用物联网技术提高交通系统性能的实例，并且也有很多激动人心的智能交通应用正在研究和开发中。

（1）智能交通监测

智能交通中非常重要的一个方面就是对交通情况进行实时监测，为驾驶人员和交通管理系统提供及时、全面、准确的交通信息，如拥堵情况、交通事故等。常见的智能交通监测应用包括车流监控和电子警察系统。车流监控系统通过车载双向通信 GPS、铺设在道路上的传感器或者监控摄像头等设备，可以实时监控交通车流情况。电子警察系统主要通过车载和路旁监控设施来发现违章的行驶车辆，如利用摄像头、雷达、路面磁力感应装置等方式来发现超速车辆，并利用图像识别等技术来识别车牌。智能交通监测系统一方面帮助驾驶人员选择最优的路线，避免可能的危险；另一方面也让交通管理系统根据当前的情况智能地对交通进行协调和管理。

（2）电子收费系统

电子收费（Electronic Toll Collection，ETC）系统是指在网络环境下，采用电子标签作为通行券，收费过程完全由计算机及其外围设备与通行券自动交换信息，实现车辆的自动识别、费额的自动收取，并自动结账的收费系统。大部分的电子收费系统都是基于使用私有通信协议的车载无线通信设备，当车辆穿过车道上的龙门架时自动对其进行识别，如图 10.25 所示。目前不停车收费系统已经在全国各地广泛应用，极大地提高了公路收费站的通行能力，解决了因停车收费所造成的收费站交通堵塞、工时损失、能源消耗和环境污染等问题。

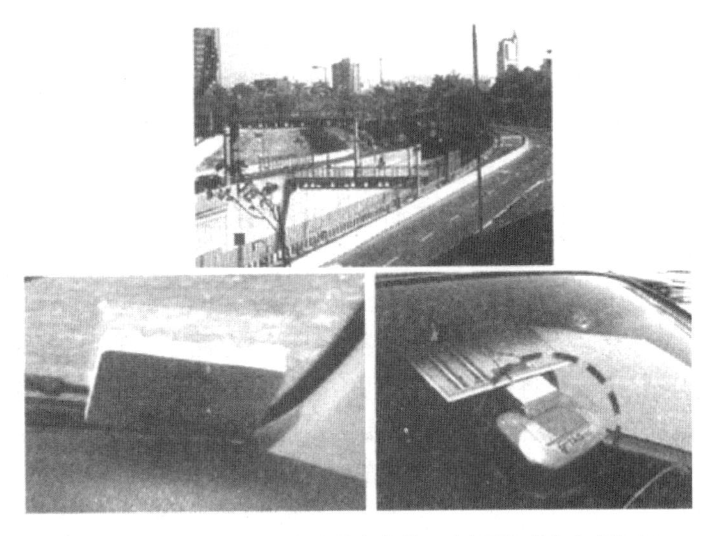

图 10.25 不停车收费系统中的车载单元（电子标签）和龙门架

10.3.2 智能物流

随着物联网的出现，物流行业也迎来了新的发展契机。物联网的概念，首先就是在物流行业中叫响的。为了克服传统物流的缺点，现代物流系统希望利用信息生成设备，如无线射频识别设备、传感器或全球定位系统等各种装置，与互联网结合起来形成一个巨大网络，并能够在这个物联化的物流网络中实现智能化的物流管理，如图 10.26 所示。

图 10.26 智能物流运输

1. 智能物流概述

智能物流就是利用条形码、射频识别技术、传感器、全球定位系统等先进的物联网技术，通过信息处理和网络通信技术平台广泛应用于物流业运输、仓储、配送、包装、装卸等基本活动环节，实现货物运输过程的自动化运作和高效率优化管理，提高物流行业的服务水平，降低成本，减少自然资源和社会资源消耗。

2. 智能物流的特点

智能物流的发展呈现智能化、协同化、高度柔性化、社会化的特点。

（1）智能化

智能化是智能物流系统较为基本，也是较为显著的特征。智能物流系统与自动化物流系统的较大区别也在于此，它不再局限于存储、搬运、分拣等单一作业环节的自动化，而是大量应用 RFID、机器人、AGV 以及 MES、WMS 等智能化设备与软件，实现整个物流流程的整体自动化与智能化。智能物流系统融入了大量人工智能技术、自动化技术、信息技术等相关技术，并将随着时代的发展不断被赋予新的内容。

（2）协同化（一体化）

智能物流系统的一体化功能是保证智能制造与智能物流活动高度融合的关键，智能物流系统以智能物流管理为核心，不仅是将企业物流过程中的装卸、存储、包装、运输等诸多环节集合成一体化系统，更要将生产工艺与智能物流高度衔接，使得整个智能工厂的物流与生产高度融合，才能发挥较大作用，保证制造生产的高效率与高品质。

（3）高度柔性化

随着人们生活水平的提高，客户需求高度个性化，产品创新周期持续缩短，生产节拍不断加快，这些是智能物流系统必须要迎接的挑战。因此，智能物流系统必须要保证生产制造企业的高度柔性化和扩展化生产，即真正地根据市场及消费者个性化需求的变化来灵活调节产品生产，并兼顾生产成本的降低。

（4）社会化

随着物流设施的国际化、物流技术的全球化和物流服务的全面化，物流活动并不仅仅局限于一个企业、一个地区或一个国家。为实现货物在国际间的流动和交换，以促进区域经济的发展和世界资源优化配置，一个社会化的智能物流体系正在逐渐形成。构建智能物流体系对于降低商品流通成本起到决定性的作用，并成为智能性社会发展的基础。

当然，智能物流带来的好处远不止这些。其他的一些特点，如细粒度、实时性、可靠性都已经体现在了智能物流的各种服务中。

3. 智能物流的各个环节

（1）物流运输

物流运输作为物流企业日常运作的核心流程，是进行成本控制和效率提升的重要环节。将物联网车载终端应用于物流企业运输车辆，不但可以有效提升信息的可视性与实时性，帮助物流管理人员及时掌握货物状态以及车辆状态，而且可以及时发现道路状况，以更加科学的方式规划运输线路，提高运输效率，降低运输成本及货物损耗。例如在运输过程中遇上堵车现象，可通过物联网系统实时获取路况信息，为物流管理人员重新规划运输路线提供有效参考，从而最大程度上保证了运输效率。

（2）仓储管理

仓储环节是影响物流企业运营效率的关键一环。通过厘米级物联网室内高精度定位技术，对各类设备和人员进行精准监控，使货物和人员安全以及仓储管理整体效率大幅提升。通过使用二维码、RFID 技术以及无线传感器等技术和设备，提升了验货速度，方便管理人员在不用开箱验货的情况下，同时查寻调度更多物资。在智能物流中，出仓、入仓和清仓速度大幅度提升，人工管理费用大幅下降，实现了仓储管理环节的精细化、标准化和透明化。

（3）配送

在配送环节中，物流企业员工直接与客户进行面对面接触，服务质量的好坏直接影响着客户体验。在传统的物流配送过程中，存在配送时速慢、货品安全率低以及配送信息反馈速度迟缓等问题，而智能物流利用 RFID、无线传感等技术，自动完成货物的分拣、配送，实现智能化、无人化。配送信息自动上传到物联网信息共享平台后，物流企业、供应商以及客户都能够得到实时反馈的物流配送信息，从而实现服务满意度大幅提升。

（4）建设物流信息互通共享平台

针对我国物流信息互联互通不足、物流供需信息不对称等问题，建设物流信息互通共享平台，以促进企业间物流信息交互，完善物流信息开放标准体系，高效收集处理物流行业中的仓储、运输和配送数据。在智能物流系统中，应用二维码、RFID 等物联网感知技术，进一步增强平台整理与收集信息的能力，提升物流企业的工作效率。例如，该平台适配了 GPS 定位跟踪系统，支持对车辆的实时运输监控，为用户提供了对车辆灵活调度调配的工具，保证了用户对运输各环节的有效控制。一方面，中心调度可以根据实际需求，通过 GPS 运输监控大屏寻找附近的临时车。另一方面，总部调度可以进行处理、核查、追查异常的操作，为用户核查运输线路提供有效工具。

10.3.3 智能医疗

健康是人们共同追求的，医疗也成了与每个人生命安全密切相关的问题。随着经济社会发展和人民生活水平不断提高，民众对医疗健康服务质量的追求更加迫切，不但要求看上病、看好病，更要看病看得有尊严、有品质。传统医疗存在过程烦琐、不人性化等问题，浪费了很多时间和人力成本，而智能医疗追求信息化、智能化，不仅使患者的看病流程更加简化；而且医生也能很快地获取患者信息，进行诊断医治。

1. 智能医疗概述

智能医疗是通过打造健康档案区域医疗信息平台，结合无线网技术、条码 RFID、移动计算技术、数据融合技术等，提升医疗诊疗流程的服务效率和服务质量以及医院综合管理水平，实现监护工作无线化，促进患者与医务人员、医疗机构、医疗设备之间的互动，逐步达到信息化。医疗信息化可缓解医疗资源短缺、分配不均的窘境，使医疗资源高度共享，降低公众医疗成本。

2. 智能医疗的特点

（1）互联

互联指的是患者的资料信息在经过患者授权后医生可以随时查看，以便更好地了解患者的身体情况。经过授权的医生能够随时查阅病人的病历、病史、治疗措施和保险细则，患者也可以自主选择更换医生或医院。

（2）协作

协作指的是在智能医疗实施后，我们可以创建一个医疗网络，将信息进行共享，从信息仓库中获取自己所需要的相关信息。把信息仓库变成可分享的记录，整合并共享医疗信息和记录，以期构建一个综合的专业医疗网络。

（3）预防

预防指的是在疾病还未出现时通过各种特征和身体指标等信息做出反应与对策，真正将疾病扼杀于萌芽之时，实时感知、处理和分析重大的医疗事件，从而快速、有效地做出响应。

（4）普及

普及指的是支持乡镇医院和社区医院无缝地连接到中心医院，以便可以实时地获取专家建议、安排转诊和接受培训。

（5）创新

创新指的是提升知识和过程处理能力，进一步推动临床创新和研究。

（6）可靠

可靠指的是使从业医生能够搜索、分析和引用大量科学证据来支持他们的诊断。

总之，智能医疗的这些特点能够使人们的医疗得到更好保障，在一定程度上提高人们的生活水平。

3. **移动智能化医疗服务信息系统**

移动智能化医疗服务信息系统指的是以无线局域网技术和 RFID 技术为底层，通过采用智能型手持数据终端为移动中的一些医护人员提供随身数据应用。该系统最主要的目标在于增进医患关系，提高护理人员工作效率和医院管理效率，可在不影响现有信息管理系统及数据库的状态下，建设手持数据终端延伸系统，以加强医院医护服务的功能。下面将详细介绍移动智能化医疗服务信息系统的两个应用。

（1）RFID 患者身份辨识系统

医院工作人员经常用类似“10 号床的病人，吃药了”这样的语言引导患者接受各种治疗。不幸的是，这种方法往往会造成错误的识别结果，甚至会造成医疗事故。

RFID 腕带相当于一个 RFID 标签，腕带里存储了患者的信息。采用 RFID 腕带后，患者是否对某种药物过敏，今天是否已经打过针，今天是否已经吃过药等信息，都可以通过 RFID 读写器和患者的腕带反映出来。如图 10.27 所示，医护人员通过 RFID 手持式读写器可以读出患者腕带上的相关信息，完全代替了病床前的患者信息卡。

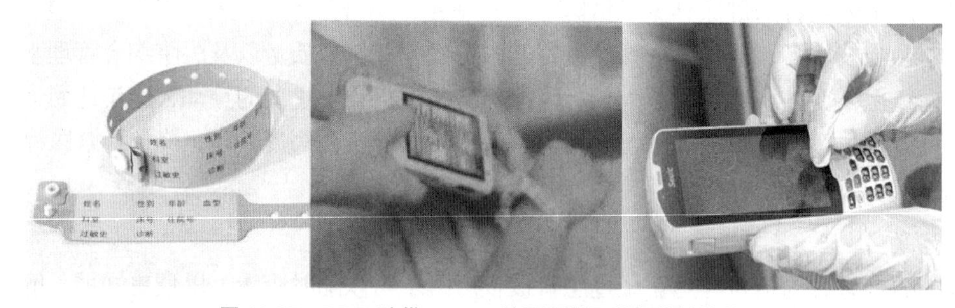

图 10.27　RFID 腕带、RFID 读写器以及数据终端软件

（2）医护人员手持数据终端应用系统

传统的医院信息化系统虽然对每一位挂号患者进行了基本信息录入，但是这个信息并不是实时跟着患者走的，只有医护人员到办公区域的计算机终端才能查到患者的准确信息，增加了医护人员的时间成本。

通过医护人员手持数据终端，医护人员可以在查房或者移动的状态下，通过 Wi-Fi 无线网络实时联机，与医院信息系统数据中心进行数据交互。医护人员可随时随地在手持数据终端上获取患者的医疗信息，查询该患者目前的检查进度，根据历史记录和临床检查结果，对比患者病情的变化情况，当机立断地会诊和制定治疗方案。同时，医护人员将诊断方案写入并存储在患者的相关病例中，方便之后了解病人的病情。如图 10.27 所示，医护人员通过数据终端软件实时读取和写入病人的准确信息。建设移动智能化医疗服务信息系统不仅能够提高医院的运营效率，降低医疗错误及医疗事故的发生率，而且也是医院信息化发展的必然趋势，更是一个现代化医院的综合实力体现。

4. 远程健康监测系统

远程健康监测系统是一个专门适用于中国新型社区医疗模式的，服务于老年病人群、心脑血管病人群、慢性病人群的动态多参数监护综合分析评估专家集成系统。患者佩戴多参数监测设备，医生通过健康平台分析系统，可对该患者进行以高血压病为主的慢性病综合健康分析与评估。

远程健康监测系统如图 10.28 所示。

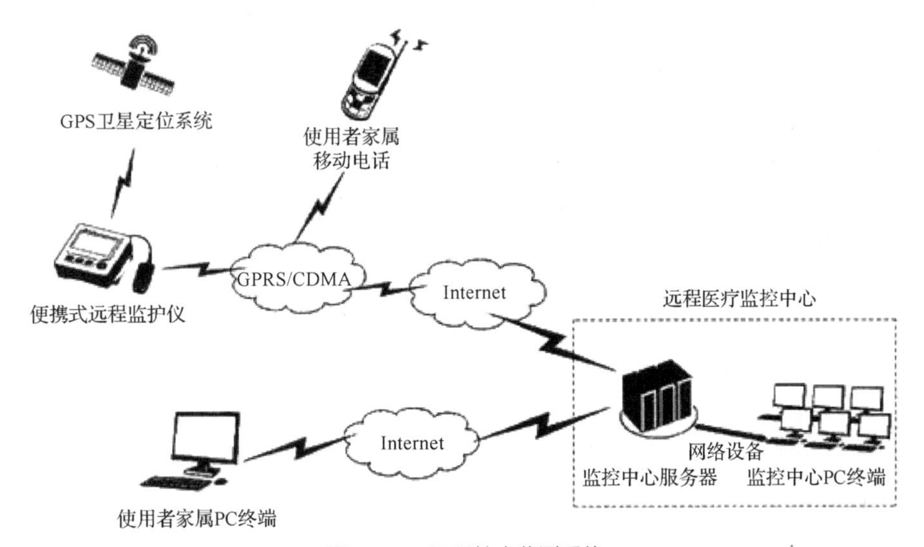

图 10.28 远程健康监测系统

该系统将监护技术进行微型化、网络化、可佩戴移动化、可无线远程化改造，同时结合后台综合性专家分析技术，将医院外多生命参数同步远程动态监测与综合专家集成分析融合为一体，实现了对多慢性病老年病人群的整体状态长时间多维度的跟踪与辩识。主要包括以下两种情况。

（1）未危及患者生命安全时

对慢性病人群或亚健康人群进行远程健康监测时，医师可根据患者健康指标变化情况调整食、运动方案，并制定下一步的健康管理计划，使得传统的随访活动实现了集约化、远程化和自动化管理，远程监测的服务空间得到了拓展。

（2）危及患者生命安全时

当危及病患的健康时，通过对发出自动报警信息的医疗设备进行 GPS 定位实现对被监测人员位置的定位，如家中无人看护突然发病的老人等，便于医护人员快速找到患者位置，到达现场后通过手持 PDA 扫描 RFID 标签（该标签师戴在患者身上或安放在专人专用的医疗设备上），获取患者个人信息、病史及用药禁忌等，得到宝贵的抢救时间并迅速做出合理的抢救方案。

针对老年病人群或者慢性病人群，远程监测系统不仅能够在日常生活中监测患者的健康变化情况，也能在患者遭遇突发状况危及生命安全时，做出合理的抢救方案，这对于患者长期的健康有着突破性的意义。

本章小结

全章介绍了物联网的相关概念、特点与发展。对物联网的体系架构从感知层、网络层、应用层分别进行了介绍，介绍了三个组成部分的关键技术和在物联网中的功能。更详细地介绍了物联网的工作流程。最后，本章节介绍了几个物联网应用案例，包括智能交通、智能物流以及智能医疗，充分证明了实时、高效、可靠、高度集成化、智能化的一体式综合自动化系统越来越成为现代生活和发展生产及安全管理的重要工具。

习题 10

10.1　简述物联网的含义和基本特征。

10.2　简述物联网的体系结构。

10.3　简述物联网工作流程的基本要素。

10.4　简述射频识别技术（RFID）的基本工作原理。

10.5　简述物联网主要应用领域。

参考文献

[1] 杨丽凤. 大学计算机基础与计算思维[M]. 北京：人民邮电出版社，2015.

[2] 孟东霞. 大学计算机基础——实践与提高[M]. 北京：人民邮电出版社，2015.

[3] 龚沛曾，杨志强. 大学计算机[M]. 7 版. 北京：高等教育出版社，2017.

[4] 战德臣，聂兰顺，等. 大学计算机——计算与信息素养[M]. 2 版. 北京：高等教育出版社，2014.

[5] 陈国良. 大学计算机——计算思维视角[M]. 2 版. 北京：高等教育出版社，2014.

[6] 宁爱军，曹鉴华. 信息与智能科学导论[M]. 北京：人民邮电出版社，2019.

[7] 易建勋. 计算机导论——计算思维和应用技术[M]. 2 版. 北京：清华大学出版社，2018.

[8] 李暾，毛晓光，刘万伟，等. 大学计算机基础[M]. 3 版. 北京：清华大学出版社，2018.

[9] 李廉，[美]王士弘. 大学计算机教程——从计算到计算思维[M]. 北京：高等教育出版社，2016.

[10] 徐红云. 大学计算机基础教程[M]. 3 版. 北京：清华大学出版社，2018.

[11] 谢希仁. 计算机网络[M]. 7 版. 北京：电子工业出版社，2017.

[12] 乔纳森卡茨. 现代密码学——原理与协议[M]. 北京：国防工业出版社，2011.

[13] 沈昌祥，肖国镇，张玉清. 网络攻击与防御技术[M]. 北京：清华大学出版社，2011.

[14] 李拴宝，何汉华. 网络安全技术[M]. 北京：清华大学出版社，2012.

[15] 胡国胜，张迎春. 信息安全基础[M]. 北京：电子工业出版社，2011.

[16] 袁家政，印平. 计算机网络安全与应用技术[M]. 2 版. 北京：清华大学出版社，2011.

[17] 彭新光，王峥，等. 信息安全技术与应用[M]. 北京：人民邮电出版社，2013.

[18] 王红梅. 算法设计与分析[M]. 北京：清华大学出版社，2006.

[19] 吕国英. 算法设计与分析[M]. 2 版. 北京：清华大学出版社，2009.

[20] 艾明晶. 大学计算机基础[M]. 2 版. 北京：清华大学出版社，2012.

[21] 嵩天. Python 语言程序设计[M]. 北京：高等教育出版社，2018.

[22] 董付国. Python 程序设计基础[M]. 2 版. 北京：清华大学出版社，2015.

[23] 王珊，萨师煊. 数据库系统概论[M]. 5 版. 北京：高等教育出版社，2014.

[24] 马文娟，刘坚，蔡寅，等. 大数据时代基于物联网和云计算的地震信息化研究[J]. 地球物理学进展，2018,33（2）：835-841.

[25] 李敏. 云计算在机场信息系统中的典型设计及应用[J]. 信息系统工程，2017（3）：45.

[26] 代军，杨芳，钱超. 云计算在机场信息系统中的典型设计及应用[J]. 制造业自动化，2012,34（19）：142-143+147.

[27] 刘保麟. 云计算在医院信息化建设中的应用[J]. 无线互联科技，2020,17（23）：74-75.

[28] 孟秀刚. 基于云计算的智慧广电发展战略和应用分析[J]. 中国新通信，2020，22（24）：122-123.

[29] 苏秉华，吴红辉，滕悦然. 人工智能（AI）应用从入门到精通[M]. 北京：化学工业出版社，2020.

[30] 蔡自兴，等. 人工智能及其应用[M]. 北京：清华大学出版社，2016.
[31] 杨忠明. 人工智能应用导论[M]. 西安：西安电子科技大学出版社，2019.
[32] 邱锡鹏. 神经网络与深度学习[M]. 北京：机械工业出版社，2020.
[33] 丁世飞. 人工智能导论[M]. 3 版. 北京：电子工业出版社，2020.
[34] 程显毅，施佺. 深度学习与 R 语言[M]. 北京：机械工业出版社，2017.
[35] 黄玉兰. 物联网技术导论与应用北京[M]. 北京：人民邮电出版社，2020.
[36] 鹏程，石熙，邹晓兵. 物联网导论[M]. 北京：清华大学出版社，2017.
[37] 刘云浩. 物联网导论[M]. 3 版. 北京：科学出版社，2017.